JN077995

新版 草花もの知り事典

平凡社編

平凡社

本書は，2003年平凡社より刊行された
《草花もの知り事典》の新版です。

内　容

本事典はおもに日本で見られる草花(草本)の事典です。収録されている項目は，日本の野生種を中心に園芸種，外来種，作物も含めて約900項目です。
草本というのは，木本(いわゆる樹木)と対語で，シダ植物と種子植物のうち，地上茎の生存が1年以上続かないもので，一年草・二年草・多年草があります。
本事典は草花をもっと身近なものとするために，植物学的記述はもちろん，民俗学の分野も重視しています。簡潔な説明文に加えて，挿図は正確な植物図と，おもに江戸時代の生活・文化に関わる資料を多数収録してあります。
なお，既刊に《新版 樹木もの知り事典》があります。

目　次

文　献

参考文献，イラストの出典のおもな書籍等は下記の通り。

東都歳事記　守貞謾稿　律呂三十六声麓の塵　世界図絵　日本山海名産図会　日本山海名物図会　和漢三才図会　人倫訓蒙図彙　天工開物　阿波名所図会　花彙　江戸名所図会　本草図譜　植物詳述誌　貧福とりかえばや　成形図説　草木奇品家雅見　草花絵前集　健康の庭　千夜一夜物語　花壇養菊集　神道論　北越雪譜　太陽の楽園　絵本鷹鏡　金生樹譜・別録　ダレシャンの植物書　絵本江戸風俗往来　日本風俗図絵

寺崎日本植物図譜
大百科事典　1931年初版
世界大百科事典　1955年初版
世界大百科事典　1964年初版

凡例

項目

植物項目名は標準和名を用い，【　】内にカタカナで表記，必要なものには漢字も表示。

配列

五十音順で，濁音・半濁音は清音の次とした。拗音・促音も音順に数えるが，長音(ー)は数えない。

解説文

漢字まじりひらがな口語文で，おおむね現代かな遣いを使用。難訓・難読や特殊読みの漢字には括弧内に読みをひらがなで表記した。

図版

解説文中に言及したもの，近縁や関連の植物の図も積極的に収録した。図版は，レイアウトの都合で，前後のページに収録した場合もある。また，一見して本文項目が判然としないキャプションには(*)を付し項目名を示した。

例　キクザキイチゲ(*イチリンソウ)

文献

掲載した挿図の出典，書籍等の名称は《　》内に表示。なお《和漢三才図会》は《和漢三才》，《日本山海名産図会》は《山海名産》，《日本山海名物図会》は《山海名物》とも略記した。

ア行

ア

【アイ】藍

タデアイとも。タデ科の一年草。染料植物として非常に古く中国から渡来し，栽培されてきた。外形はイヌタデに似て，高さ50～70センチになる。早春に苗床に種子をまき，春植え付け，夏に刈り取り，葉を刻んで乾燥させ葉藍とする。これを積み重ねて発酵させ，臼(うす)でつき固めて藍玉をつくり，木灰，石灰およびふすまを混ぜて水を加え加温し建浴(たてよく)とする。これに木綿，麻などを浸し，空中にさらすと紺色に染まる。江戸時代の阿波の藍玉の生産は有名。現在では合成インジゴが用いられる。

アイ（タデアイ）

藍染屋《人倫訓蒙図彙》から
アイは紺色の染料に用いる

【アイリス】

アヤメ科植物の一属名で，北半球に約180種ほどある。葉は剣状か線状で根茎種と球茎種に大別され，花被片は6枚でうち3枚はがくに当たる。根茎種はハナショウブ，シャガ，ドイツアヤメ等，球茎種はイギリスアヤメやダッチアイリスが代表的。

【アオイ】葵

アオイ科のフユアオイをいい，薬用ならびに野菜として栽培する。中国，インド，西アジア原産。類品にゼニアオイ，タチアオイ，トロロアオイ，モミジアオイなどがある。また徳川家の紋章の葵はウマノスズクサ科の多年草フタバアオイ，一名カモアオイで，その類品にカンアオイがある。

藍玉造り
《日本名所風俗図会》から

フユアオイ

アカウキクサ

【アカウキクサ】

シダ植物アカウキクサ科の多年生草本。本州の南西部，四国，九州に分布。池，沼，水田などの水面に浮かぶ水草で，密に繁殖して水面を真赤にする。分枝した茎にヒノキの葉のように小さい葉が密生する。葉は背と腹に分かれ，基部に大小各1個の胞子囊果をつける。

【アカザ】

アカザ科の一年草。インドまたは中国大陸の原産。平地の人家付近にはえる。茎は直立し，著しく枝分れして高さ1.5メートルになり，茎の太いものは径3センチに達する。葉は菱状卵形～三角状卵形で，長い柄があって互生し，若いころは芽のまわりの葉が紅紫色をおび，後に緑色に変わる。9～10月に，枝先に小さな黄緑色の花が円錐花序に密につく。果実は平たい円形。種子は黒色。若葉を食べる。シロザは芽の部分が赤くならない。

アカザ

【アカソ】

イラクサ科の多年草。日本，中国大陸の山地に普通にはえる。高さ60～80センチ，葉は対生，広卵形で縁にはあらい鋸歯(きょし)があり，先は3裂して尾状になる。茎と葉柄は紅色をおびることが多い。花は単性で花穂をなし，雄花は下部に，雌花は上部につく。雄しべは4～5個，そう果は球状に集まる。

【アカネ】茜

アカネ科の多年生のつる草。本州～九州，中国大陸に分布し，山野にはえる。茎は4稜で，稜の上に下向きのとげがはえ，他物に引っ掛かりよじのぼる。葉は長い卵形で4枚輪生する。8～10月に黄緑色の小花をつけ，花冠は5裂。果実は球形，黒熟。古くは根から赤黄色の染料をとった。

アカネは染料(茜色)として利用した江戸時代の染物屋《和漢三才》から

【アカバナ】

アカバナ科の多年草。日本全土，東アジアに分布。山野の水辺にはえる。茎は枝分れして高さ50センチ内外，卵形の柄のない葉が対生する。7～9月に淡紅紫色の4弁花が，茎の上部の葉腋に咲く。花弁の先は浅く裂ける。果実は細長いさく果で，種子に冠毛があり，風に飛ぶ。

【アガパンサス】

和名ムラサキクンシラン。アフリカ原産のヒガンバナ科の春植え宿根草。切花，花壇，鉢植に適する。6～7月にユリ型で6弁の花を，散状に5～10個横向きにつける。花色は紫と白で，八重咲もある。

アカソ

アカネ

アカバナ

長年植え置くと草勢が落ちるので，ときどき株分けをする必要がある。実生(みしょう)では花が咲くまで４～５年かかる。

アガパンサス

【アカンサス】

ハアザミとも。南欧，北アフリカ，西アジア原産，50～100センチに生育するキツネノマゴ科の宿根草。葉は長さ50センチ内外の心臓状で羽状に深く裂け，裂片にはあらい鋸歯(きょし)がある。寒気に強く，栽培は容易で，半日陰の排水のよいところでよく育つ。この葉を装飾モチーフとして用いた模様があり，ギリシア建築，特にコリント式のキャピタルに顕著。後世まで文様として用いられている。

アカンサス

【アキギリ】

シソ科の多年草。本州北・中部の山地の木陰にはえる。高さ30センチ内外，葉は対生し，やじり形で長い柄がある。秋，茎の上部に10～20センチの花穂をつける。花冠は淡紫色，大型の唇(しん)形花で長さ2.5～３センチ，先は２唇形で広く開き下唇は３裂する。花柱は上唇から長く突出する。花冠の内面に先のとがった毛がある。キバナアキギリは花冠が黄色で，内面の基部に毛環があり，毛の先はとがらない。本州，四国，九州に分布する。

【アキノキリンソウ】

キク科の多年草。別名アワダチソウ。日本全土および東アジアの暖〜温帯に分布し，日当りのよい平地，山地にはえる。茎は分枝し高さ35〜85センチ。黄色の頭花は舌状花と筒状花からなり，8〜10月に開く。セイタカアキノキリンソウとも呼ばれるセイタカアワダチソウは帰化植物。

キャピタル（柱頭）の
アカンサスの意匠
上　混合式　右　コリント式

アキノキリンソウ

アキギリ

【アキノタムラソウ】

シソ科の多年草。本州～九州，沖縄，中国の山野にはえる。茎は高さ30～80センチ，葉は対生し単一または3出葉，ときには1～2回羽状複葉になり，長い柄がある。夏から秋に，茎の上部や葉腋に花穂を出し，淡紫色の唇(しん)形花を開く。花冠は長さ10～13ミリ，筒部の基部に毛環がある。これに似たナツノタムラソウは花がやや小さく，毛環は花筒の中央部にあるもので本州に産する。ハルノタムラソウは高さ10～20センチ，4～6月に開花し，花はほぼ白色。花筒内に毛が散生する。

アキノタムラソウ

【秋の七草】あきのななくさ

秋に花の咲く草の中から代表的なものを7種選んだもの。万葉集の山上憶良の歌〈萩が花尾花葛花撫子の花女郎花また藤袴朝顔の花〉による。ハギ，ススキ，クズ，ナ

秋の七草

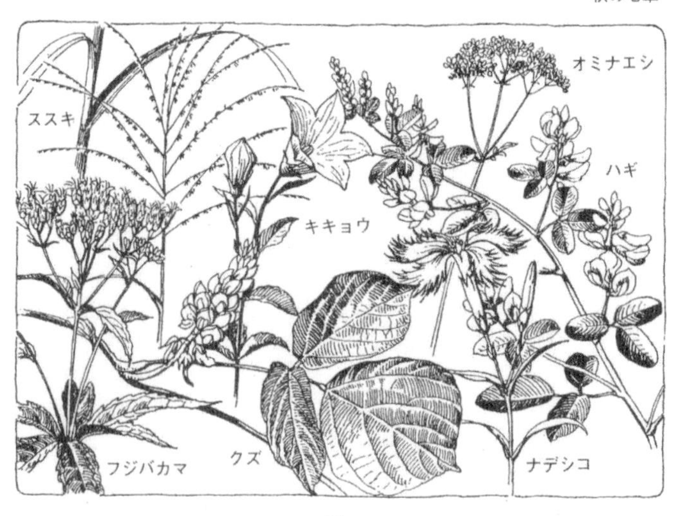

アキノノゲシ

デシコ，オミナエシ，フジバカマ，アサガオであるが，このアサガオは今のアサガオという説と，ムクゲ，キキョウ，またはヒルガオという説もある。

【アキノノゲシ】

キク科の一～二年草。日本全土および東アジアの熱～温帯に分布し，山野にはえる。茎は高さ1～1.5メートル，上部に円錐花序をつくる。葉は深く羽裂し，上面緑白色，下面粉白色。茎や葉をちぎると白い汁が出る。頭花は舌状花からなり，8～10月ごろ開く。そう果は扁平で，先はくちばし状となる。

【アキメネス】

和名ハナギリソウ。メキシコ原産のイワタバコ科の小球根植物で，夏の花として温室で栽培する。秋～冬掘り出して乾燥させ，早春に新球茎を鉢植とする。球茎は細長

江戸時代の秋草を楽しむ風習
広尾原(東京)《江戸名所図会》から

い松かさ状。草たけ20センチ内外。葉はよく繁茂し，茎頂近い葉腋より細い花筒の５裂した紫紅色の花をつける。多湿を好む。

アキメネス

【アサ】麻

狭義にはふつうタイマ(大麻)をさすが，広義には綿のような種子毛繊維以外の植物性の長繊維，またはその繊維を採る植物の総称。繊維材料として重要なものには，衣料および工業用としてアマ(亜麻)，チョマ(苧麻，カラムシ)，タイマ，包装用としてコウマ(黄麻，ジュート)，綱索用としてマニラアサ，サイザルなどがある。なお商取引上，感触の差により，双子葉植物の靭皮(じんぴ)繊維を軟質繊維，単子葉植物の維管束繊維を硬質繊維と呼ぶこともある。

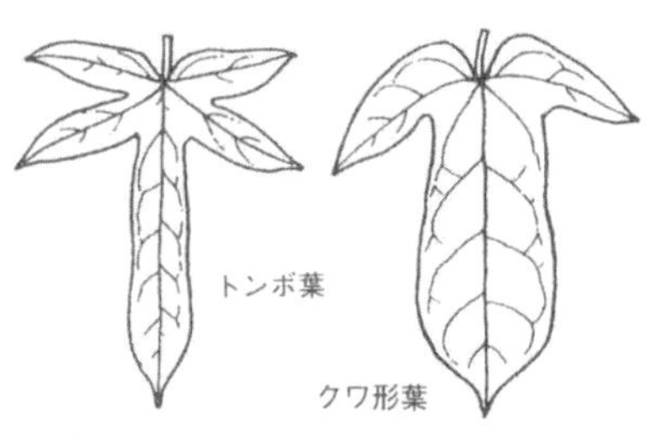

奈良晒(ならさらし)《山海名物》から江戸時代に，麻織物の最上品として珍重された

【アサガオ】朝顔

ヒルガオ科のつる性一年草で，熱帯アジアの原産といわれる。1～3メートルの高さに左巻きに登る。茎，葉ともに細毛があり，葉は互生し深く3裂する。花は葉腋に1～3個つき，漏斗状の花冠で，がく片は5枚，花色は白，赤，紫など，早朝開花し午前中にしぼむ。奈良時代に唐から輸入され，種子を牽牛子(けんごし)と称し，薬用(下剤)とされていたが，江戸時代以降は一般に観賞用として栽培され，多くの園芸品種がつくられている。大輪種のほかに，花型の変化した変り咲きのいかり咲，獅子(しし)咲，キキョウ咲，采(さい)咲，台咲など，葉型の変化した丸葉，トンボ葉，クワ形葉，糸柳葉などや斑入(ふいり)葉などがある。その豊富な変化性のために遺伝の研究材料にも使われる。栽培は，5月上旬に種子をまき，小苗を鉢に移して仕立てるが，用土，肥料，水やりなどに注意を要する。

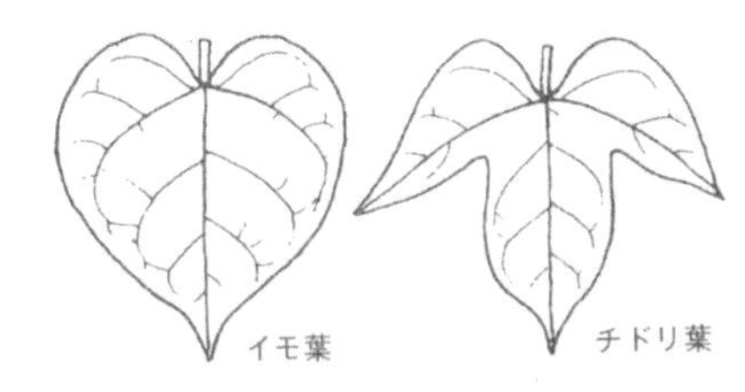

変化アサガオ

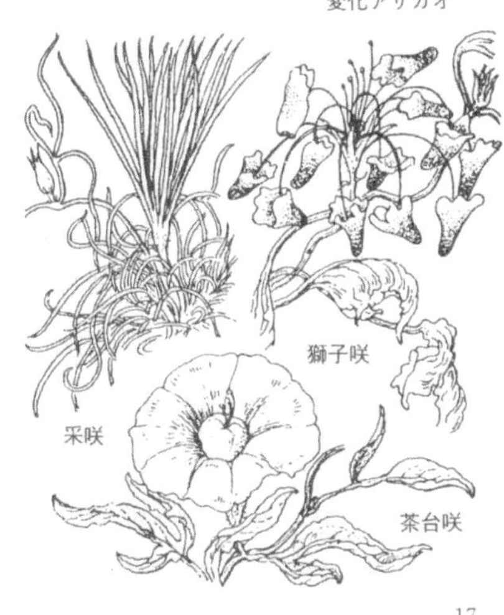

竹丸に朝顔

【アサザ】

ミツガシワ科の多年生水草。本州〜九州，朝鮮，中国大陸，台湾に分布する。葉はまるく，基部がきれ，縁は波状になり水面に浮かぶ。夏，黄色の花が開く。花冠は5裂し，裂片の縁は細く糸状に裂ける。種子には長い毛がある。ガガブタに似ているが，花が黄色で，地下に長い根茎がある。

【アサツキ】

ヒガンバナ科ネギ属の野菜。古くから栽培され，日本各地に野生化もしている。葉は青緑色で細い円筒形。分けつが多く，長卵形の鱗茎を結ぶ。9月中旬に分球を定植する。発芽した地上部は冬に枯れるが，春になると新葉を出す。この新葉，鱗茎を汁の実，和物(あえもの)，薬味にする。

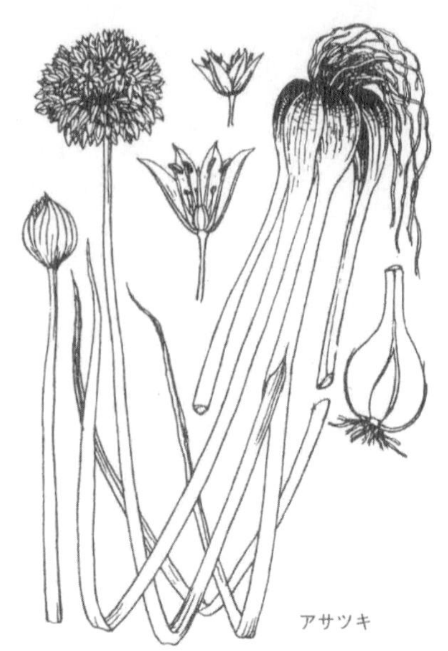
アサツキ

【アザミ】薊

キク科の一属で約200種あり，日本産はおよそ80種。ほとんどは多年草だが二年草もある。広く北半球の暖〜寒帯に分布し，生育地域は海岸から高山にわたる。葉は鋸歯(きょし)または羽状に裂け，鋭い刺針があり，裏面にくも毛を密生するものがある。総苞は多列の総苞片からなり，総苞片の形や配列は種の特徴になることが多い。頭花は多数の筒状花のみからなり，多くのものは秋に開花する。ノアザミの頭花は紅紫色で直立し，春〜夏に咲き，本州以南に分布する。初夏〜秋に咲くオニアザミは中部地方北部，東北地方に生じ，濃紫色の頭花はうなだれる。海岸の砂地にはえるハマアザミは頭花が直

アサザ
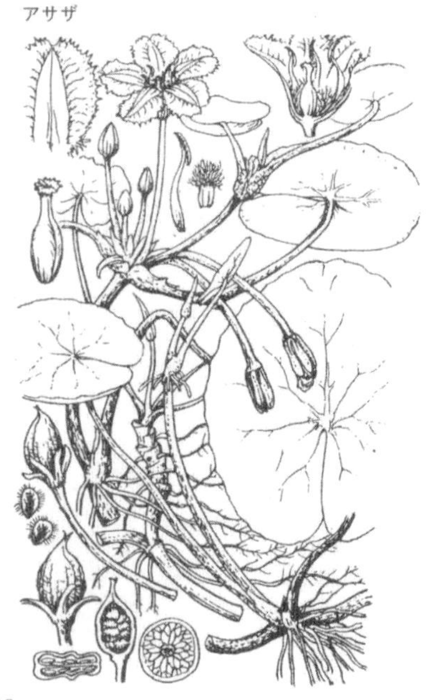

立し，葉は強い光沢がある。一般に根の食べられるものが多く，モリアザミは栽培され，その根は粕漬にされる。なおカッコウアザミ，キツネアザミ，チョウセンアザミなどはアザミとは別属。

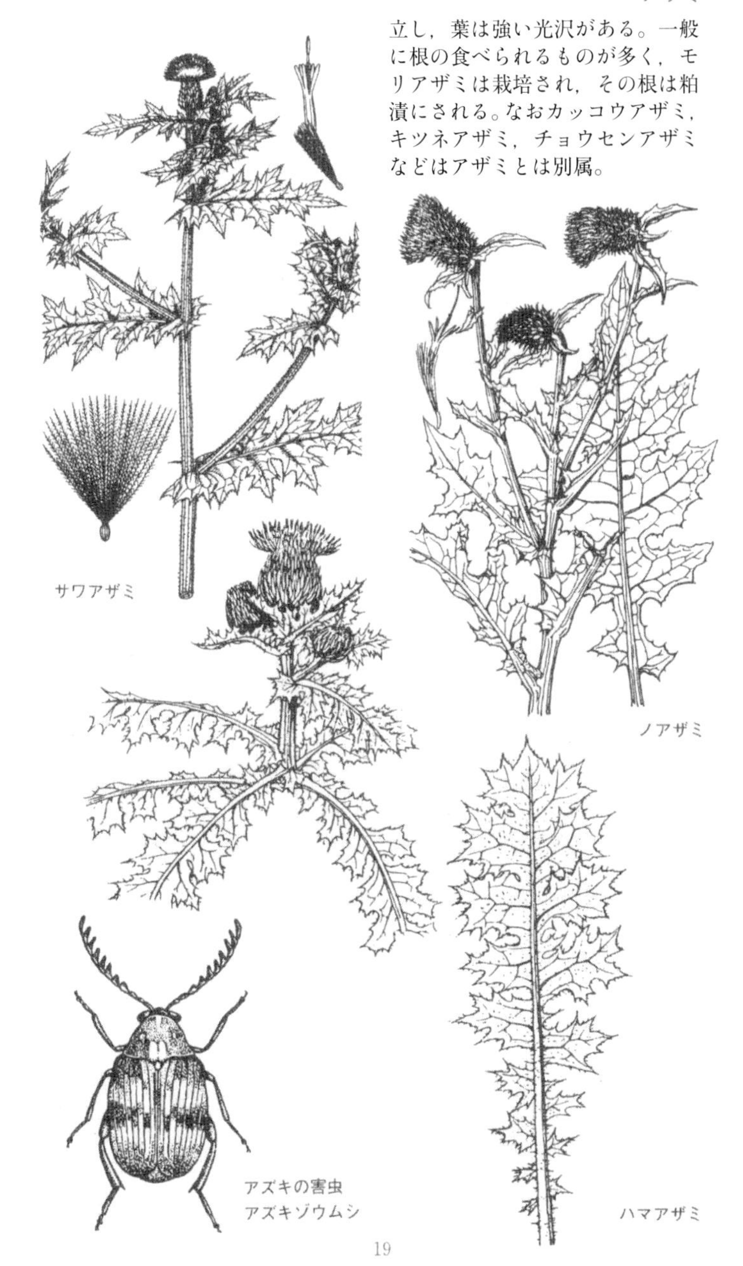

【アジアンタム】

ワラビ(イノモトソウ)科のシダの一属で，日本にもクジャクシダ，ハコネシダ，ホウライシダなどがある。観葉植物として普通に見られるクネアタムはブラジル原産で，鉢植や切葉にされる。葉は3～4回羽状複葉，小葉は三角形で，上縁が深裂し，腎臓形の胞子嚢群2～6個をつけ，葉柄は黒色で光沢がある。一般に温室内で栽培されるが，半陰地の多湿地が向き，鉢ではミズゴケ植えにする。

【アシタバ】

セリ科の多年草。関東の太平洋岸，伊豆七島の海岸にはえる。高さ1～2メートル，よく枝を分け，葉は大きな2回羽状複葉で無毛，質厚く柔らかい。茎葉を切ると黄色の汁が出る。秋，散形花序をつけ，

ホウライシダ
(＊アジアンタム)

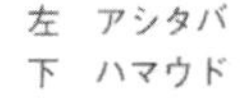

左　アシタバ
下　ハマウド

黄色の小花を開く。若葉を食用にする。きょう摘んでもあしたすぐ葉が出るので〈明日葉〉の名がある。八丈島に多いのでハチジョウソウともいう。ハマウドはアシタバに似ているが，葉のつやが強く，茎葉を切っても黄色の汁が出ない。本州中部～九州，沖縄，台湾に分布。

アズキ

【アズキ】小豆

中国原産の一年生マメ科の作物。高さ30～60センチ。葉は3小葉からなり，夏に黄色の蝶(ちょう)形花をつける。莢(さや)は細長い円筒形，長さ10センチ内外，黄～褐色を帯び，中に3～10個の赤褐色の種子をつける。春～初夏に種まき，夏～秋に収穫。品種は大納言，シロアズキなど約50種。主産地は北海道。赤飯，小豆飯としたり，餡(あん)とし菓子類に用いる。類品のアオアズキはインド原産，種実は円筒形，緑色で小さい。アズキと同様に用いられるほか，もやしの原料。

【アスター】

エゾギクとも。キク科の立ち性の一～二年草。中国北部原産だが，欧州で品種改良された。矮(わい)性・中性・高性種があり，花壇・鉢物・切花用として栽培される。小～大輪の花形には平弁，管弁，丁字(ちょうじ)咲，菊咲などがある。花期は秋まきでは6～8月，春まきでは8～9月。花壇，鉢植には矮性種を3月ごろ植え込み，切花には高性が適し，土質は腐植質の多い土壌がよい。

アスター

【アスチルベ】

ユキノシタ科の一属で，多くはアジアに分布。観賞用に欧州で園芸種がつくられ，庭草として花壇や切花にも使われる宿根草。葉は2～3回3出葉で，葉柄は紅色，小葉は披針形で，縁には不斉鋸歯(きょし)がある。茎の上部に円錐花序をつけ，多くの白または紅色の小花を咲かせる。日本産のアワモリショウマやアカショウマなどもこの類である。適当に湿りのある肥えた土地を好み，花期は6月。花が終わってから株分けでふやす。

【アスパラガス】

キジカクシ科の一属の多年草で，木性のものもあり，旧世界の温帯，熱帯の雨量の少ない地方に150種ほど，日本にもテンモンドウなど数種を産する。多くは観葉植物として温室栽培され，切葉にもする。葉に見えるものは枝の変形したもので仮葉といい，花は小さく6弁，実も小型で球形。スプレンゲリーは仮葉が線形で下垂する。プルモサスはつる性で，線形の仮葉が集まり三角形に見える。この変種のナナスはつるがのびない。ミリオクラダスは立ち性で2メートルほどになる。ファルカタスとアスパラゴイデスはつる性で，後者の仮葉は先のとがった卵形。食用のアスパラガスはマツバウドともいい，原産地の欧州では紀元前から栽培され，その多肉質の若い茎を食べる。芽の出る前に土寄せして光を当てず白い状態で収穫したものがかん詰用のホワイトアスパラガスで，出芽後に光を当てて緑化させた若芽がグリーンアスパラガスである。

アズマイチゲ

【アズマイチゲ】

山地の林中にはえるキンポウゲ科の多年草。日本,東アジアに分布。全体に早落性の長毛がある。花は春早く出て高さ15～20センチ。頂に短柄のある3出葉3個を輪生し，柄のある花1個を頂生する。花は白色でときに微紫色をおび,径2.5センチ内外。がく片は8～13個あって花弁状。花弁はない。

左ページ
上　アワモリショウマ
下　アスパラガス

【アズマギク】

キク科の多年草。中部地方以北の本州のかわいた草原にはえる。茎は高さ10～37センチ，密に毛がある。ロゼット葉はさじ形で幅1～2センチ。茎葉はやや小型で幅が狭い。頭花は淡紫色の舌状花と黄色の筒状花からなり，5～6月に茎頂に単生する。総苞片は同長で密に軟毛がある。冠毛は帯紅褐色で長さ5ミリ。ミヤマアズマギクは中部地方以北の本州と北海道の高山に生じ，全体毛が少なく，冠毛は汚白色で長さ2.5～3.5ミリ。アズマギクの亜種と考えられる。

アズマギク

ミヤマアズマギク

【アゼスゲ】

池畔や田の畔(あぜ)などに多いカヤツリグサ科の多年草。葉はやわらかく，線形で幅２～４ミリ。春，高さ20～80センチの花茎を立てて少数個の小穂をつける。上方の１～２個は雄性小穂，線形で多くは黒褐色を帯びる。雌性小穂は１～３個，円柱形で，密にレンズ形の果胞を多数つけ，黒褐色の鱗片がある。

【アゼムシロ】

ミゾカクシとも。キキョウ科の多年草。日本全土，アジア東～南部に分布し，田の畔(あぜ)や湿地に群生する。茎は枝分れして地面をはい，高さ約15センチ，狭い長楕円形の葉を互生する。7～10月に，葉腋から長い柄をのばし，白色で紅紫色をおびた花が咲く。花冠は深く５裂。

【アッケシソウ】

ヤチサンゴとも。ヒユ科の一年草。北半球に広く分布，日本では北海道，四国に見られる。海岸の塩水をかぶる砂地に群生する。茎は直立し，多数の枝が対生し，高さ15～20センチ，円柱形で関節があり，濃緑色で，秋に紅紫色に変わる。８～９月に円柱形の穂状花序をなし，節間のくぼみに小花をつける。花被は合一し，肉質，雄しべは１～２個。子房は卵形，柱頭２個。北海道の厚岸で発見されたのでこの和名がある。

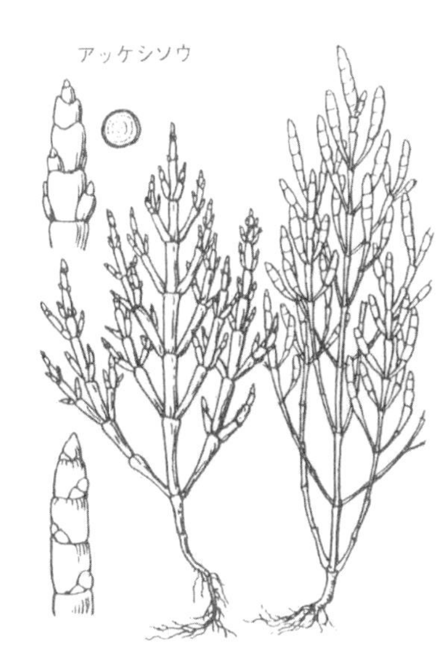
アッケシソウ

【アツモリソウ】

山中の草地にはえるラン科の多年草。本州以北および東北アジアに分布。茎は高さ25～40センチ，3～5個の葉をつけ，葉は長楕円形で縦のしわがある。花は初夏，茎頂に1個つき，淡紅色で径約5センチ。唇弁は袋形で，和名はそれを平敦盛の母衣(ほろ)に見立てたもの。まれに白花品がある。

【アニス】

東欧～西アジア原産のセリ科の一年草。温帯諸国で栽培される。高さ約50センチ，茎は直立し，葉は互生，上部では対生。5月ごろ開花。果実はアニス実と称し香料，薬用に，アニス油はソース，リキュールおよび製菓用に使用。

アツモリソウ

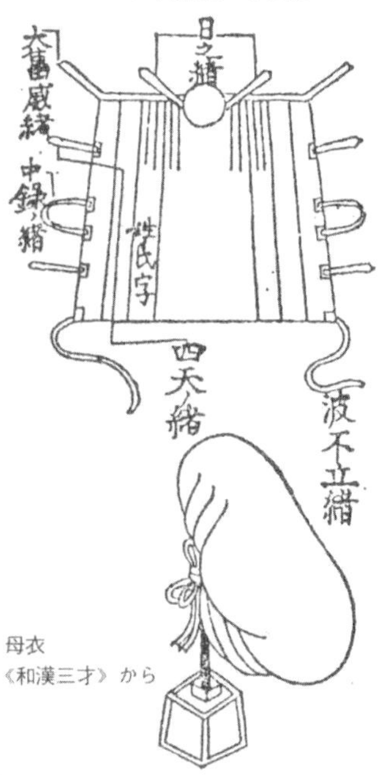

母衣
《和漢三才》から

【アネモネ】

地中海沿岸原産のキンポウゲ科の秋植え球根植物。花壇，鉢に植えて４～６月に花を楽しむ。草たけは20～40センチ。花色は赤，紫，青，白で覆輪やぼかし咲もあり，花形には一重のほかに八重，菊咲，丁字咲などがある。一重のものは実生(みしょう)で，不稔(ふねん)性の八重咲種は分球によってふやす。

【アフリカホウセンカ】

アフリカ，ザンジバル原産のツリフネソウ科の温室性多年草。草たけは30センチ内外で，よく分岐し，頂部に１～３花をつける。花は鮮紅，濃緋，白淡紅色等がある。開花時は不定で，温度と水，光が十分にあれば次々に咲く。またさし木で容易に繁殖できて，一年中かれんな花を楽しめる。鉢植，花壇に向く。

アニス

アマ

【アマ】亜麻

アマ科の一年草。繊維，油料作物。茎は高さ0.6～1.2メートル，各節に披針形の葉を互生。夏，青または白色の５弁の花をつける。繊維用品種と種子用品種がある。前者は，茎の下部が黄変し，落葉するころに収穫する。繊維は古くからリネンの原料とする。種子から亜麻仁油(あまにゆ)を採る。主産地は北海道。

【アマドコロ】

山野に生ずるキジカクシ科の多年草。日本・中国に分布。茎は斜上し，高さ30～80センチ。数個の葉を茎の左右にほぼ２列につける。葉は長楕円形で長さ約10センチ，下面は粉白をおびる。花は４～５月，葉腋に少数ずつつき，筒形で下垂し，長さ1.5～２センチ。花冠は白くて上方は緑色をおび６裂する。和名は根茎がトコロに似，甘味があるため。根茎は薬用。

アネモネ

アフロディテに愛されたギリシア神話の美青年アドニス　イノシシに突き殺されたときの血潮からアネモネが生じたとされる

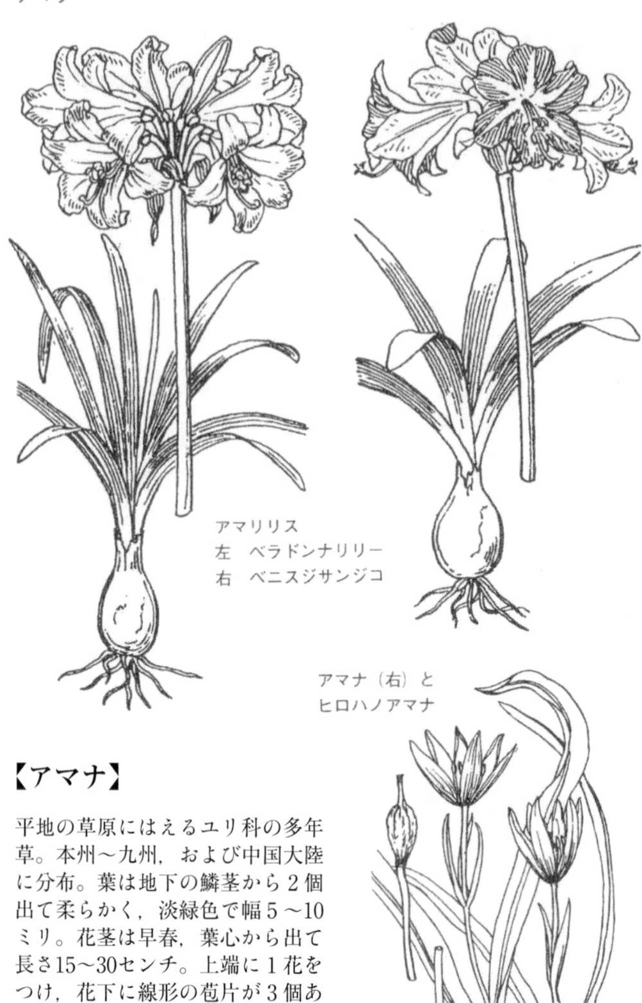

アマリリス
左　ベラドンナリリー
右　ベニスジサンジコ

アマナ（右）と
ヒロハノアマナ

【アマナ】

平地の草原にはえるユリ科の多年草。本州〜九州，および中国大陸に分布。葉は地下の鱗茎から２個出て柔らかく，淡緑色で幅５〜10ミリ。花茎は早春，葉心から出て長さ15〜30センチ。上端に１花をつけ，花下に線形の苞片が３個ある。花は径３〜４センチ，上向きに咲く。花被片は６個，白色で長さ２〜2.5センチ，披針形で，脈は暗紫色をおびる。アマナとは鱗茎に苦味がなく，少し甘いため。類品のヒロハノアマナは葉が幅７〜15ミリ，暗緑色で，中央に白色の１条がある。

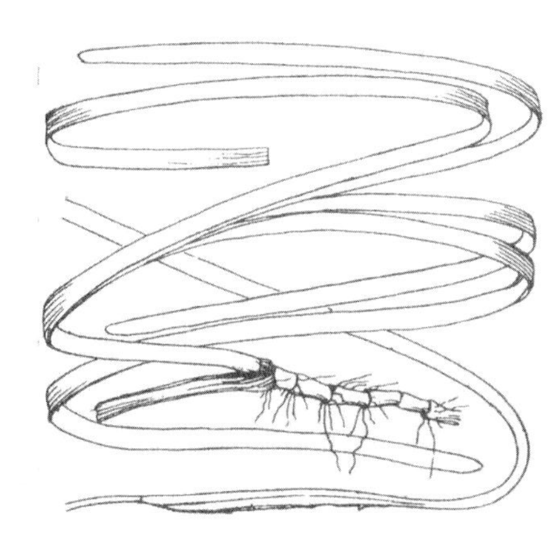

アマモ

【アマモ】甘藻

アマモ科の海産の多年草。根茎は海底の砂中をはい，葉はリボン状で長さ1メートルに達する。花序は葉鞘に包まれ目立たない。世界の温～寒帯の海岸に広く分布し，貝や稚魚が育つ藻場を形成する。根茎や若芽には甘味があり，食べられるのでこの名があり，全草に海水を注いで塩を取ったので，モシオグサ(藻塩草)の名がある。

【アマリリス】

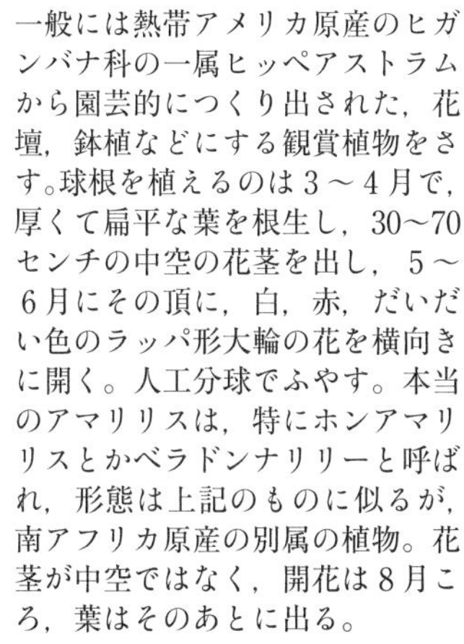

一般には熱帯アメリカ原産のヒガンバナ科の一属ヒッペアストラムから園芸的につくり出された，花壇，鉢植などにする観賞植物をさす。球根を植えるのは3～4月で，厚くて扁平な葉を根生し，30～70センチの中空の花茎を出し，5～6月にその頂に，白，赤，だいだい色のラッパ形大輪の花を横向きに開く。人工分球でふやす。本当のアマリリスは，特にホンアマリリスとかベラドンナリリーと呼ばれ，形態は上記のものに似るが，南アフリカ原産の別属の植物。花茎が中空ではなく，開花は8月ころ，葉はそのあとに出る。

アヤメ

【アヤメ】

日本，朝鮮，中国東北，シベリアの山野に自生するアヤメ科の多年草で，庭園にも植えられる。葉は剣状。5～6月，高さ30～60センチの花茎に，紫色，径8センチほどの花が1～3個つく。3枚の外花被片は下垂し，その細くなった基部は細脈が目だち黄みをおびる。内花被片は直立する。変種も数種類ある。

【アリッサム】

スイートアリッサム

ヨーロッパ，アジア，北アフリカに約100種あるアブラナ科の小型の多年草。スイートアリッサム(ニワナズナ)は地中海沿岸原産のアブラナ科の多年草だが，通常は一年草として取り扱われる。花壇用草花で，暖地，フレーム等で秋まきにすると，開花は3月から降霜まで。寒地では春まきとする。草たけ10〜20センチで，白または紫色で芳香のある小さな花を多数つける。

【アルファルファ】

アルファルファ

欧州原産のマメ科の多年草。和名ムラサキウマゴヤシ。日本には明治初年牧草として渡来。茎は高さ50センチ内外。葉は長さ2〜3センチの長楕円形の小葉に分かれる。花は夏，葉腋から出た細い花柄上に多数つく。約7ミリの細い蝶(ちょう)形花で，後にらせん状に巻いた豆果を結ぶ。

【アルメリア】

和名ハマカンザシ。欧州原産。イソマツ科の耐寒性の多年草。春先，花壇の縁取りに多く用いられる。葉はシバに似て細い。4〜5月，長さ10〜15センチ前後の花茎を1株から十数本出し，先端に径2センチ内外，淡紅色〜ふじ色の花を丸いかんざし状に群生させる。株分けでふやす。

【アロエ】

ロカイとも。旧世界特にアフリカ南部に多いススキノキ科の一属で，日本では観賞用に温室などで栽培される多年生の多肉植物。葉

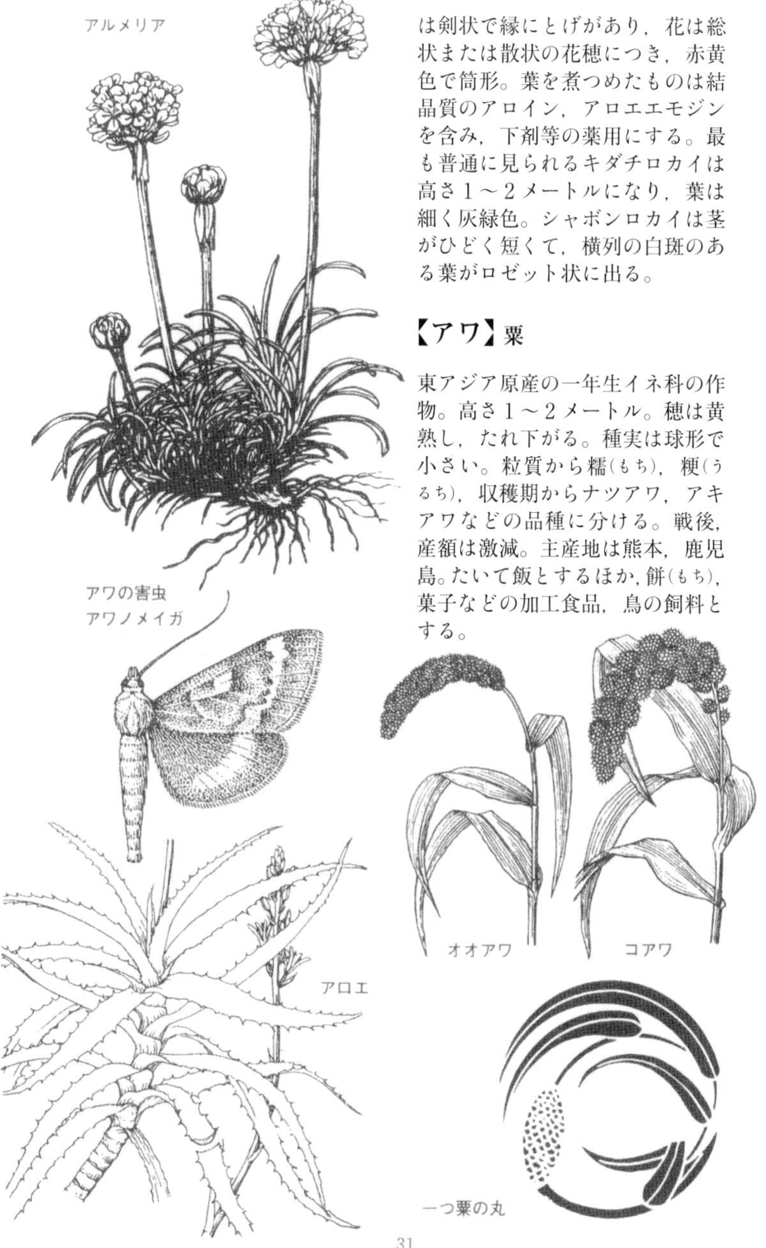

は剣状で縁にとげがあり，花は総状または散状の花穂につき，赤黄色で筒形。葉を煮つめたものは結晶質のアロイン，アロエエモジンを含み，下剤等の薬用にする。最も普通に見られるキダチロカイは高さ１～２メートルになり，葉は細く灰緑色。シャボンロカイは茎がひどく短くて，横列の白斑のある葉がロゼット状に出る。

【アワ】粟

東アジア原産の一年生イネ科の作物。高さ１～２メートル。穂は黄熟し，たれ下がる。種実は球形で小さい。粒質から糯(もち)，粳(うるち)，収穫期からナツアワ，アキアワなどの品種に分ける。戦後，産額は激減。主産地は熊本，鹿児島。たいて飯とするほか，餅(もち)，菓子などの加工食品，鳥の飼料とする。

【アンスリウム】

熱帯アメリカ原産のサトイモ科の一属の多年草。花のように美しい仏炎苞が喜ばれ，観葉植物として温室内で栽培される。繁殖は実生(みしょう)，株分けによる。アンドレアナム(オオベニウチワ)は白，赤，桃色の苞が大きく革質で，造花のように見え，切花，鉢植に向く。シェルツェリアナム(ベニウチワ)は肉穂花序がねじれたものが多く，苞は前者より細長く小さい。

アンスリウム

【アンペラ】

マレーシアを中心に熱帯各地に自生するカヤツリグサ科の多年草。沼沢地に生じ，中国南部では水田に栽培する。茎は長さ2メートルに達するが，葉は退化して鱗片状

アンペラ

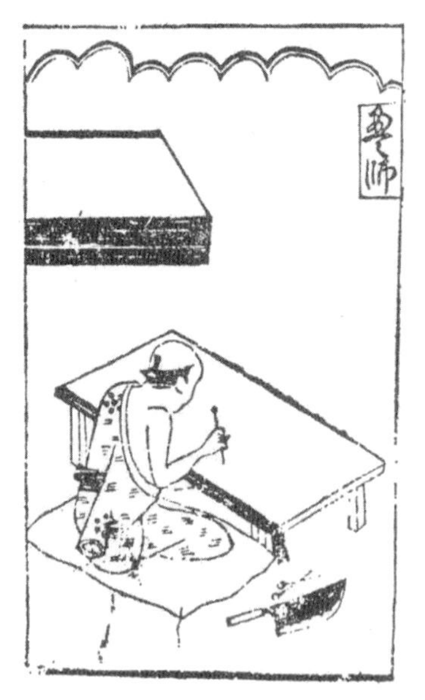

左　畳師(たたみし)
右　臥座打(ござうち)
ともに《人倫訓蒙図彙》から

となり，茎の基部を包む。茎は編んでむしろにしたり，砂糖などの包装袋をつくる。

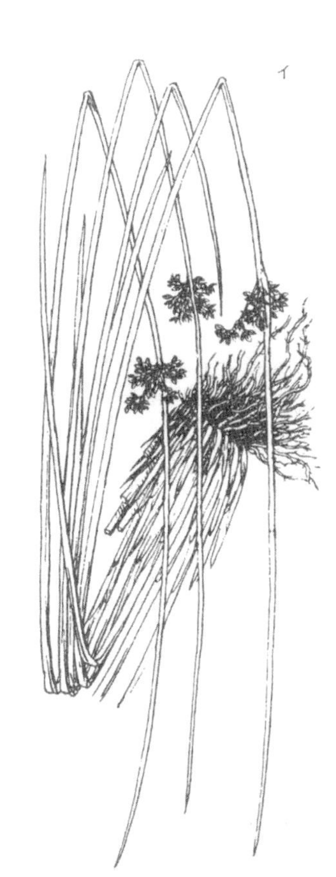
イ

イ

【イ】藺

イグサ，トウシンソウとも。イグサ科の多年草で，日本全土，中国に分布。原野の湿地にはえる。根茎は地中をはい，茎は円柱状で高さ30〜60センチ，葉は鱗片状になり茎の基部に数個つく。8〜9月，茎の頂に花穂を出すが，最下苞葉が長いので，花穂が茎の途中につくように見える。畳表にするものは栽培品種のコヒゲで，茎は細くしなやかで長さ約1.5メートルに達する。主産地は岡山で，広島，熊本が次ぐ。

【イカリソウ】

丘陵などの林地にはえるメギ科の多年草。北海道，本州に分布。花茎は春，横に短くはった根茎から

錨《和漢三才図会》から

出て，高さ20〜40センチ。葉は茎の中ごろに１〜２個つき，２〜３回３出複葉で，卵形の小葉に分かれる。花はまばらに数個，茎頂に総状につき，淡紫または白色，４個の花弁には長い距がある。花の形を四つ爪錨(いかり)に見立ててこの名がある。漢方では全草を淫羊藿(いんようかく)の名で強壮薬にする。類品のトキワイカリソウは日本海沿岸地方の山地に野生し，葉は常緑で，とがった大きな小葉がある。キバナイカリソウは主として北陸に分布し，淡黄花を開く。バイカイカリソウは葉は２回２出複葉で，花は白く，花弁には距がない。西日本に野生。

【イケマ】

キョウチクトウ科のつる性の多年草。日本全土，中国大陸に分布。山地にはえる。葉は長い柄があって対生し，心臓形で先はとがる。７〜８月に葉腋から細長い柄をのばして，散形に白い小花を咲かせる。花冠は深く５裂する。根は芋状で有毒。漢方では薬用とする。

【イシミカワ】

タデ科の一年草。日本全土，東南アジアに分布し，野原にはえる。茎には下向きのとげがあって，他物をよじのぼり，長さ２メートル以上に達する。三角形の葉は裏側に柄がつき，互生。托葉は皿状。花は淡緑白色で目だたないが，秋，苞葉の上に藍(あい)色の丸い果実が皿の上の団子のようにつく。

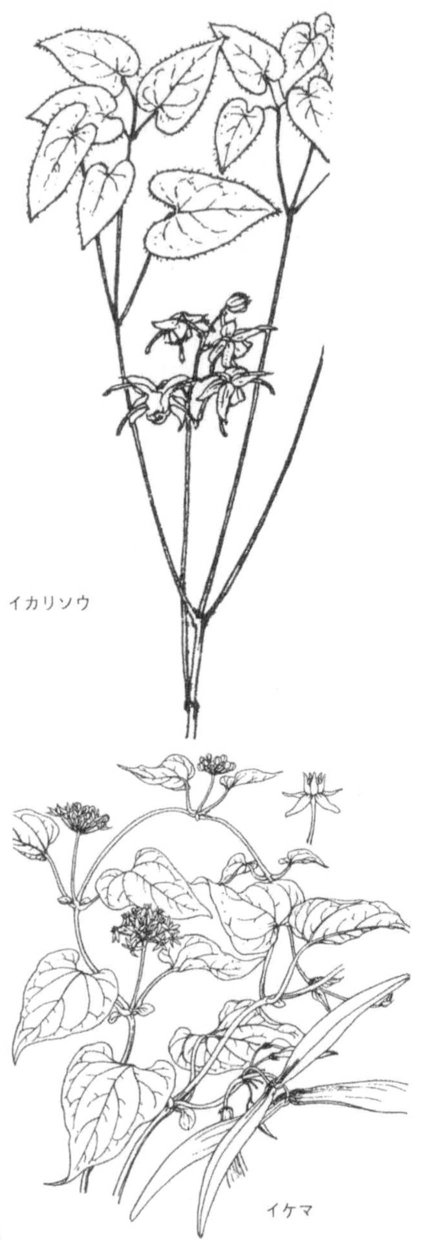

イカリソウ

イケマ

【イシモチソウ】

モウセンゴケ科の多年生食虫植物。関東～九州の原野にはえる。茎は高さ10～30センチ，根に球形の塊茎がある。柄の長い三日月形の葉を互生し，葉面に密生する腺毛の分泌液で捕虫し，消化する。夏，５弁の白い花が総状に数個つく。近縁のナガバノイシモチソウは関東,中部地方の南部に分布し，葉は長さ４～６センチ，線形でとがる。

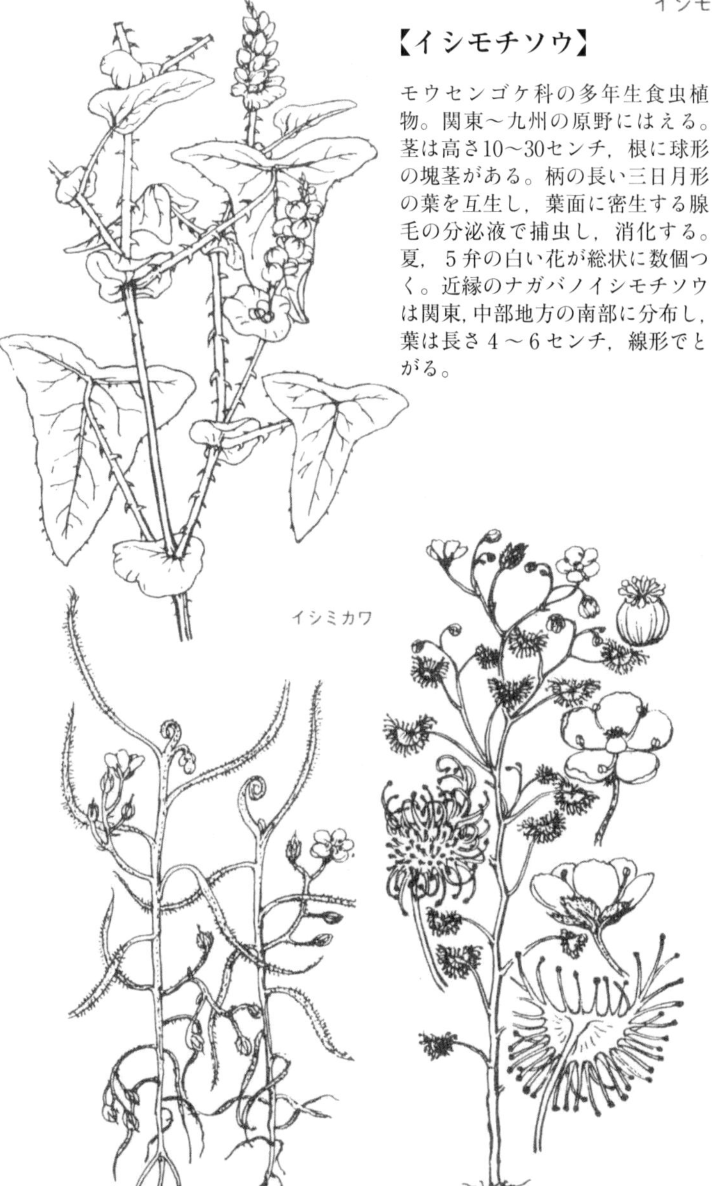

【イソギク】

キク科の多年草。関東～中部地方南部の海岸の崖にはえる。茎は曲がって斜上し，高さ30～40センチ。葉は上部がやや浅く羽状に裂け，裏面は銀白色。黄色の頭花は筒状の両性花と，筒状，時に舌状の雌花からなり，10～11月に散房状につく。四国の海岸の崖にはえるシオギクは本種によく似ているが，総苞がやや大きく，総苞片は線形となりイソギクの卵形と異なる。

イソギク

【イタドリ】

タデ科の多年草。日本全土，東アジアに分布。山野にはえる。茎は中空で直立し，上部が斜めに立ち，高さ1.5メートル内外。卵状楕円形の葉を互生する。7～10月，白色の花が円錐状に集まって咲く。花被は5裂する。雌雄異株。若芽は食べられる。花被の紅色のものを，ベニイタドリ，一名メイゲツソウという。

イチゴ

【イチゴ】苺

オランダイチゴとも。南米原産のバラ科の多年草。匍匐(ほふく)枝を出してふえる。花は白色5弁。食用にするのは花托が肥厚した部分で，表面に散在する粒状のものが種子。普通栽培のほか促成栽培，抑制栽培などがある。冬，石の保温性を利用した静岡県久能山ほかの石垣促成栽培は有名だったがビニールハウスの普及で急激に減少した。家庭での栽培では，十分施肥した畑に9～11月定植する。生食するほか，菓子，ジャムやジュースに用いる。用途や収穫期により多くの品種がある。

虎杖(いたどり)

【イチハツ】

中国原産のアヤメ科の多年草。わらぶき屋根によく植えられている。茎は高さ30～60センチ，剣状の葉が下方に1列に並んでつく。5月に咲く淡紫色の花は，内花被片が大きく平開し，外花被片は濃紫色の斑点があり，下半部内面にとさか状の突起がある。じょうぶで栽培しやすい。株分けでふやす。

【イチビ】

莔麻(ぼうま)とも。アオイ科の一年草。全草に細毛が密生し，茎は1.5メートル内外。葉は心臓形で互生。夏～秋，黄色の小花をつける。南欧～中国に分布し，繊維作

物として栽培される。繊維は他の麻類に劣り，コウマの代用となる。古く日本へ渡来したが，現在あまり栽培されず，野生化している。

【イチヤクソウ】一薬草

ツツジ科の常緑多年草。日本全土，東アジアに分布。山野の林の下にはえる。葉は根ぎわに集まり，柄が長く，卵状楕円形で裏面は紫色をおびる。6～7月，高さ20センチ内外の直立した花茎に，数個の花が総状下向きにつく。白色の花冠はウメに似て，深く5裂する。近縁のベニバナイチヤクソウは深山の樹林の下に群生し，10個内外の肉紅色の花をつける。緑白色の花をつけるジンヨウイチヤクソウは針葉樹林下にはえ，葉はまるく腎臓形。

イチリンソウ

イチヤクソウ

キクザキイチゲ
（＊イチリンソウ）

【イチリンソウ】

イチゲソウとも。水気のある林中や小川の辺などにはえるキンポウゲ科の多年草。本州～九州に分布。早春,20～30センチの花茎を出し,頂に柄のある3出葉を3個と,ウメに似た花を1個つける。花は径5センチ,白色または一部淡紫色をおび,5個のがく片がある。茎頂にただ1花をつけるのでこの名がある。類品のキクザキイチゲは全体が少し小型で,がく片はやや細く,8～12個。

【イヌガラシ】

各地の湿りけのある草地にはえるアブラナ科の多年草。全体無毛で高さ20～40センチになる。葉は羽状に裂ける。ほとんど一年中総状花序に径3～4ミリの黄色い4弁花を多数つける。果実は16～20ミリの棍棒状でやや曲がって立ち上がる。類品のミチバタガラシは都市に多くはえ,花弁はなく,果実がまっすぐで湾曲しない。

【イヌタデ】

アカマンマ,アカノマンマともいう。タデ科の一年草。日本全土,東南アジアに分布。原野や路傍にはえる。茎は下部から枝分れして立ち,高さ30センチ内外,広披針形の葉を互生する。托葉の縁には長毛がある。7～11月,紅紫色の小花が穂状に密生してつく。オオイヌタデは茎が太く,高さ1メートル以上になり,葉は楕円状披針形で,托葉に毛がない。紅をおびた白色の花が咲く。

【イヌビエ】

イネ科の一年草。本州〜九州のやや湿地にきわめて普通にはえる。形に変化が多く，茎の高さもさまざまであるが，普通0.7〜1メートル。葉は線形で，葉身の基部に舌片はない。夏〜秋に開花する。花序は円錐状。ヒエの祖先型と考えられている。

【イヌビユ】

ヒユ科の一年草。全世界に広く分布。平地にはえる。全体に柔らかい。茎は枝分れして斜上し，高さ20センチ内外。ひし状卵形で先端のへこむ葉を互生する。6〜9月に茎頂や葉腋から細長い穂状花序をのばし緑色の小花をつける。果実はひし状楕円形で，下半分にしわがある。近縁のアオビユ(別名ホナガイヌビユ)は熱帯アメリカ原産の帰化植物。花穂が長く，果実は全面に著しいしわがある。

〈イヌ〉がつく植物には他の有用植物に似るが，実際には役立たないものがある　下はイヌ《和漢三才》から

イヌビユ

【イヌホオズキ】

ナス科の一年草。路傍，畑，荒地などにはえ，全世界に広く分布。茎はよく枝を分けて広がり，高さ60～90センチ。葉は卵形で互生する。夏～秋に白い小花を開く。果実は丸い液果で黒熟。全草に一種のアルカロイドを含む有毒植物で，漢方では竜葵(りゅうき)と呼び解熱・利尿剤に利用。

【イヌワラビ】

イワデンダ科のシダ。本州～九州に広く分布。林のへり，路傍などに多い。短くはった地下茎から葉

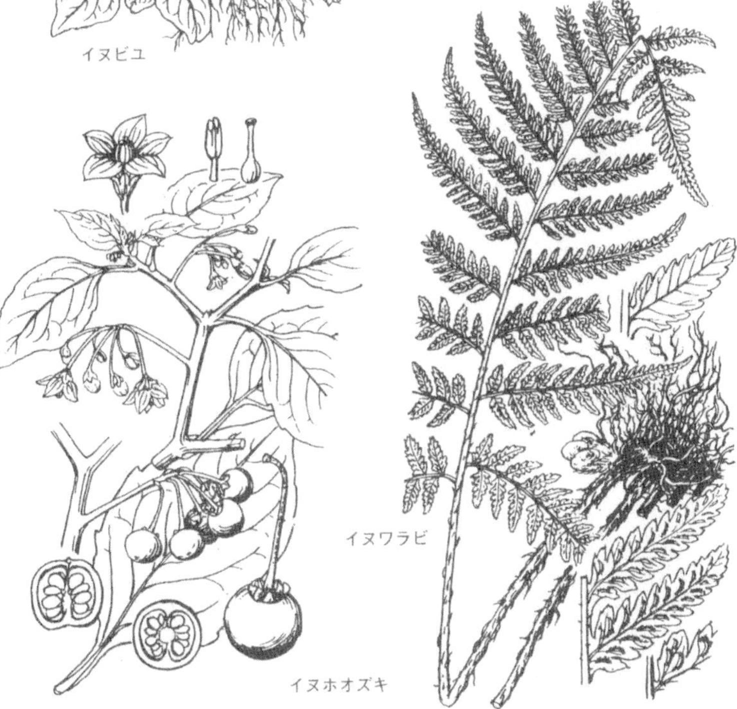
イヌワラビ

イヌホオズキ

があいついで出，高さ40〜70センチ，草質で柔らかく，多少赤紫がかる。その色が著しく，葉の中央が白いものをニシキシダという。２回羽状複葉。深く裂ける。羽片の数は少ない。

【イネ】稲

日本では最も重要なイネ科の一年生作物。古くから栽培され，紀元前数千年には，すでにインド，中国等で栽培が行なわれていたという。米はイネの種実で籾(もみ)をかぶっている。草高は品種により数十センチ〜数メートル，葉は茎の節に互生，長さ40〜50センチ。花序は円錐状で成熟すると下垂する。イネ栽培の発祥地は，東南アジアの熱帯〜亜熱帯説が最も有力。そこから東アジア，西アジア，地中海沿岸，17世紀に新大陸へ伝わった。日本へは前１世紀ごろ北九州に渡来。以後次第に東進。イネの品種は非常に多く，外米といわれ米粒が大型で細長く砕けやすいインド型と，丸く砕けにくくて粘りのある日本型に大別され，おのおのに粳(うるち)と糯(もち)がある。水の要求量により，水稲と陸稲とがあるが，植物学的には同一。また早生種(わせ)と晩生種(おくて)がある。現在日本では，水稲日本型うるち米が全収穫量のほとんどを占めている。明治以後，品種改良により多くの品種がつくられ，栽培限界が急速に北進し，北海道での栽培が可能になった。現在までに日本でつくられた品種は，総計2000種に達するとみられる。

イネの害虫
上　アワヨトウ
下　セジロウンカ

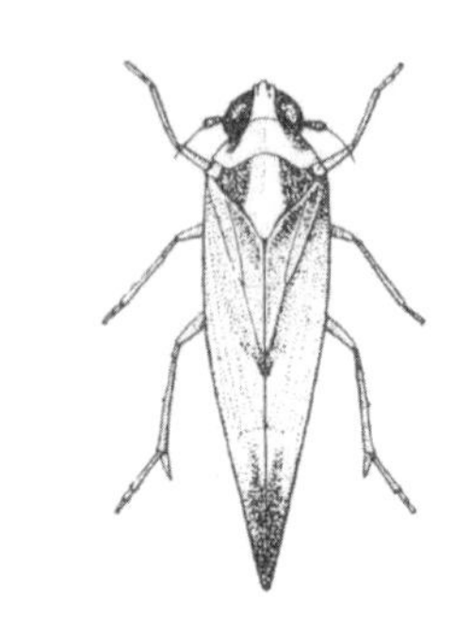

イネ

六所宮田植《江戸名所図会》から

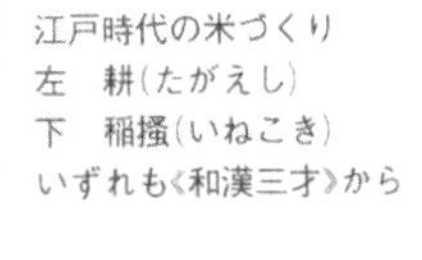

江戸時代の米づくり
左　耕(たがえし)
下　稲搔(いねこき)
いずれも《和漢三才》から

違い稲

稲の丸

【イノコヅチ】

フシダカとも。ヒユ科の多年草。本州〜九州の平地にはえる。茎は四角形で直立し，枝分れして高さ80センチ内外，楕円形の葉を対生する。8〜9月に茎の先や葉腋に，細長く，穂状に緑色の花をつける。果実の小苞はとげ状となり，衣服につきやすい。根を干したものを漢方では牛膝(ごしっ)といい，薬用とする。

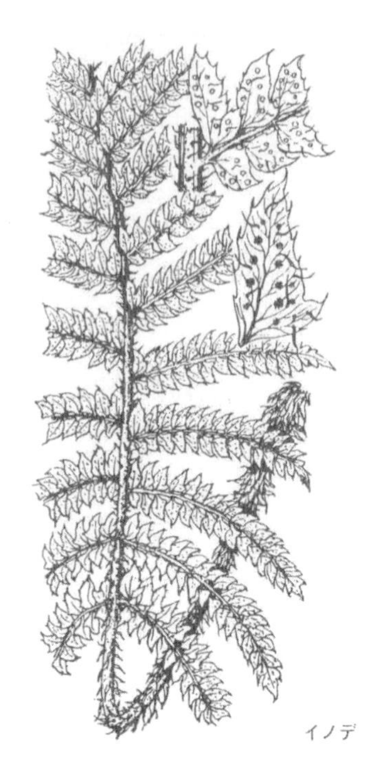
イノデ

【イノデ】

オシダ科のシダ。本州中南部〜九州に多く，林の下などにはえる。茎はやや大型，塊状で，葉は放射状に広がって出，光沢のある濃緑色で，長さ30〜100センチ，2回羽状複葉。葉柄や葉裏などには褐色の鱗片が多い。日本には近縁種が非常に多く知られている。

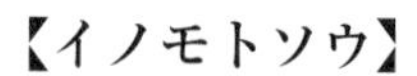

【イノモトソウ】

イノモトソウ科の常緑のシダ。本州中部以西の各地に分布。溝のそば，木の下などに多い。葉は集まって出て高さ10〜25センチ，数対の羽片からなる複葉で，羽片は狭い線形となる。胞子嚢群のついたものは羽片の縁が折れ返ってさらに狭い。近縁のオオバノイノモトソウはやや大型。

イノデを食草とする
イカリモンガ

イボクサ

【イブキトラノオ】

タデ科の多年草。北半球に広く分布，山地にはえる。茎は直立し，高さ70センチ内外，柄に翼のある披針形の葉を互生する。根元から出る葉は柄が長い。7～8月に淡紅～白色の花が，茎頂に円柱形に密につく。花被は5裂する。

【イボクサ】

ツユクサ科の一年草。本州～九州，東アジアに分布。茎は下部枝分れして，長さ30センチ内外。広披針形の葉は2列に互生し，基部は短い鞘(さや)になって茎を抱く。夏～秋，白色で紅色をおびた花が葉腋に咲く。花は1日花で，花弁3個。

【いも】芋，藷，薯

一般に多年生植物の根や地下茎が，デンプンなどを貯蔵して肥大したもの。食用やデンプン原料となるものが多く，主食とする所も少なくない。歴史的には，東南アジアを中心とする熱帯・亜熱帯ではタロイモ，ヤムイモが，南米の熱帯低地ではキャッサバそのほかが，メキシコの高原ではサツマイモが，南米アンデスの高地ではジャガイモが，それぞれ一時期の栽培作物の中心となり，いも栽培型の，いわゆる種子によらず根分けやさし芽により繁殖する栄養繁殖作物を栽培する根栽農耕文化を形成したと説かれる。アジアの温帯地域では，タロイモの中からサトイモが，ヤムイモの中からナガイモが，そして日本原産のヤマノイモなどが栽培されてきた。

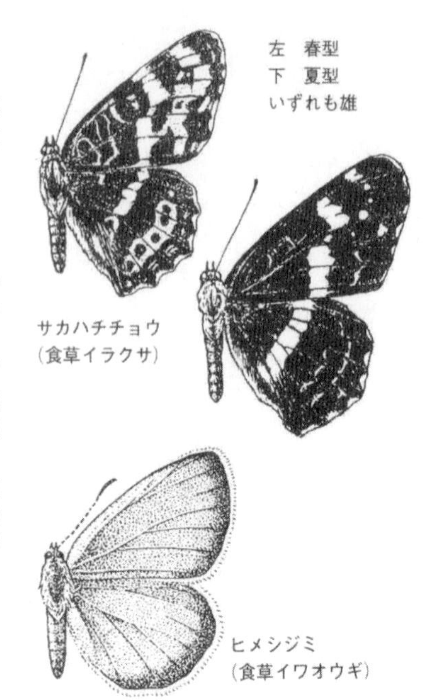

左　春型
下　夏型
いずれも雄

サカハチチョウ
(食草イラクサ)

ヒメシジミ
(食草イワオウギ)

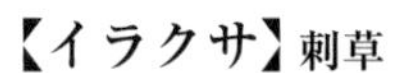

【イラクサ】刺草

イラクサ科の多年草。本州～九州の山地にはえる。高さ0.5～1メートル。葉は対生し，卵形で縁にあらい鋸歯(きょし)がある。秋に花穂を出し，上部に雌花，下部に雄花をつける。花被片は4個。茎と葉の刺毛はギ酸を含み，触れると痛いのでこの名がある。

【イワイチョウ】

ミツガシワ科の多年草。本州中部～北海道の亜高山帯の湿地にはえる。根茎は太く，葉は腎臓形で厚く，つやがある。8月，高さ20センチ内外の花茎を出し，頂に白花を数個つける。花冠は深く5裂し，裂片は縁にしわがより，中央にはひだがある。子房の基部に5個の蜜腺がある。

イラクサ

イワイチョウ

【イワウチワ】

イワウメ科の多年草。本州の特産で山地の半日陰地に群生する。根茎は横にのび，葉は根出し，腎円形で厚く，つやがあり，縁には波状の鋸歯(きょし)がある。春，10〜20センチの花茎を出し頂に花が一つつく。花冠は5裂し，広い鐘形で白〜淡紅色，裂片の先は細かく裂ける。

【イワオウギ】

高山にはえるマメ科の多年草。茎は高さ30〜50センチあって数個の羽状複葉をつける。小葉は11〜25個で，狭卵形。葉腋から総状花序を出し，2センチ内外の淡黄色の蝶(ちょう)形花を多数つける。豆莢(まめざや)は平らで，数個のくびれがある。根は太く，中国産の黄耆(おうぎ)の代用品として薬用にされる。

イワウチワ

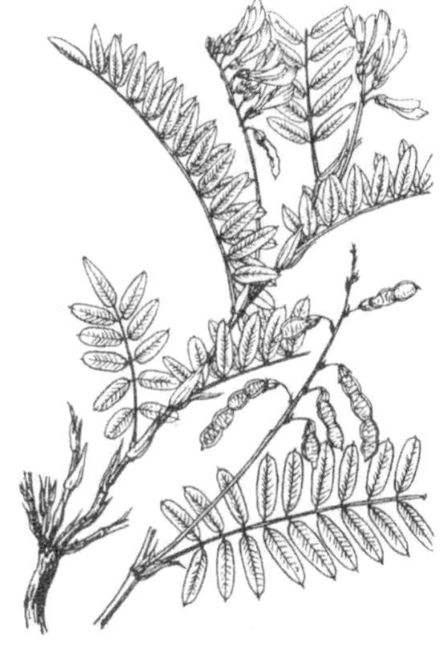

イワオウギ

【イワカガミ】

イワウメ科の常緑多年草。北海道～九州の山地から亜高山にかけてはえる。地下に根茎がある。葉は根出し，径２～６センチの円形，革質で厚く，上面につやがあり，縁には鋸歯(きょし)がある。６～７月，高さ６～15センチの花茎を出し，頂に数花を下向きにつける。淡紅色の花冠は筒状で５裂，裂片の先は細かく裂ける。高山にはえ，葉も花も小型のものをコイワカガミという。また，北海道南部～本州の低山にはえるオオイワカガミは，葉が大型で径５～14センチになる。

イワカガミ

【イワガネゼンマイ】

ホウライシダ科のシダ。本州～九州に分布。林の下などに多い。大きなものは１メートル以上になり，葉は卵状楕円形で，羽状複葉。羽片は数対つき，最下部のものはさらに分裂する。葉脈は並行。脈上に胞子嚢群がつく。近縁のイワガネソウは葉脈が網状。

【イワタバコ】

イワタバコ科の多年草。本州～九州および台湾に分布し，谷あいなどの岩壁に群生する。葉は１株に１～２枚つき，ゆがんだ楕円状卵形で表面にしわがあり柔らかい。８月，長さ約15センチの花茎の頂に，紅紫色の美しい花が数個つく。花冠は皿形で５裂する。山野草として観賞する。葉は薬用，食用となる。

オオイワカガミ

上　イワガネゼンマイ
右　近縁のイワガネソウ

【イワダレソウ】

クマツヅラ科の多年草。関東～沖縄および世界の亜熱帯～熱帯に分布。海岸の砂地にはえる。茎は分

イワダレソウ

イワタバコ

枝して長く砂の上をはい，倒卵形，肉質の葉を対生する。7～10月，紅紫色の小花が，長い柄の先に円柱形に密に咲く。花冠は唇(しん)形。

イワヒバ

【イワヒバ】

イワマツとも。イワヒバ科の多年生草本。本州中部以南の岩上などにはえる。高さ10～30センチの太い幹の頂から細かい葉をつけた細枝が放射状に出て葉のように見える。かわくと巻いて小さくなる。盆栽にする。江戸時代に流行し，多くの園芸品種ができた。

【イワブクロ】

ゴマノハグサ科の多年草。本州北部，北海道の高山の砂礫(されき)地にはえ，千島，樺太，シベリア，カムチャツカにも分布。高さ約10センチ。葉は対生し，長楕円形。夏，茎の頂に数個の花が集まる。花冠は筒形，淡紅色で先はやや唇形になる。北海道の樽前(たるまえ)山に多いのでタルマイソウともいう。

タテハモドキの幼虫の
食草はイワダレソウ

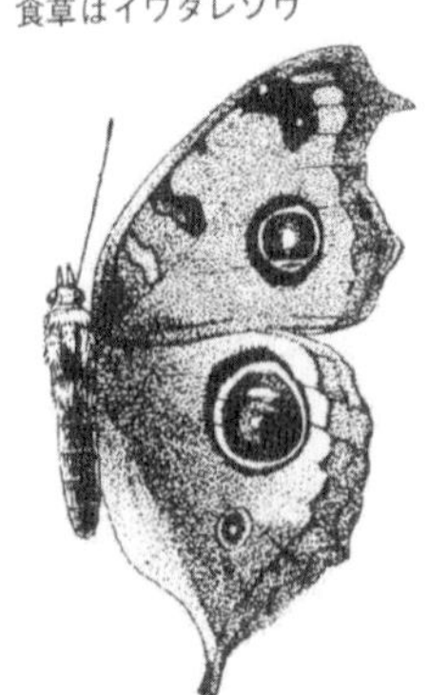

イワブクロ

【イワレンゲ】

北九州の山中の岩石地に野生し，観賞用として各地で栽培される，ベンケイソウ科の多肉植物。開花結実すればその株は枯死する。葉は蓮華(れんげ)状に重なってつき，粉白を帯びた淡緑色で長さ３～７センチ，先端は鈍形。秋に葉心から花茎を立て，多数の花を穂状に密につける。花は白色で雄しべの葯(やく)は淡黄。類品のツメレンゲは葉が幅狭く，先端は鋭くとがる。花は赤みをもち，葯は濃赤色。

【インゲン】

熱帯アメリカ原産のマメ科の野菜。つる性のものと，つるのない矮(わい)性のものとがある。花色は白または淡紅。種子の形，色は変化が多い。柔らかい莢(さや)をおもに食用とする品種の衣笠(きぬがさ)などと，豆を食用とする品種

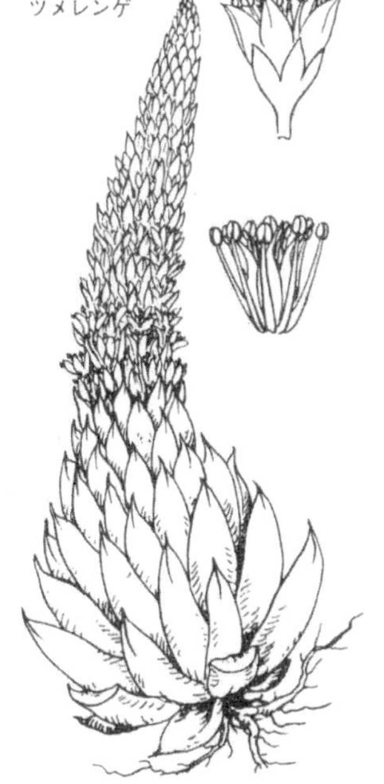

の金時などに大別され，約200品種。煮豆や菓子の原料とする。隠元が日本に伝えたのは別種のフジマメともいわれ，関西ではフジマメをインゲンといい，本種をサンドマメという。

隠元(1592-1673) 日本黄檗宗の開祖
中国福建省出身でインゲン豆を伝えたとされるが異説がある

ウ

【ウイキョウ】

欧州原産で温帯各地に広く栽培されるセリ科の多年草。全草に芳香があり，高さ2メートルに達する。夏，複散形花序をなして多数の黄色小花を開く。果実を乾燥したものは芳香が強く，茴香(ういきょう)といい，スパイスとして利用。また健胃・去痰(きょたん)薬とし，果実から得られるウイキョウ油は酒や石鹼の香料に使用。秋，苗を定植し，翌年の夏〜秋に収穫。

ウイキョウ

【ウキクサ】

サトイモ科の多年生水草。日本全土，アジア，豪州，欧州，アフリカに分布。植物体は倒卵形で平たく，水面に浮かび，表面はなめらかで緑色，紫色を帯びた裏面の中央から10本内外の細長い根がたれる。夏，まれに体の裏面に白色の小花が咲く。晩秋，冬芽をつくり，水底で越冬する。近縁のアオウキクサは植物体は卵状楕円形，裏面から1本の根をたれる。

【ウキヤガラ】

水辺にはえるカヤツリグサ科の多年草。日本全土，東アジアに分布。茎は三角形で高さ約1メートル，下方に幅5〜10ミリの細長い葉を数個つける。花穂は夏〜秋，茎頂

に出，1～2回分枝して，長楕円形で濃褐色の小穂を10個内外つける。枯れた茎を矢幹(やがら)に見立ててこの名がある。

【ウコン】

熱帯アジア原産で，日本では九州最南部，屋久島に栽培されるショウガ科の多年草。高さ50センチ内外。その根茎を鬱金(うこん)といい薬用にもするが，おもな用途は香辛料，着色料としてカレー粉製造，たくあん漬の着色など。

【ウサギギク】

キク科の多年草。ベーリング海西部沿岸の寒帯に分布し，日本では本州中部以北の高山の草地にはえる。茎は高さ12～35センチ，枝分れしない。下部の葉はさじ状で対生につき，上部は小型でしばしば互生する。頭花は舌状花と筒状花からなり，夏，茎の先にただ1個つく。

【ウスユキソウ】

北海道，本州の山地にはえるキク科の多年草。高さ25～55センチになる。根出葉は花時になくなり，茎葉は多数で裏面に灰白色の綿毛

ウサギギク

ウスユキソウ

ヒメウスユキソウ

がある。夏～秋，茎頂に苞葉がまばらにつき，その中心に多数の頭状花が集まってつく。同属にエーデルワイスによく似たミヤマウスユキソウ(ヒナウスユキソウ)がある。本州北部の高山にはえ，茎葉は少ないが，花をつけない短い茎には花時でも根出葉が枯れずについており，白い綿毛はいっそう密で，苞葉は星形に並ぶ。これに似て全体が大型のハヤチネウスユキソウは早池峰山に，小型のヒメウスユキソウは木曾駒ヶ岳に特産する。

【ウチョウラン】

関東～九州の山地の日陰の岩壁にはえるラン科の多年草。茎は高さ10～15センチ，2～3個の広線形

の葉をつける。花は夏，茎頂に数個つき，紅紫色で径1.5センチ内外，花被片は長楕円形で，少しとがる。上側のがく片と２個の花弁が合してかぶと形をつくるのでカラスの頭に見立て，烏頂蘭(うちょうらん)の名がついた。

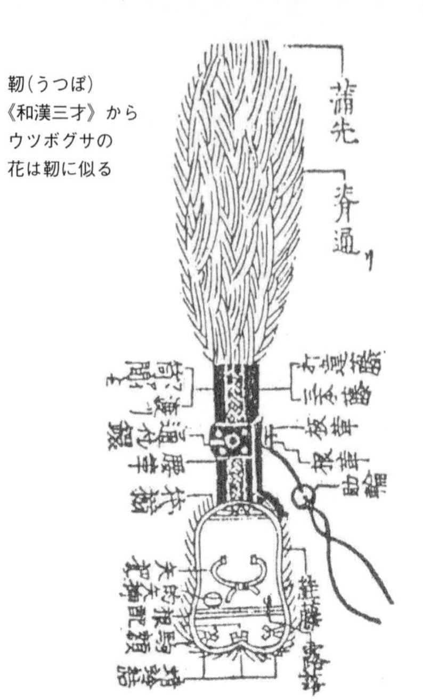

靭(うつぼ)
《和漢三才》から
ウツボグサの
花は靭に似る

【ウツボグサ】

シソ科の多年草。日本全土，東アジアの日当りのよい草地にはえる。高さ20〜30センチ，葉は対生，長卵形で柄がある。６〜７月，茎の頂に靭(うつぼ)に似た花穂をつけ，濃紫色の唇形花を密につける。夏になると花穂は枯れて黒くなる。これを夏枯草(かこそう)といい利尿剤にする。

【ウド】

ウコギ科の多年草。日本全土，東アジアに分布し山野にはえる。高さ1.5メートルほどになり，茎は太く，羽状複葉を互生する。小葉は卵形で鋸歯(きょし)がある。８月，小さな淡緑色の５弁花が散形に集まってつく。若い芽，茎を食用とするため，野菜として古くから栽培された。低温で発芽する寒ウドと，春，気温上昇とともに発芽する春ウドがある。溝，穴蔵，小屋掛け，盛土などを利用して，若い茎を軟白(軟化栽培)して食用にする。春の季節ものとして，生食，酢の物，煮物などにされる。

ウド

【ウバユリ】

北海道〜本州中部の林中にはえるユリ科の多年草。茎は太く，下半部に15〜25センチの狭卵心形で上面光沢のある葉を数個つける。夏，茎頂に横向きに半開した長さ７～10センチの緑白色の花を数個つける。花被片６個。鱗茎は良質のデンプンを含む。姥百合(うばゆり)の名は，花時に葉(歯)がないことが多いため。

【ウマゴヤシ】

江戸時代に渡来した牧草で，ときに野生化する，欧州原産の一，二年草。マメ科。葉は長さ1.5センチ内外の３小葉に分かれる。春，葉腋から出た短い花柄上に，少数の黄色い蝶(ちょう)形花をつけ，花後にらせん状に巻いた５ミリ内外のとげのある豆果を結ぶ。緑肥，飼料作物として出雲地方などで栽培されている。

ウバユリ

ウマゴヤシ

ウマノアシガタ

【ウマノアシガタ】

日本全土の日当りのよい草地にはえるキンポウゲ科の多年草。有毒植物。葉は5角状円心形で，長さ3～7センチ，深く三つに裂け，あらい鋸歯(きょし)がある。花は春，長い小柄上に上向きに咲き，黄色5弁で径15～20ミリ。葉の形からこの名が出た。八重咲の栽培品をキンポウゲ(金鳳花)という。ミヤマキンポウゲは高山にはえ，葉の切れ込みが深く，毛は少ない。茎は斜上し，花は黄色5弁。

【ウマノスズクサ】

関東～九州の草地や藪(やぶ)などにはえる，ウマノスズクサ科のつる性多年草。葉は卵状披針形で青緑色をおび，長さ4～7センチ。花は夏，葉腋につき，黄緑色。がくは曲がったラッパ形で，花弁はない。果実は球形で6裂し，柄があってぶら下がる。これを馬の首にかけた鈴に見立ててこの名がある。

【ウメバチソウ】梅鉢草

ニシキギ科の多年草。北半球の低山～高山の湿地の日当りのよい所にはえる。根出葉は円心形で長い柄がある。夏～秋に高さ10～30センチの花茎を出し，1枚の葉と1個の花をつける。花弁は白色で5個。雄しべ5個，仮雄しべ5個。花は梅鉢の紋に似る。

ミヤマキンポウゲ
ウマノスズクサ

【ウラシマソウ】

サトイモ科の多年草。北海道～四国の林下にはえる。葉は鳥足状の複葉で，15～16個の小葉からなる。4～5月，紫黒色の仏炎苞が出，中に肉穂花序をつける。付属体は長いむち状になり直立し，中ほどからたれ下がる。雌雄異株。

ジャコウアゲハ
右 雄　左 雌
（食草ウマノアシガタ）

単弁の梅を上から
見た梅鉢紋

【ウラジロ】

シダ，ヤマクサなどとも。ウラジロ科の常緑のシダ。本州南部～熱帯に分布。崖や明るい林下などに多く，よく茂って林の害になる。太い地下茎が長くはう。葉は茶色のかたい葉柄をもち，休止芽を囲んで左右に開き，裏面は脱落性の星状毛があり，蠟がたまり白くなる。葉は正月の飾りに，葉柄は箸(はし)，編んで盆にされる。

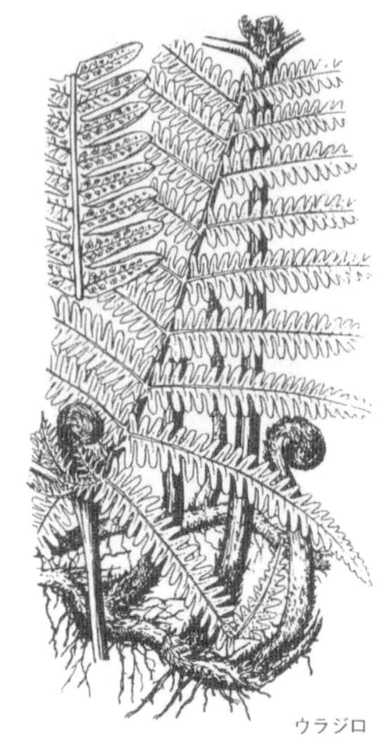

ウラジロ

【ウラハグサ】

イネ科の多年草。中部地方特産で，山地の谷の崖などにはえる。茎は細く，高さ40～70センチ。葉は，表は白色をおび，裏は緑色で，表は常に下面を向く。夏～秋，開花。花序は卵状楕円形で，５～10個の小花をもった小穂がまばらにつく。ときにフウチソウ(風知草)といわれて観賞用に栽培され，斑入(ふいり)品もある。

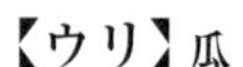

【ウリ】瓜

キュウリ，マクワウリ，メロンなど，ウリ科ウリ属の植物の果実の通称。広義にはスイカ属，ユウガオ属，ヘチマ属，カボチャ属なども含む。また日本原産のものには，カラスウリ属，食用にはならないがスズメウリ属，ゴキヅル属などがある。

ウラジロは正月飾りに使われる
右は鏡餅　三方の上に敷かれている

【ウルップソウ】

オオバコ科の多年草。白馬岳，八ヶ岳，北海道の高山の礫(れき)地にはえ，千島，カムチャツカ，アラスカにも分布。葉は広卵形で長さ10センチ内外，厚く，つやがある。夏，20センチ前後の花茎を出し，青紫色の小花を穂状につける。千島の得撫(うるっぷ)島からこの名が出た。ハマレンゲともいう。

【ウワバミソウ】

イラクサ科の多年草。日本全土の山地の湿地の日陰に群生する。高さ30～40センチ，葉は互生，ゆがんだ卵形で先は尾状にとがる。全草に毛がなくみずみずしい。雌雄異株。花は葉腋に球状に集まる。秋に茎の節がふくれて地面に落ち，発芽する。ミズナ，ミズともいい食用になる。

【ウンラン】

オオバコ科の多年草。北海道〜四国，東アジアの海岸の砂地にはえる。全体に緑白色。葉は楕円形で対生または輪生する。夏，茎の上部に数個の花がつく。花冠は白色，仮面状で距があり，下唇(かしん)の中央部は黄色をおびる。果実は頂部に穴があき種子が散る。

ウンラン

エ

【エイザンスミレ】

エゾスミレ，カクレミノなどとも。本州〜九州の山地の樹下にはえるスミレ科の多年草。葉は根出，3裂し，側裂片はさらに2裂する。各裂片には欠刻があるが，花が終わって後の葉は大型で単に3裂する。春，5〜10センチの花柄を出し，淡紫色をおびた白花をつける。ヒゴスミレはこれに似るが，葉が細かく切れ，花は白い。本州以南に分布する。

【エゴマ】

東アジア原産の一年生シソ科の油料作物。全体にシソに似る。高さ0.6〜1.5メートル，茎は方形で，卵円形の葉を対生し，夏，白い小花をつける。種子はシソよりやや大きく，秋に収穫。種子からとれる油をエゴマ油または荏(え)の油といい，食用，ペイントの原料に，油かすは肥料，飼料とする。

エゴマ

ヒゴスミレ

エイザンスミレ

エーデルワイス

【エーデルワイス】

欧州アルプス原産のキク科の多年草。セイヨウウスユキソウともいう。10～20センチの高さで茎頂に7～9個の頭状花がつき，その基部に苞葉が放射状につく。全体に白い軟毛が密生するが，特に苞葉に目だつ。栽培には夏の暑さに注意を要し，繁殖は実生(みしょう)で春まきにする。

【エノキグサ】

トウダイグサ科の一年草。日本全土，アジアに分布。茎は枝分れして高さ約30センチ，柄の長い卵形の葉を互生する。8～10月，葉腋に細長い花序を出し，上部に雄花，下部に雌花をつける。基部に編笠に似た二つ折りの苞葉があるためアミガサソウの名もある。

【エノコログサ】

ネコジャラシとも。イネ科の一年草。日本全土の路傍，野原などにごく普通に見られる。高さ50～80センチ。葉は披針形または線形。8～11月，たくさんの剛毛のある，緑色で円柱状の花穂をつける。狗(えのこ)は子イヌでその尾に似ていることからこの名が出た。アワの原種ともいわれ，交雑も容易。

【エビスグサ】

北米原産で，本州中部以西および熱帯アジアに広く栽培されるマメ科の一年草。高さ１メートル内外。葉は偶数羽状複葉で，夏に黄色花を開き，次いで細長い豆果を結ぶ。種子は，漢方では決明子といわれ緩下剤，強壮薬にされ，またはぶ茶にもされる。

【エビネ】

日本全土の山地の林中にはえるラン科の多年草。葉は２～３個，節のある根茎につき，長楕円形で長さ25センチ内外。花は春，葉間から出た40センチ内外の花柄上に十数個つき，緑をおびた褐色であるが色の変化が多い。唇(しん)弁は白～淡紅色で３裂。根茎に節が多く，この名が出た。類品のキエビネは暖地産で，花は黄色で大型。サルメンエビネは唇弁の中片が大きく，内面にしわがある。この類は花が美しく，栽培される。

【エヒメアヤメ】

中国，四国，九州の山地にはえるアヤメ科の多年草。花茎は高さ10センチ内外で，１花を頂につける。

エノキグサ

エビスグサ

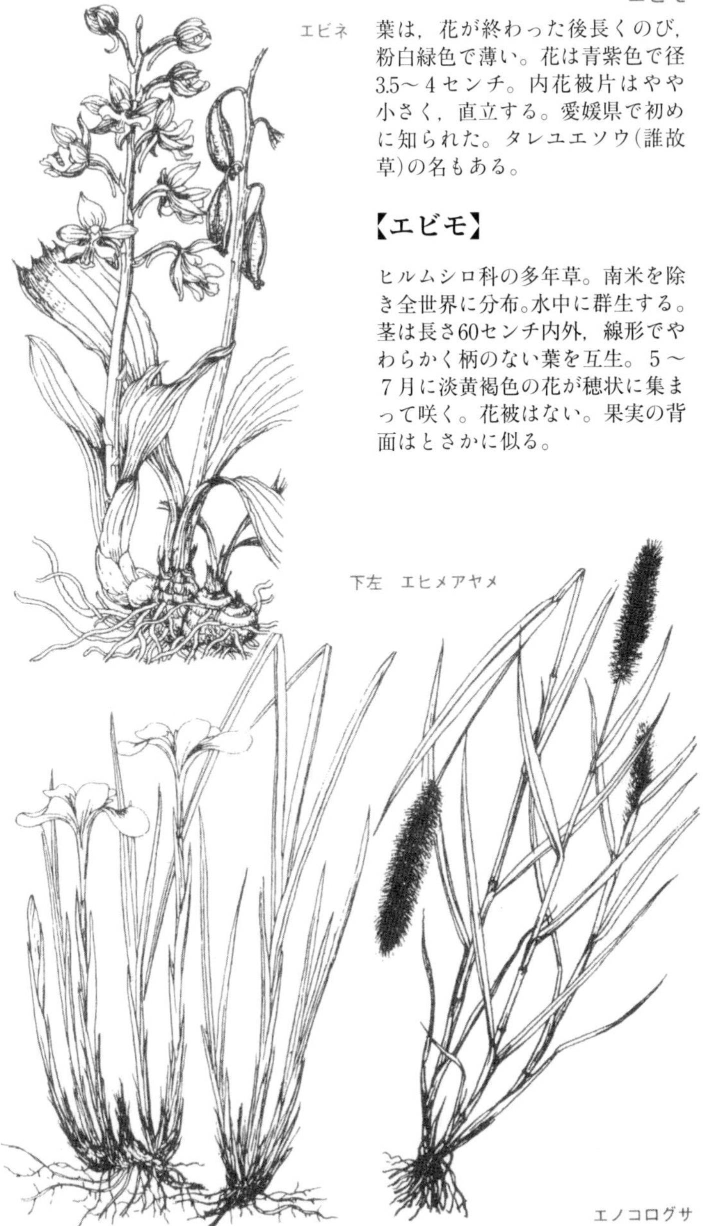

葉は，花が終わった後長くのび，粉白緑色で薄い。花は青紫色で径3.5～4センチ。内花被片はやや小さく，直立する。愛媛県で初めに知られた。タレユエソウ(誰故草)の名もある。

【エビモ】

ヒルムシロ科の多年草。南米を除き全世界に分布。水中に群生する。茎は長さ60センチ内外，線形でやわらかく柄のない葉を互生。5～7月に淡黄褐色の花が穂状に集まって咲く。花被はない。果実の背面はとさかに似る。

【エンコウソウ】

キンポウゲ科の多年草。本州の湿地にはえ，ときに栽培される。葉は根生し，腎円形で長い柄がある。長さ50センチに達し，倒伏する花柄の先に径約２センチの少数の花がつく。がく片は黄色で５枚，花弁はない。類品のリュウキンカは全体がやや大きく花柄は倒伏しない。また北海道に自生するエゾノリュウキンカはヤチブキともいい，全体がさらに大きく，若葉をゆでて食用とする。

【エンゴサク】

ケシ科の多年草数種の総称で，中国名の延胡索に由来。関東～九州の川岸の草地や山地などにはえるものにジロボウエンゴサクがある。小型の丸い塊茎がある。根出葉には細い柄があり，２～３回3出複葉。春，高さ５～10センチの

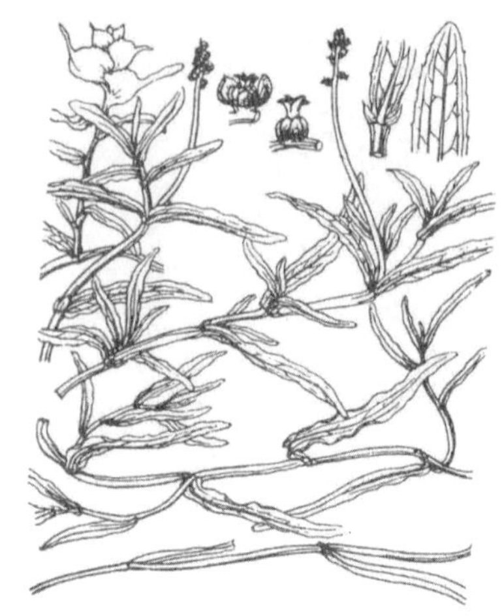

エビモ

エンコウソウは猿猴草で，花柄ののびる様を手長猿に擬す（牧野）という
下は猿猴《和漢三才図会》から

エンコウソウ

茎の上端に花穂をつけ，少数の花をつける。花は筒形で長さ約2センチ，紅紫色で横向きに咲く。類品のヤマエンゴサクは山中にはえ，塊茎はやや大きく上端にただ1本の花茎を出し，その第1葉は鱗片状に退化。多数の花をつける。前種とともに塊茎は薬用。エゾエンゴサクはヤマエンゴサクに近いが，花は淡紫色で少なく，果実は細長く線形となる。北方に分布。

左上　シロエンドウ
左下　ジロボウエンゴサク
下　ヤマエンゴサク

【エンドウ】豌豆

西アジア～南欧原産のマメ科の野菜。茎は約1メートルに達し先端は巻きひげとなる。冷涼な気候を好み，耐寒性が強いが，連作には不適。莢(さや)が柔らかい品種の未熟な果実をサヤエンドウという。また，莢のかたい品種の成熟した種子をムキエンドウといい，煮豆(うぐいす豆)，みそ，醬油の原料とし，未熟な緑色の種子をグリンピースの原料とする。茎や葉も緑肥，飼料として利用される。主産地は北海道。

メンデル(1822-84) オーストリアの修道士で遺伝の研究家 エンドウを用いた実験は有名

【エンバク】燕麦

マカラスムギ，オートムギとも。イネ科の一～二年草で，飼料作物として重要。全体にカラスムギに似るが，高さ1メートル内外に達する。茎，葉，種子を家畜の飼料とするほか，種子をオートミール，アルコールの原料とする。日本の主産地は北海道。

エンドウ

カラスムギ (左) とエンバク

【エンレイソウ】

タチアオイとも。日本全土の山中の林内にはえるユリ科の多年草。茎は太く高さ20～40センチ，太く短い根茎から直立し，先端に３枚の葉を輪生する。葉は柄がなく，丸みのある菱形(ひしがた)で，長さ・幅とも７～17センチ。春，茎頂から１本の花茎が出，径約２センチ，緑褐～緑色の花を１個つける。がく片３個，花弁はない。根茎は薬用となる。類品のミヤマエンレイソウ(一名シロバナノエンレイソウ)は白～淡紫色の花弁がある。

オ

【オウレン】

北海道～四国の山中の林内にはえるキンポウゲ科の常緑多年草。葉は根生し，３出複葉。早春，高さ

オオア
10～25センチの花茎を出し，径約1センチの白い花を1～3個つける。がく片は花弁状で5～6個，花弁は退化し蜜腺となる。根茎は黄蓮(おうれん)の名で薬用にする。深山林中にはえるバイカオウレンは葉が掌状に5裂する。花はがく片が花弁状で5枚，まるく大きくウメの花に似ている。

オウレン

【オオアレチノギク】

キク科の二年草。ブラジル原産の帰化植物。道ばたや荒地にはえる。茎は直立し，高さ1～1.5メートルで短毛がある。頭花は白色で，筒状の両性花とやや細い筒状の雌花からなり，夏～秋，円錐花序をつくる。本種に比し小型のアレチノギクは南米原産の帰化植物で，茎は高さ30～50センチまでで，側枝がのびる。頭花は筒状の両性花とごく小さな舌状花からなり，春，総状につく。一時は非常にはびこったが，前種に押され，少なくなった。

イヌノフグリ

【オオイヌノフグリ】

オオバコ科の二年草。日本全土の路傍，野原などに野生化する。和名は果実がイヌのふぐり(睾丸)に似ることから。欧州原産で，明治初年に渡来した帰化植物。茎は基部で分枝し地上に広がり，葉は対生または互生し，卵円形で柄は短い。早春，葉腋に長い花柄を出し径8ミリ内外の花を開く。花冠は深く4裂し，るり色で紫色の条(すじ)がある。雄しべ2個。近縁のタチイヌノフグリも帰化植物で，茎は分枝して直立し5～7月，茎の上部の葉腋に無柄の小花を開く。同じく近縁のイヌノフグリは

オオアレチノギク

日本，東アジアに分布し，花は小さく，花柄は葉と同長。オオイヌノフグリが広がってからあまり見られなくなった。

【オオオニバス】大鬼蓮

アマゾン地方原産のスイレン科の水草。直径２メートルに達する巨大な葉は，縁が上曲して，たらい形をなす。葉と花の柄，葉裏，がく片には鋭いとげがある。芳香の強い，径30センチ内外の花を２日にわたり夜だけ開き，花色は白～紅に変化する。観賞用に栽培する場合，30℃ぐらいの水温が必要で，実生(みしょう)でふやす。

【オオケタデ】

東南アジア原産のタデ科の一年草。観賞用に植えられる。高さ２メートルくらいになり，葉は大型の卵形で，全株に粗毛を密生する。夏～秋，枝頂に淡紅色の大きい花穂を下垂する。栽培は容易で，水はけのよい，腐植質が多い土質がよい。一度つくると種子がこぼれて毎年よく発芽する。

オオイヌノフグリ

オオオニバス

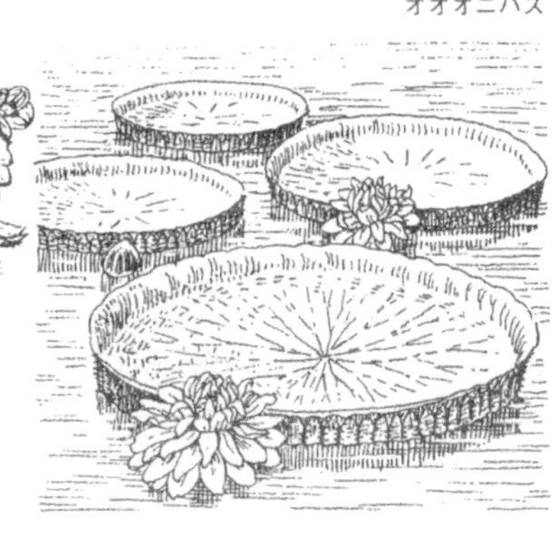

【オオタニワタリ】

チャセンシダ科の常緑シダ。本州最南部，九州南部などに分布し，大木や谷川の岩上などにはえる。光沢のある厚い線形の葉が漏斗状に集まり鳥の巣のような形になる。葉の長さ１メートル以上。観葉植物とする。近縁種のコタニワタリは本州中部以北に分布し，小型で，葉には長い柄がある。

オオタニワタリ

【オオバコ】

オオバコ科の多年草。東アジアの平地から高山にはえる雑草。根出葉は多数つき，卵形で長い柄がある。夏，高さ10～20センチの花茎が出て，多数の白い小花を密に穂状につける。花冠は漏斗形で，４個の雄しべが長く突出する。種子は車前子(しゃぜんし)といい，利尿剤などの薬用とする。海岸に多いトウオオバコは葉が大型で，花茎も高さ30センチ以上になる。ヘラオオバコは欧州からの帰化植物で，葉は直立し，へら形で毛が多い。

【オオムギ】大麦

古名フトムギ，タチムギ。一～二年生イネ科の作物。栽培史は全穀物中最も古く，古代エジプト，メソポタミアの遺跡などに発見される。日本へは３～４世紀に渡来したと推定される。その穂の形から，六条種と二条種に大別され，前者は中国，後者は小アジア原産。また成熟粒が，穎(えい)と密着する

トウオオバコ

ものをカワムギ，容易に分離するものをハダカムギという。日本ではイネに次ぎ主要な作物で，醸造用二条種以外はほとんどが六条種。うちハダカムギが50%。北海道を除き，秋に播種(はしゅ)，初夏に収穫する。近年，作付面積減少。主産地，茨城，栃木。食用とするほか，みそ・醤油の原料，飼料とする。二条種はビールムギともいわれ，ビール，ウィスキー醸造用とする。

左　オオケタデ
下　オオムギ

オオバコ

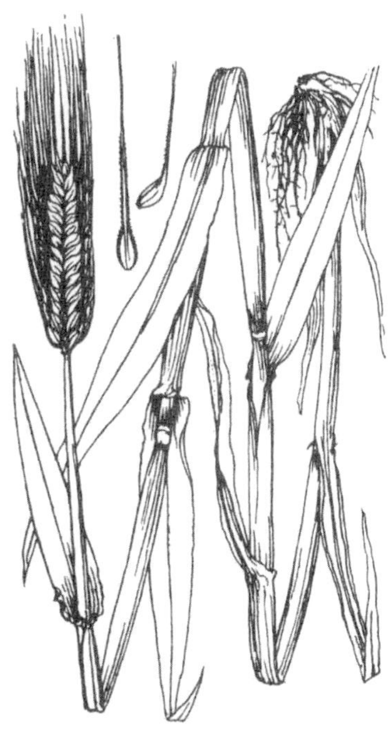

【オカトラノオ】

日本，東アジアの丘陵地の日当りのよい草地にはえるサクラソウ科の多年草。茎はまるく，高さ50〜100センチ，基部はしばしば赤みをおびる。葉は互生し，長楕円状披針形で長さ10〜20センチ，幅2〜5センチで先はとがる。夏，茎頂に長さ10〜20センチ，上方の傾いた花序を出し，密に多数の小さい白花を総状につける。花冠は先が5裂する。ノジトラノオはこれに似るが，葉は幅が狭く，8〜15ミリで，先はとがらない。ヌマトラノオは湿地にはえ，葉は幅が狭く，花序は直立し，花は小さい。

オカトラノオ

【オカヒジキ】

ミルナとも。ヒユ科の一年草。日本全土の海岸の砂地にはえる。茎は長さ30センチ内外で，多数枝を分かち，円柱形肉質で先が針状にとがった葉を互生する。夏，葉腋に，柄のない淡黄緑色の小花をつける。花被片，雄しべ各5個。若葉は食べられる。

【オギ】荻

日本全土の湿地にはえる，大型のイネ科の多年草。茎は高さ2.5メートルに達し，円柱形で堅く，葉も大きい。秋，密に多数の小穂をつけた，長さ20〜40センチの花穂を出す。小穂の基毛は銀白色で長い。全体にススキに似るが，本種は地下茎をもち，小穂の基毛の長い点で区別される。

オオムギはビールの主原料
中世ドイツでのビール製造
16世紀の木版画から

ノジトラノオ

オギ

オカヒジキ

【オキナグサ】翁草

本州～九州の日当りのよい山中の草原にはえるキンポウゲ科の多年草。根出葉は細かく裂けた５小葉に分かれる。春，10～20センチの花柄を出し，鐘形の花を下向きにつける。6枚のがく片は花弁状で，外側は白毛を密生し，内側は無毛で暗赤紫色。花期ののち花柱は白く長い羽毛状にのびる。

【オクラ】

全世界の温～熱帯で栽培されるアオイ科の野菜。明治初年に渡来。全草トロロアオイに似て，高さ約２メートル，葉は５裂し，夏，葉腋に黄色花を開く。食用にするのは未熟の果実で，９センチ程度の柔らかい莢(さや)を食べる。ぬめりがあって舌ざわりがよく，生食あるいはサラダ，スープの実などにする。

オクラ

【オグルマ】

キク科の多年草。日本全土，東アジアの暖～温帯に分布し，湿地や川岸等にはえる。茎は高さ20～60センチ，根出葉および下部の葉は花時には枯れ，葉脈は目だたない。頭花は黄色で径3～4センチ，舌状花と筒状花からなり，夏～秋に開花する。八重咲の園芸品がある。

【オケラ】

キク科の多年草。本州以南の日本，朝鮮，中国東北部の暖～温帯に分布し，日当りのよいかわいた山地にはえる。雌雄異株で茎は高さ40～100センチ。頭花は枝先につき，針状に羽裂した苞葉に包まれる。子花は筒状花で，秋開花。若芽は食べられ，根茎は漢方では蒼朮(そうじゅつ)といい，利尿・健胃剤。また正月の屠蘇散(とそさん)の原料となる。

【オサバグサ】

本州の深山の針葉樹林中にはえるケシ科の多年草。葉は根生し，長さ10～20センチの羽状複葉。初夏に葉心から高さ20センチ内外の花茎を出し，上半にまばらに白色4弁で径8ミリ内外の花を下向きにつける。葉を筬(おさ)に見たて，この名がある。

【オジギソウ】

ブラジル原産のマメ科の多年草。園芸的には一年草として鉢植にされる。高さ30～50センチ。葉は広線形の小葉をつけた羽片を柄の先に4個つける。葉は接触，明暗，温度の刺激により下垂し，小葉も相合わさるので，ネムリグサの名もある。夏，葉腋から出た柄の先に淡紅色の小花が球状に密集して咲く。これに似たマメ科の水草ミズオジギソウの羽状複葉も，同様の刺激によって閉じる。茎が海綿状で太く水中に浮かび，夏，黄金色の花が咲く。葉は食べられる。

オジギソウ

オシダ

【オシダ】

オシダ科の常緑多年性シダ。寒い地方では夏緑性。北海道～四国の山地帯～亜高山帯に分布し，林の中にはえる。太い株状の地下茎の上端に，長さ60～130センチ，倒披針形の葉が漏斗状に集まってつく。２回羽状深裂。裂片はやや厚く，濃緑色，じょうぶな感じがする。胞子嚢群は点状で上部の羽片の裏のみにできる。

【オシロイバナ】

熱帯アメリカ原産のオシロイバナ科の多年草。花壇の群植，鉢植に適する。草たけ１メートル内外で，３～６花の集散花序をつける。花は芳香があり，漏斗形で色彩に変化が多く，咲分け，斑入(ふいり)葉品種もある。開花期は７～10月で，夕方咲き出す。種子は黒色で割ると白粉(おしろい)状の胚乳がある。

下がり歯朶(しだ)

オシロイバナ

【オタカラコウ】

キク科の多年草。秋田以南の日本，東アジア～ヒマラヤの暖～温帯に分布し，深山の谷川のほとりなどにはえる。高さ１～２メートル。根出葉は大きく心臓形で，長い柄がある。夏～秋，茎の上部に，舌状花と筒状花からなる黄色の頭花を総状につける。近縁のカイタカラコウは，中部地方の高山にはえ，散房状の花序をつける。メタカラコウは，全体にやや小型で，総状花序をつけ，葉は心臓形三角形で，角は鋭くとがる。

オタカラコウ　　メタカラコウ

【オダマキ】

日本で古くから観賞用に栽培されるキンポウゲ科の多年草。おそらく日本の高山に自生する矮(わい)性のミヤマオダマキを育成したものと思われている。葉は3出葉で，小葉は3深裂し，粉白色をおびる。5月ころ，30～40センチの花茎にがく，花弁各5個の青紫色の花をつける。花弁には長い先の曲がった距があり，がくの間から後に出る。繁殖は株分けか実生(みしょう)による。花壇，鉢植にされる欧州原産のセイヨウオダマキは，全体に大きく，特に花つきがよい。花色は紫のほか，白，黄，赤など変化が多い。

オダマキ

【オーチャードグラス】

カモガヤとも。温帯圏の牧草として代表的なイネ科の多年草。明治中期に米国より移入，現在では広く野生化する。高さ1メートル内外，葉は白緑色で，夏，円錐状に広がった穂をつける。小穂は3～5個の小花からなり，花穂の枝に固まってつく。

【オトギリソウ】

オトギリソウ科の多年草。日本全土，東アジアに分布し，山野の日当りのよい草地にはえる。茎は直立し，高さ50センチ内外。葉は狭披針形で対生し，茎を抱く。夏，黄色い径1.5センチの5弁花が，茎の上部にやや円錐状に集まって咲く。1日花。乾燥した茎と葉を薬用(煎じて止血剤)とする。

オーチャードグラス

ミヤマオダマキ

【オドリコソウ】

本州～九州，東アジアの林下にはえるシソ科の多年草。茎は方形で，高さ30～60センチ，節にあらい毛がある。葉は対生し，卵形で先がとがり，葉面にしわがある。春，葉腋に白～淡紫色の大型の唇形花を開く。近縁のヒメオドリコソウは一～二年草の帰化植物で，高さ10～25センチ，都市付近に多い。葉は小型で暗紫色をおび，茎の上部では集まってつく。花は小型で，紅紫色。

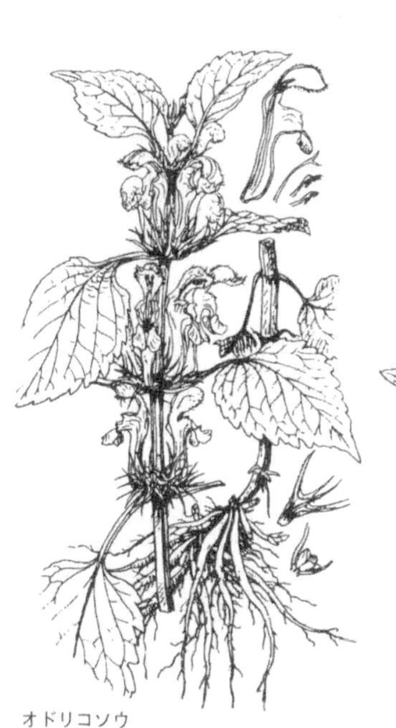
オドリコソウ

オトギリソウ

【オナモミ】

キク科の一年草。日本全土，ユーラシア大陸の温～熱帯に分布し，低地の道ばたなどにはえる。茎は高さ20～100センチ。葉は両面に短剛毛がありざらつく。花は夏～秋開き雌雄異花。雄性頭花は枝先，雌性頭花は葉腋につく。果実には2本のくちばし状突起と多数のかぎ状のとげがある。

【オニク】

キムラタケとも。ミヤマハンノキの根に寄生するハマウツボ科の一年草。本州中部以北の高山にはえ，東アジア，カムチャツカに分布。茎は肉質で太く，直立し高さ20センチ内外，鱗片状の葉を密生する。夏，暗紫色の唇形(しんけい)花を密に穂状につける。ネコが好む。

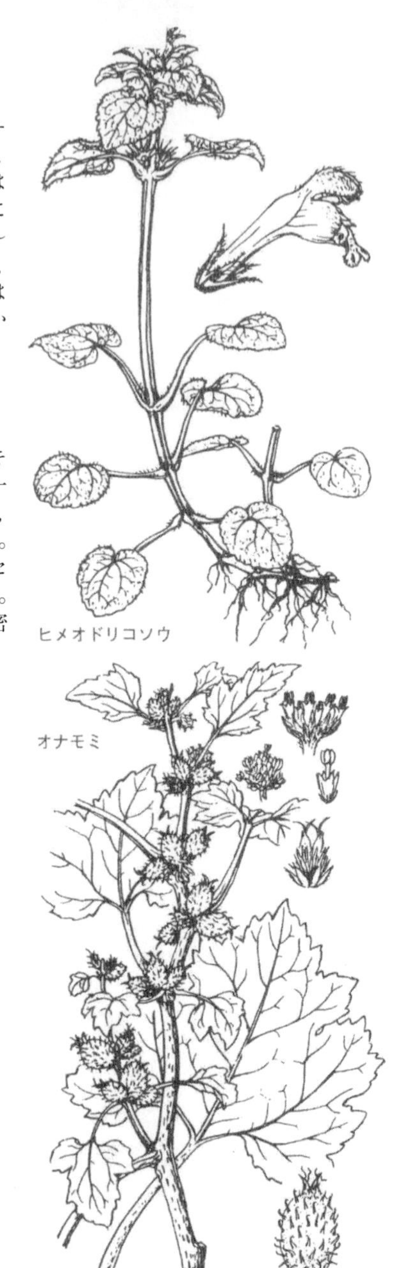

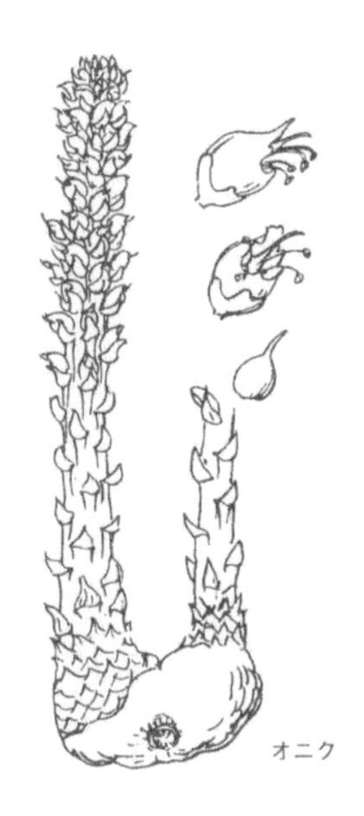

【オニゲシ】

オリエンタルポピーとも。地中海沿岸〜イラン原産のケシ科の多年草。根出葉は羽状に深裂し，草たけ1メートル前後で，茎と葉には白い毛がある。6月ころ，径10センチほどの赤だいだい色の花を1個つける。花弁は4〜6枚で，基部に黒斑がある。園芸種には八重咲，白・朱・桃色の花もある。花壇に向き，株分けか実生(みしょう)でふやす。

【オニタビラコ】

キク科の一〜二年草。アジア〜豪州の熱〜温帯に分布し，畑や路傍にはえる。全体に軟毛があり，ちぎると白汁が出る。茎は高さ20〜100センチ，葉は下部に集まる。頭花は舌状花からなり，花期は5〜10月，暖地では一年中。

【オニノヤガラ】

ヌスビトノアシとも。日本全土の山林中にはえるラン科の腐生植物。全体が赤褐色で葉緑体がない。根茎はジャガイモに似る。茎は1メートル内外で，まばらに鱗片がつく。花は夏，茎頂に穂状につき，長さ約8ミリのゆがんだ壺形で，花被片は合着する。漢方では根茎を天麻といい，薬用(鎮静，鎮痙(ちんけい)薬など)にする。

上　オニゲシ
左　オニタビラコ

【オニバス】

スイレン科の一年草。本州～九州，中国～インドの沼や池にはえる。葉はまるく楯(たて)形でしわととげがある。８～10月開花。がく片は４個，とげがあり，花弁は多数で淡紫色，がくより小さい。雄しべも多数。種子は食べられる。

【オニユリ】

日本全土の山野にはえ，庭園にも植えられるユリ科の多年草。茎は地下の鱗茎から直立し，高さ１～２メートル，紫色を帯び，若いときは白綿毛がある。葉は多数つき，広線形で，葉腋に濃褐色のむかごができる。花は夏，５～20個つき，径７センチ内外。６枚の花被片は黄赤色で，黒紫色の斑(ふ)があり，そり返る。八重咲品種などもある。類品のコオニユリは全体にやや小さく，むかごができない。ともに鱗茎は食用となる。

近縁種に比べ太かったり，毛が生えた植物が〈オニ〉と呼ばれる
天邪鬼《貧福とりかえばや》から

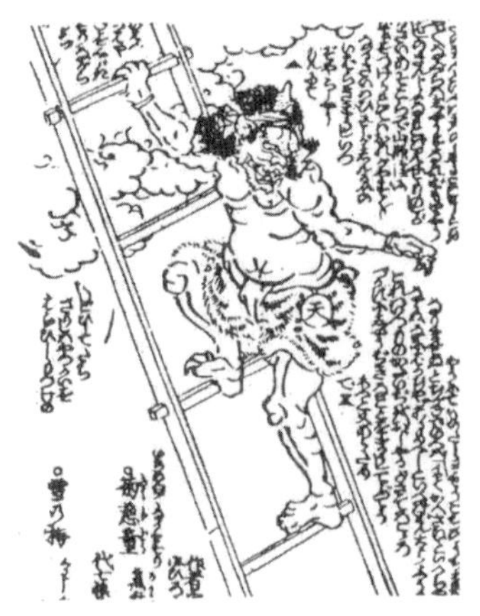

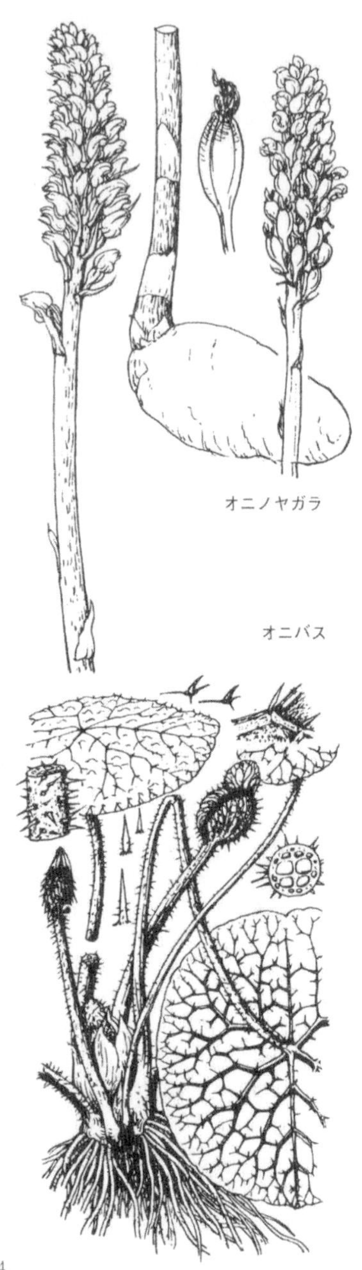

オニノヤガラ

オニバス

【オヒシバ】

イネ科の一年草。本州〜九州の路傍，野原に普通にはえる。茎は高さ30〜60センチ，しばしば分枝し，細長い線形の葉をつける。夏〜秋，掌状に開いた３〜６個の花軸を出し，その下側に小穂を２列に密生する。小穂は４〜５個の小花からなる。

【オミナエシ】女郎花

オミナエシ科の多年草。日本全土の山野にはえ，東アジアに分布する。茎は高さ0.5〜１メートル，葉は対生し，羽状複葉で，裂片は細くとがる。夏〜秋，黄色の小花を多数開く。花冠は５裂し，雄しべは４個。秋の七草の一つ。これに似たオトコエシは毛が多く，葉の裂片は広い。花は白く，果実には苞葉から変わったうちわ状の翼がある。分布は前種とほぼ同じだが，こちらのほうがむしろ目につく。

【オモダカ】

オモダカ科の水生の多年草。日本全土，東南アジアに分布。葉は数個束生し，やじり形で柄が長い。夏〜秋に，高さ50センチ内外の花茎を直立し，白色の３弁花を輪生する。花序の上部は雄花で多数の雄しべがあり，下部は雌花で多数の雌しべが平たい球形に密集する。三つ葉のオモダカに花をあしらった紋章があり，沢瀉の字を当てる。古くから模様として用いられ，立沢瀉，水沢瀉など数十種に及ぶ。

上　オニユリ
左　オヒシバ

オモダ

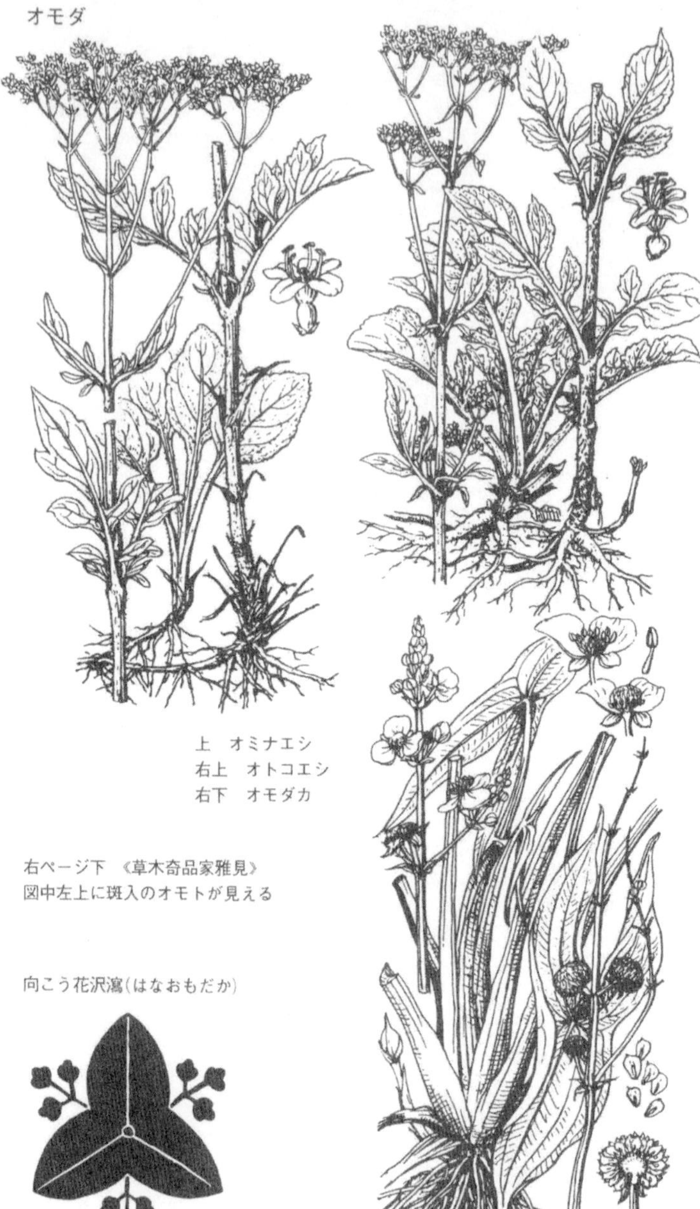

上　オミナエシ
右上　オトコエシ
右下　オモダカ

右ページ下　《草木奇品家雅見》
図中左上に斑入のオモトが見える

向こう花沢瀉(はなおもだか)

【オモト】万年青

日本の暖地と中国に自生するキジカクシ科の常緑の多年草。葉は根生し，大型の披針形で，長さ約40センチ。晩春に，葉の間から10センチほどの花茎を出し，小さい淡黄色の花を円柱状に密生する。秋，球形の液果が赤熟する。江戸中期から葉の変異の観賞が流行しだし，変形，斑(ふ)入り，覆輪等のある多数の園芸品種がつくり出された。鉢植で栽培される。なお根茎にロデインを含み，強心・利尿剤に用いられる。

【オリヅルラン】

アフリカ原産のキジカクシ科の多年草。ふつう斑(ふ)入り品が観葉植物としてつり鉢植にされる。根出葉は長さ10〜30センチ，幅6〜10ミリ。葉間から下垂させた匍匐

(ほふく)枝に気根を生じ，そこに新しい株ができて繁殖する。春，長くのびた花茎に白い小花を数輪つける。室内で越冬させる。

【オンタデ】

ウラジロタデ
(＊オンタデ)

イワタデとも。タデ科の多年草。本州中部以北の高山の砂礫(されき)地にはえ，千島，樺太にも分布。茎は直立し，高さ80センチ内外，大型卵形の厚い葉を互生する。夏，黄白色の花が円錐花序に集まって咲く。雌雄異株。花被は深く５裂し，雄花には８本の雄しべがある。雌花は外側の花被片３個が翼状に伸長し，著しい３翼をつくる。同じく高山性のウラジロタデは葉の裏面に白色の軟毛が密生する。

カ行

カ

【カエデドコロ】

ヤマノイモ科のつる草。本州中部以南の暖地に広く分布。雌雄異株。葉は5～9裂し，ときに多少の突起毛があり，掌状になっていてカエデに似る。地下に横にはうやや太い根茎があり，春に茎を長くのばして，枝分れし，樹木などにからみつく。雄花穂は分枝し，黄緑色の小さい花を密集してつける。また雌花はまばらにつく。倒卵円形の果実ができ，種子は扁平で，まわりに翼がある。

ガガイモ

【ガガイモ】

日本全土，東アジアの日当りのよい野原などにはえるキョウチクトウ科のつる性の多年草。切ると白汁が出る。茎は長く2メートル。長いハート形の葉が対生する。夏，葉腋から長い花茎を出し，淡紫色の花を総状につける。花冠は5裂，内側に白毛を密生。種子には絹糸状の毛があり，風で飛ぶ。

カキツバタ

【ガガブタ】

ミツガシワ科の多年生水草。本州～九州，東アジア，豪州に分布。地中にひげ根があり，葉は丸く，水面に浮かぶ。夏，葉柄の基部に多数の花柄をつけ白花を開く。花冠は5裂し，裂片の縁は糸状になる。種子には毛がない。アサザに似るが花の色が異なる。

【カキツバタ】

日本，朝鮮，中国東北部，東シベ

カエデドコロ

リアの沼沢地に自生するアヤメ科の多年草。観賞用に庭の池辺にも植えられる。葉に中央脈がなく，花茎は分枝せず，50〜70センチ。花は濃紫色で５〜６月に開き，大きくたれ下がった外花被片は下部の中央が黄色い。日当りの良い水中で栽培する。園芸品種もある。

【カキドオシ】

シソ科の多年草。日本全土，東アジアに分布し，道ばたや野原にはえる。茎は高さ10〜20センチ，葉は対生し長い柄があり，腎円形で縁にはまるい鋸歯(きょし)がある。春，下唇(しん)の内面に濃紅紫色

ガガブタ

カキドオシ

束ね杜若
(たばねかきつばた)

の斑点のある淡紫色の唇形花を葉腋に1〜3個つける。花が終わると茎は倒れて地をはい繁殖。

【カキラン】

山中の湿地にはえるラン科の多年草。茎は高さ30〜70センチ，狭卵形の葉を数個つけ，基部は紫色を帯びる。花は初夏，茎頂に10個内外つき，径約1.5センチ，黄褐色〜黄色で，唇弁(しんべん)にはくびれがある。またやや下向きに咲く花の形からスズラン(鈴蘭)の別名もある。

【カザグルマ】

山野にはえ，観賞用にも植えられるキンポウゲ科のつる性多年草。葉は長さ3〜10センチの小葉3〜5枚からなり，初夏，短い若枝の先に白または淡紫色の花を単生。花弁状のものはがく片で，普通8枚，長さ6〜7センチ。類品のテッセンは中国原産で，花の下に苞葉が1対あり，がく片は普通6枚。ともにクレマチスの園芸品種の交配に使われる。

【カサスゲ】

日本全土，東アジアの川岸などの湿地にはえるカヤツリグサ科の多年草。地下茎が長くはう。茎は直立し高さ50〜100センチ，基部の鞘(さや)は暗赤褐色を帯び，葉は線形で根生する。春，線形で暗赤褐色の鱗片が密生した雄花穂を茎頂につけ，下方に少数の雌花穂をつける。葉を蓑(みの)，笠(かさ)とした。

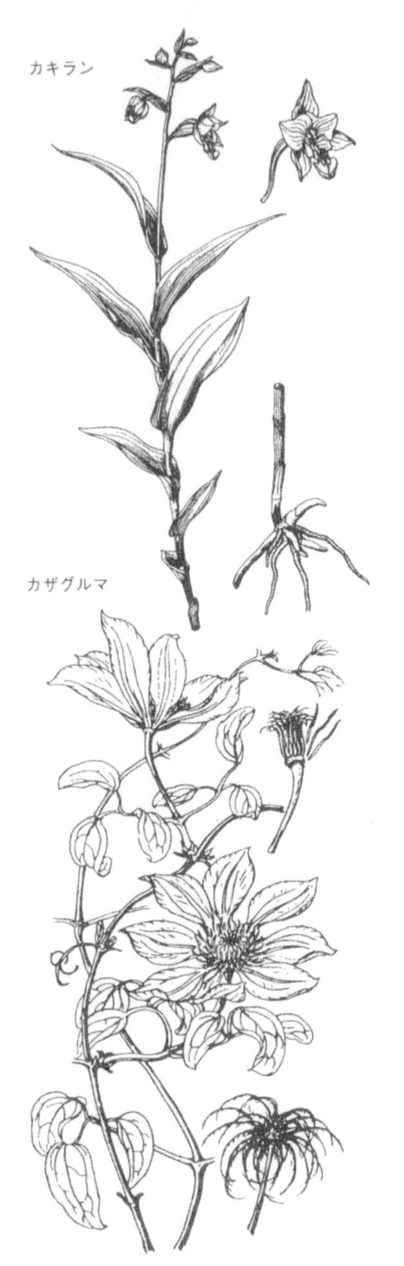

カキラ

右ページ下
編笠《人倫訓蒙図彙》から

カズノコグサ

【カズノコグサ】

イネ科の一～二年草。ほぼ日本全土に見られ，田や畔(あぜ)にはえる。高さ35～50センチになり，茎や葉は無毛で柔らかい。春，狭い円錐状の花穂がつき，その中軸から出た短い枝に幅広い小穂が数の子のように重なってつく。小穂は扁平で，袋のような２枚の包穎(ほうえい)がある。

【カスミソウ】

ムレナデシコとも。カフカス原産のナデシコ科の一年草。秋まきで，花壇，切花用に栽培される。草たけ30～50センチでよく枝分れし，

カサスゲ

白い小型の5弁花をたくさんつける。桃色花の変種もある。シュッコンカスミソウは欧州，北アジア原産の宿根草で，前者よりさらに分枝多く，小さな花が密について四方に広がり，切花向き。八重咲品種もあり，つぎ木でふやす。

カスミソウ

【カゼクサ】

ミチシバとも。本州～九州の道ばたや野原に普通にはえるイネ科の多年草。高さは30～80センチになり，束生する。葉は多くは根生し，葉鞘(ようしょう)の上端には白毛がある。8～10月茎頂に大きな円錐状の花穂を出す。小穂には小花が5～10個。全草はやや堅く，性質は非常に強い。

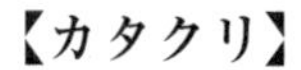

【カタクリ】

北海道，本州の山林内にはえるユリ科の多年草。早春，地下の円柱状の鱗茎から，柔らかく，長さ6～12センチ，狭卵形で，上面に紫褐色の雲紋のある2個の葉をつけた花茎を出し，頂にユリに似た径5センチ内外の紅紫色花を一つ下向きにつける。花被片は6枚，そり返る。鱗茎から片栗粉をつくった。

【カタバミ】

人家の周囲や道ばたなどに多いカタバミ科の小型の多年草。茎や葉はかむとすっぱい。葉は倒心臓形の3小葉に分かれる。春～秋，葉腋から出た花柄上に，径8ミリ内外の黄色の5弁花が数個つく。果実は円柱形で，熟すと種子をはじき飛ばす。花や葉は就眠運動をする。

カゼクサ

【カッコウアザミ】

アゲラタムとも。メキシコ原産のキク科の低木状になる多年草だが，一般に春まきの一年草として扱う。草たけ60～150センチ。ふつう矮(わい)性種が花壇用につくられる。青紫色または白色の花を散房花序にたくさんつける。花期は6月より霜の降りるまで続く。

カタクリ

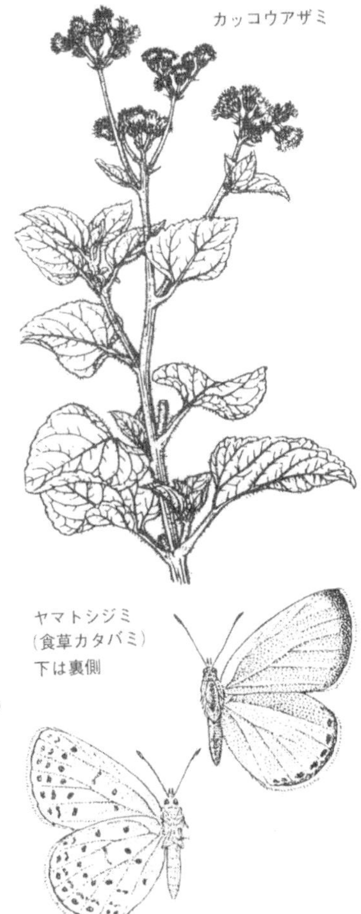

カッコウアザミ

ヤマトシジミ
(食草カタバミ)
下は裏側

カタバミ

【カトレヤ】

熱帯アメリカ原産のラン科の一属。短い根茎で着生し，仮球茎の先端に1～2枚の革質の厚い葉をつける。花は大輪で芳香があり，紅紫色または白色。唇弁は大型で，基部は内側に巻いて花柱を包む。40種ほどの原種があり，それらの間や，他属との間の交配により優良品種が多数つくられている。ミズゴケ，オスマンダ(ゼンマイ類の根)の混合植えとし，温室で栽培する。

カトレヤ

【カナムグラ】

日本全土，東アジアに分布するアサ科の一年草。荒地や野原にはえ，茎や葉柄には小さい逆とげがあって，他物にからむ。葉は対生し，掌状に5～7裂しざらつく。雌雄異株。秋，円錐状の花穂を出し，多数の淡黄緑色の雄花をつける。雌花は短穂状につき下垂する。花柱2本。

カナムグラ
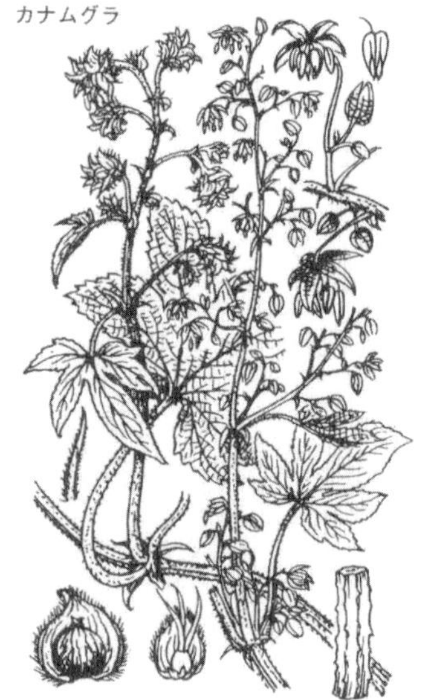

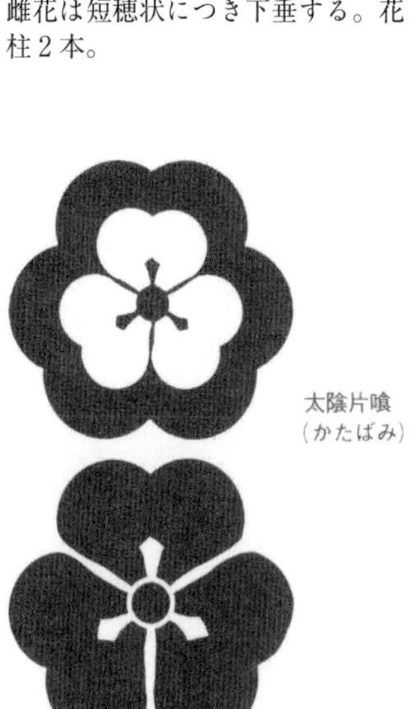
太陰片喰(かたばみ)

片喰

カニクサ
カニコウモリ
カーネーション
キタテハ
(食草カナムグラ)

【カニクサ】

ツルシノブとも。本州中部以南に分布するフサシダ科のシダ。茎は地下にあって小さく，葉は相次いで出，特殊な形の３回羽状複葉になる。葉柄，中軸は細い針金状で，木などにからんで長さ数メートルになる。胞子嚢群のついた葉の裂片は幅狭く縮む。古くから胞子を利尿などの薬とする。

【カニコウモリ】

近畿以北の本州と四国の針葉樹林帯の林下にはえるキク科の多年草。茎は高さ0.6～１メートル。葉は３枚内外で，形はカニの甲を思わせ，上面には光沢があり縁には不整の鋸歯(きょし)がある。頭花は３～５個の筒状花のみからなり，８～９月，茎の先に細い円錐状につく。

【カーネーション】

南欧，西アジア原産のナデシコ科の多年草。2000年も前から栽培され，16世紀以来欧米でその品種改良が行なわれてきた。日本には江戸時代にオランダ人がもたらし，オランダナデシコと呼ばれた。八重咲で，花色はすこぶる豊富で，赤，桃，だいだい，サーモンピンク，黄，紫，白，絞り，覆輪などがある。草たけが30～50センチで耐寒性のある系統(ボーダーカーネーション)は秋まきにして春の花壇用，鉢植，切花とし，70センチ以上になる大輪の系統(四季咲カーネーション)は温室内でさし芽から育生して周年開花させ，もっぱら切花用とする。〈母の日〉(５月の第２日曜日)に子から母へ贈られる。

カノコソウ

カーネーション
《新本草誌》1587から

小カブと大カブ（聖護院）

【カノコソウ】

日本全土の山地に自生し，また栽培されるオミナエシ科の多年草。茎は高さ50～100センチになり，葉は対生し，羽状複葉となる。5～7月，茎頂に散房花序をつけ，淡紅色の小花を多数つける。地下茎や根を乾燥したものを吉草根といい，鎮静剤とする。

【カブ】

カブラとも。根を食用とするアブラナ科の野菜。欧州の半温帯地方原産。柔らかく，剛毛を有する長楕円形の根出葉を群生し，根は肥大する。多くは白色扁球形であるが，球，円筒，円錐，ナシ形，色も黄，紫，紅，灰白，黒など変化が多い。日本でも古くから栽培さ

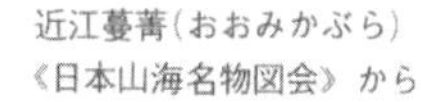

近江蔓菁（おおみかぶら）
《日本山海名物図会》から

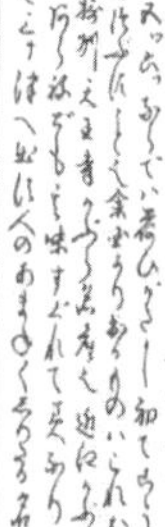

れ，大カブ(聖護院など)と小カブ(金町など)の２種に大別される。それぞれ品種が多い。冷涼な気候を好み，耐寒性が強く，土質との適応性も広いので，近畿中部の重粘質壌土の低湿地などでは重要野菜となっている。根部を塩漬，かす漬，煮物などとする。また葉部も食べられる。

【ガーベラ】

花壇，切花用に栽培されるキク科の多年草。原種は南アフリカ原産で，交配品も多い。７～10月，長い花柄に径６～15センチの頭花をつける。花色は白，黄，桃，紅等。八重咲種もある。切花用にはフレームや温室内で促成栽培もし，冬～春に開花させる。渡来は明治末年ころ。

ガーベラ

カボチャの種類

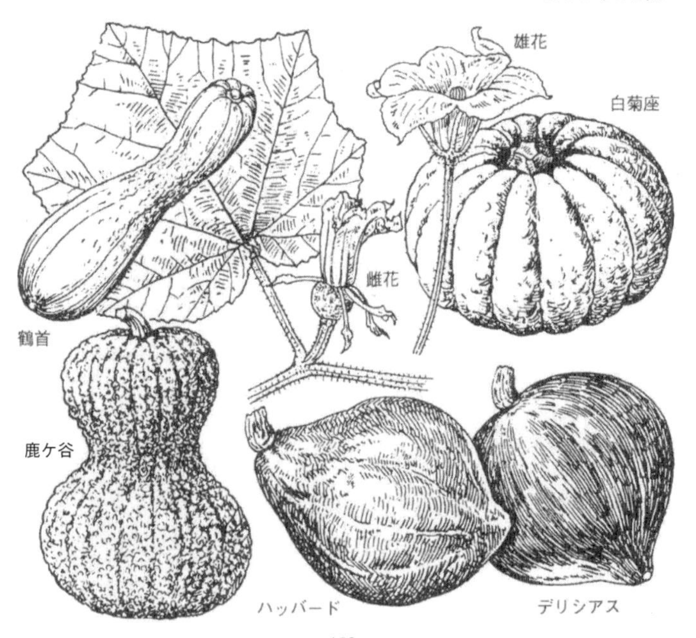

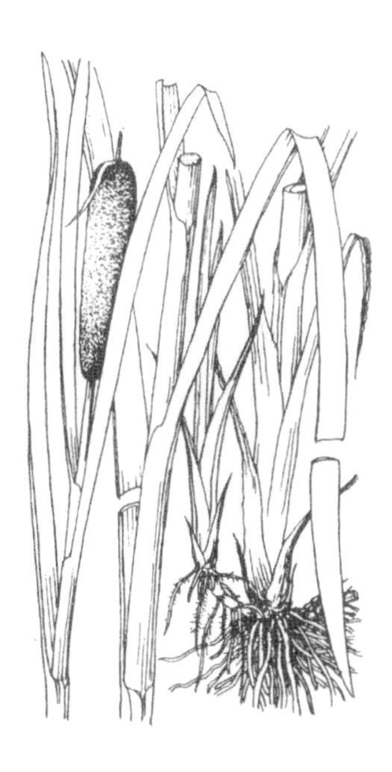

【カボチャ】南瓜

トウナスとも。南北アメリカ大陸原産のつる性のウリ科の野菜。カボチャ属約10種のうち，ニホンカボチャ，ペポカボチャ，セイヨウカボチャの３種をいい，それぞれに品種がある。３種とも雌雄異花で，夏，黄色の花をつける。栽培の歴史は古いが，日本へは天文年間ポルトガル船によってもたらされた。現在，主産地は北海道。煮て食用とするほか，まれに観賞用，また飼料とする。

ガマ

ヒメガマ

コガマ

【ガマ】蒲

沼や池の浅いところにはえるガマ科の多年草。葉は根生し，幅1～2センチ，線形で長くのび，粉緑色で厚い。夏，葉心から高さ1～2メートルの太くてまるい花茎を直立し，上端に円柱形の花穂をつける。上部には黄色の雄花，その下に接して緑褐色の雌花が密生。後者は果実になると赤褐色に変わり，白綿毛のある小果実を散らす。花粉を薬用，葉をむしろにする。コガマは全体に本種より小型で葉は幅狭い。ヒメガマは雄花の部分と雌花の部分が接していない。

【カミツレ】

カミルレとも。欧州原産のキク科の一～二年草。薬用植物として広く栽培される。茎はなめらかで，高さ50～80センチ，葉は羽状に裂ける。夏，茎頂に白色の舌状花と黄色の筒状花からなる頭花をつける。花を収穫し乾燥したものをカミツレ花といい，発汗剤として感冒に内服。また，ふろに入れる。

【カモジグサ】

日本全土の野原や路傍に普通にはえるイネ科の多年草。茎は高さ0.5

～1メートルになる。5～7月，18～30センチの花穂をつけ，穂先はうなだれる。小穂には5～8個の長い芒(のぎ)がある小花がつく。

カモノハシ

【カモノハシ】

本州～九州の海岸の砂地などにはえるイネ科の多年草。茎は基部で屈曲，分枝して束生し，高さ30～60センチ，節に毛はない。7～11月に開花。花穂は2本の直立する太い枝をもつが，それらは密着しているので1本の穂のように見える。小穂は長さ5～6ミリ。日本全土の海浜に普通にはえるケカモノハシは，茎の節に毛があり，葉にも毛があることが多い。2片からなる花穂をカモのくちばしにたとえてこの名がついた。

カヤツリグサ

【カヤツリグサ】

本州～九州，東アジアの畑など日当りのよい草地にはえるカヤツリグサ科の一年草。茎は鈍い三角柱形で，高さ20～60センチ，基部に線形の葉を数個つける。夏～秋，茎頂が数回分枝して多数の小穂をつけ，花序の基部には数個の葉状の苞葉をつける。小穂は線形，扁平で幅約1.5ミリ。小穂上には鱗片が2列に並び，黄緑色で広卵形，中脈は突出する。果実は小さく，三角倒卵形。類品が多く，コゴメガヤツリは鱗片の突起がより短く，チャガヤツリは鱗片が褐緑色で突起が長い。アゼガヤツリの小穂はより扁平で，暗黄褐色となり，幅2～2.5ミリ。果実はレンズ状。カンエンガヤツリは湿地にはえ，大型で1メートル内外。カンゾウ(莞草)，ワングルともいわれ，まれに栽培され，むしろなどにする。

カヤツ

カヤツリグサの名は子供の草花遊びの蚊帳吊り遊びに由来するという
下は江戸時代の蚊帳《守貞漫稿》から

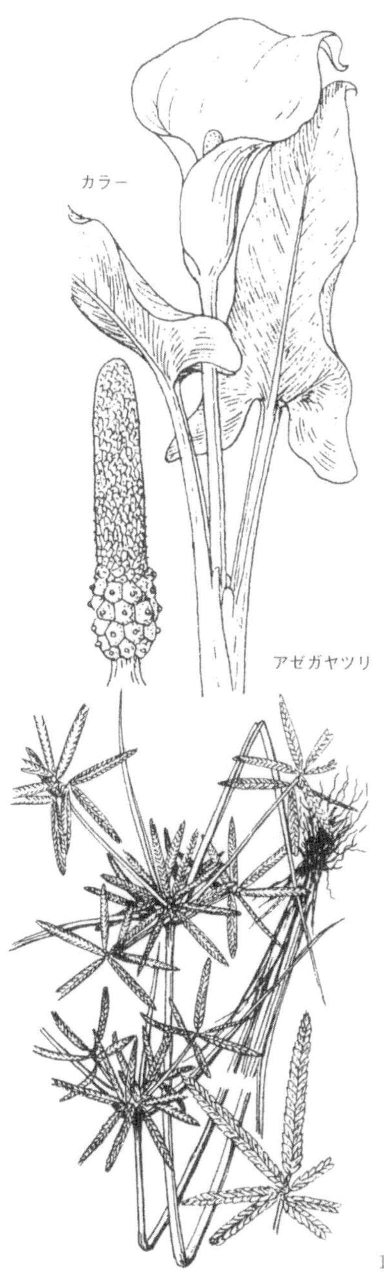

【カラー】

オランダカイウ，カイウとも。サトイモ科。熱帯アフリカ原産の球根類で，おもに切花として観賞するが，庭の水辺の栽植にも適する。葉は長い柄があり，三角状卵形で基部は心臓形。70〜80センチの花茎の先に漏斗状に巻いた白い大きな仏炎苞をつけ，中に黄色の肉穂花序が1個直立する。花期は春〜初夏。分球または実生(みしょう)でふやす。葉が大きくて白斑のあるシラホシカイウ，葉に白斑があって仏炎苞が黄色のキバナカイウ，高さが30センチくらいの矮(わい)性種で仏炎苞が淡紫紅色をしたモモイロカイウ等もある。

【カライトソウ】

北陸の高山にはえるバラ科の多年草。葉は羽状複葉で9〜13枚の長楕円形の小葉に分かれ，下面は粉白色を帯びる。花穂は紅紫色，長楕円形で長さ5〜10センチ。初秋，茎頂に数個つき，上部はうなだれる。花は小さく，花弁はない。雄しべは糸状で，長く突出して目だつので唐糸草の名がある。

【カラジウム】

和名ニシキイモ。アマゾン地方原産のサトイモ科の球根類で，夏の室内観葉植物として鉢に仕立てられる。葉はサトイモに似て，卵状楯(たて)形で，緑地に紅，桃，白色の大小の斑点や模様が散在して美しい。1887年ころ日本に渡来。高さ10センチ内外で，葉柄が比較的長く群生する矮(わい)性種ヒメハニシキもある。

【カラシナ】

アジア原産のアブラナ科の二年生の野菜。茎や葉にはあらい毛がはえ，根出葉はダイコンに似て切れ込みがある。種子，茎，葉はシニグリンを含み，辛味がある。葉を煮食したり，漬物とするほか，種子から芥子(からし)をつくる。

【カラスウリ】

本州～九州，東アジアの山野にはえるウリ科の多年生つる草。根は太く，茎は細いつるになり白毛がある。葉は心臓形で３～５裂し，長さ・幅とも６～10センチ。花は夏の夜開く。花冠は白色で５裂し，裂片の先が細く房状に切れて垂れ

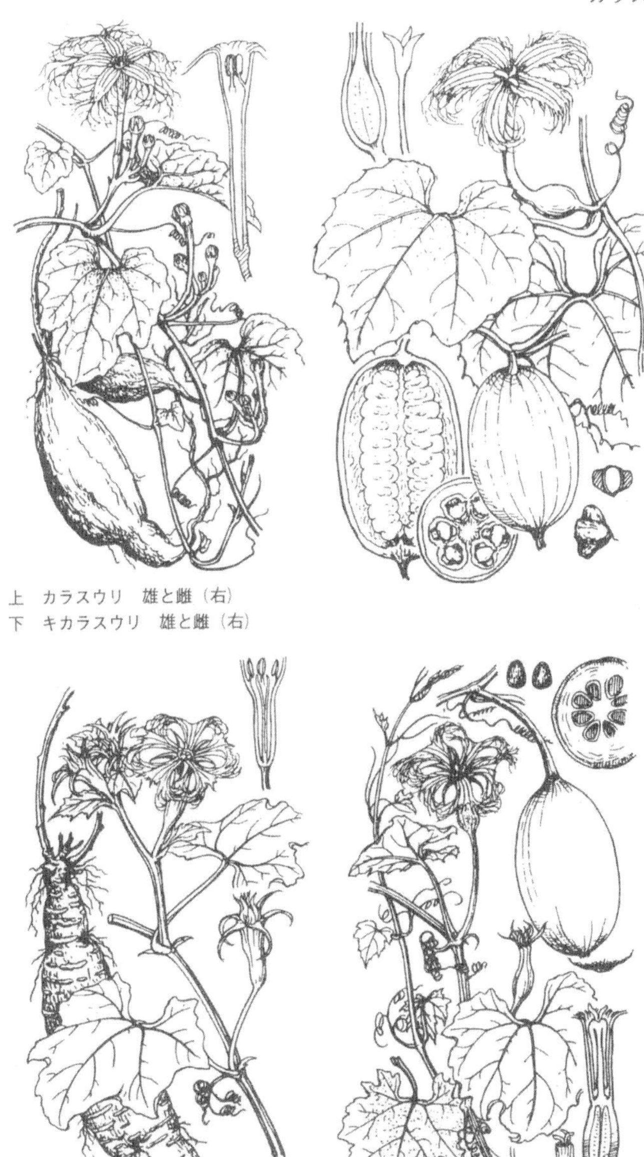

上　カラスウリ　雄と雌（右）
下　キカラスウリ　雄と雌（右）

る。雌雄異株。果実は楕円形で朱赤色に熟する。種子は形がカマキリの頭に似，また結び文にも似ているのでタマズサ(玉章)ともいう。類品のキカラスウリは果実が黄熟し，塊根から天瓜粉(てんかふん)をとる。

【カラスノエンドウ】

ヤハズエンドウとも。日本全土の草地に多いマメ科の一～二年草。全体に軟毛がある。葉は羽状複葉で，先端が矢筈(やはず)形の小葉6～7対からなり，先は巻きひげとなる。花は紅紫色，長さ15ミリ内外の蝶(ちょう)形花で，柄はごく短く，春，葉腋に1～2個ずつつく。豆果は広線形で黒熟し，約10個内外の種子を結ぶ。類品のオオカラスノエンドウはザートウィッケンともいい，全体に少し大きく，飼料，緑肥用。スズメノエンドウはやや小さく，長い柄の先に花が数個ずつつく。豆果は短く，ふつう種子は2個。これらに近い別種カスマグサは種子が3～5個。

右上　スズメノエンドウ
右下　カラスノエンドウ

有用植物に似るが食用にならなかったり黒熟するものに〈カラス〉の名がつけられている　下はハシボソガラス(上)とハシブトガラス(下)

【カラスビシャク】

日本全土，東アジアの畑地にはえるサトイモ科の多年草。地下に小型の球茎がある。葉は3小葉からなり，葉柄にはむかごができる。5～8月，花茎の頂に仏炎苞をつけ，中には肉穂花序がつくが下部は仏炎苞と癒合(ゆごう)し，先は細長い付属体になる。球茎は半夏(はんげ)として薬にする。

【カラスムギ】

イネ科の一～二年草。荒地や路傍にはえる，欧州，西アジア，北米原産の帰化植物。高さ50～90センチになり，夏，茎頂に円錐状の花穂を出し，ややまばらに下垂する小穂をつける。小穂は大型で，長い芒(のぎ)のある2～3の小花からなり，小花は個々に落ちやすい。エンバクの祖先型。

【カラマツソウ】

日本全土の高山などの草地にはえるキンポウゲ科の多年草。茎は直立し，高さ1メートルになり，葉は3～4回3出複葉で，数枚つき，基部には托葉がある。夏，茎頂に多数の白い花が散房状に密につく。がく片は4～5個で小さく，花弁はない。雄しべはカラマツの短枝にも似て，花糸が目だつ。類品のアキカラマツは山野に普通にはえ，花は小さく，淡緑色。シギンカラマツはアキカラマツに似るが，花は白い。ミヤマカラマツは深山の林中にはえ，全体に小さく，花は白い。

カラマツソウ

シギンカラマツ

アキカラマツ

カラムシ

【カラムシ】

苧麻(ちょま)，マオ，ラミーとも。山野に自生し，栽培もされるイラクサ科の多年草。茎は高さ1.2～2.4メートル，成熟すると茶褐色となり，葉は広卵形で，裏面には白綿毛を密生する。花は単性で雌雄同株。茎からはじょうぶな繊維がとれ，水にも強いので，ロープ，消火ホースなどにし，また織物にする。福島県産のものは越後上布の材料として知られる。

【カリガネソウ】

ホカケソウとも。シソ科の多年草。日本全土，東アジアに分布し，山地のやや湿った所にはえる。全草に強い臭気があり，茎は四角形で直立し，高さ1メートル内外，卵形で長い柄のある葉を対生。8～9月，葉腋から出る長い柄の先に紫色の花をまばらにつける。花冠は2唇(しん)形で，雄しべと雌しべは長く，湾曲して外へ突き出る。

越後織布(えちごぬの)
《日本山海名産図会》から

【カリフラワー】

ハナヤサイとも。欧州西海岸原産のアブラナ科の野菜。葉は楕円形で根ぎわから茎につき，茎頂についた乳白色の花蕾(からい)を食用にする。花蕾は無数の小花に分かれ，多肉化する。タンパク質，鉄分に富む。品種も多く，一般に冷涼な気候を好む。5～6月にまいて，収穫は11月ごろ。

【カリヤス】

本州中部の山地にはえるイネ科の多年草。茎は細く，まばらに束生し，高さ1メートル内外。8～10月につく花穂は3～10本の房に分かれ，それぞれに，芒(のぎ)のない小穂を密生。古くは茎や葉から黄色の染料をとるために栽培された。

カリガネソウ

カリヤス

【カルカヤ】

イネ科の多年草，メガルカヤとオガルカヤの総称であるが，単に前者をさす場合が多い。メガルカヤは本州～九州の山野にはえる。茎はやや太く，高さ0.7～1メートル。葉は広線形で，基部に長い白毛がまばらにはえる。秋，上部の葉腋から総状の花穂を出す。小穂には雄性と両性の2種があり，両性小穂には長い芒(のぎ)がある。オガルカヤ(スズメカルカヤ)は茎が細くてかたく，葉は線形で狭い。

【カルセオラリア】

キンチャクソウとも。チリを分布の中心とし，多くの種類があるキンチャクソウ科の一属だが，普通はその数種を英国・ドイツで交配作出した園芸種で園芸的に秋まきの一年草として扱われているものをさす。高さ30センチくらいになり，5～6月に唇弁が袋状にふくらんだ花を多数つけ，鉢物として温室で栽培される。大～小輪あり，花色は赤，黄，紫，白，斑(ふ)のあるもの等変化が多い。

左ページ上　カリフラワー

右　オガルカヤ
下　メガルカヤ

カルセオラリア

【カワゴケソウ】

鹿児島県川内川と安楽川の急流中の岩上にはえるカワゴケソウ科の多年草。一見コケ類のように見える。根は平たく，濃緑色で枝分れして岩面をおおい，ところどころに針状の葉を束生。秋，小型の葉が10～12枚，2列に重なってつき，頂に卵形の鞘(さや)に包まれた小花を１個つける。雄しべ，雌しべともに１個。

【カワラケツメイ】

本州～九州の川原などの日当りのよい草地にはえるマメ科の一年草。茎は高さ50センチ内外となり，葉は30～70枚の広線形の小葉からなる羽状複葉。夏～秋，葉腋に黄色，径６～７ミリの５弁花を１～２個つけ，後に平らで広線形の豆果を結ぶ。薬用，茶の代用となる。名は川原の決明(エビスグサの種の漢方名)の意。

右上　カワラケツメイ

カワゴケソウ

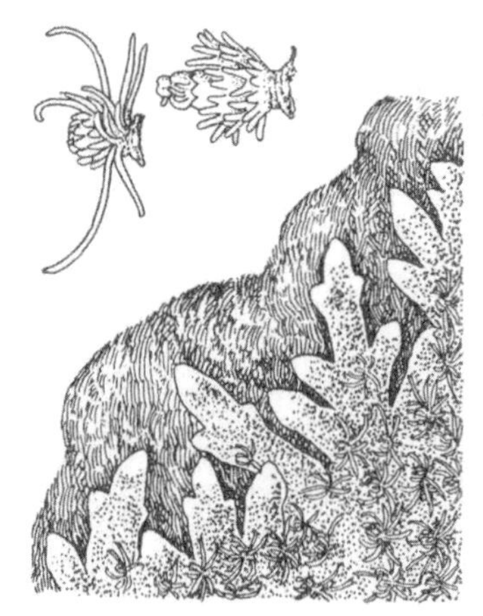

カワラサイコ

【カワラサイコ】

本州～九州，東アジアの川原など日当りのよい草地にはえるバラ科の多年草。太い根茎があり，茎は高さ30～70センチ，長毛を密生。葉は15～29枚の羽裂した小葉からなる羽状複葉で，裏には白毛がある。夏，茎頂に径1.5センチ内外の黄色5弁花を多数つけ，後に多数の分果に分かれた果実を結ぶ。

【カワラマツバ】

日本全土，東アジアの日当りのよい山野の草地にはえるアカネ科の多年草。茎は直立し，高さ50～70センチ。葉は線形で，8～10枚輪生する。夏，花冠が4裂する白色の小花を円錐状に密につける。黄花品もある。

【カンアオイ】

関東，中部の山中の樹林内にはえるウマノスズクサ科の常緑多年草で，全草に強いにおいがある。葉は節のある細い根茎の先に1枚ずつつき，卵形または広卵形で厚く，長さ6～10センチ，上面は深緑色で，ときに白紋がある。冬，根茎の先に，地表に接して鐘形の長さ約2センチの暗紫褐色の花を開く。がくは多肉で先が3裂し，花弁はない。近縁にフタバアオイがある。

【カンキチク】寒忌竹

ソロモン諸島原産のタデ科の低木状の多年草。高さ1メートル内外。茎が扁平で竹のように節が多く，幼枝は葉をつけるが，古くなると葉が落ちる。花は小さく節に群生し，見ばえがしないが，珍しい形態をながめるため，おもに鉢植にされ，フレーム内で越冬させれば栽培は容易。さし木でふやす。

【カンスゲ】

本州～九州の山中林内にはえるカヤツリグサ科の常緑多年草。葉は根生し，濃緑色，線形でかたく，幅５～10ミリ，縁はざらつく。早春，高さ20～40センチの花茎を出し，頂に線形で長さ２～４センチ，褐色をおびた雄性小穂をつける。側小穂は雌性で，基部に鞘(さや)のある苞葉があり，短円柱形で密に果実をつける。斑葉品があり観賞用に栽培される。類品のヒメカンスゲは葉の幅２～４ミリ，雄小穂は棒状で短く，果胞に短毛がある。コカンスゲは葉の幅狭く，縁

カンキチク

ミヤマカンスゲ

左　カンスゲ

カンゾウ（甘草）

は強くざらつく。ミヤマカンスゲは葉が少し柔らかく，雌小穂は細く，まばらに果実をつける。

【カンゾウ】甘草

シベリア南部〜中国西部に自生するマメ科の多年草。本種およびスペインカンゾウ，ロシアカンゾウ，ペルシアカンゾウなどの根を乾燥したものを甘草といい，去痰(きょたん)剤，甘味料，丸薬基剤などとするほか，胃・十二指腸潰瘍(かいよう)にも用いられる。漢方では，鎮痙(ちんけい)・解毒の目的で広く用いられ，甘草湯，葛根(かっこん)湯などに処方される。

【カンゾウ】萱草

シナカンゾウ，ホンカンゾウとも。南欧〜中国に分布するユリ科の多年草で，日本でもまれに栽培される。葉は根生し，線形で幅2〜3.5センチ。夏，花茎上に長さ10センチ内外，黄赤色6弁の花を数個つける。基部は筒状。ヤブカンゾウは日本全土の藪(やぶ)などに野生化する八重咲品で，ワスレグサ，オニカンゾウともいい，葉は幅4センチに達する。ノカンゾウは山野にはえ，葉は幅1センチ内外で花は単弁。暖地の海岸にはえるハマカンゾウは葉が厚く，花茎にしばしば葉束がつく。いずれも一日花で，若葉や花を食用とする。なお同属のニッコウキスゲやユウスゲなども日本の山野に自生し，庭に植えられるものにヒメカンゾウもある。また外国で種々の交雑によって作られた多数の園芸品種は花色も豊富で，黄・だいだい・赤等があり，属名のヘメロカリス，あるいはデーリリーと呼ばれる。

【カンナ】

カンナ

カンナ科の春植え球根植物。原種は熱帯各地に50種ほどあり，その中の数種の交雑によって，現在栽培されている園芸品種ができた。矮(わい)性大輪で種子のできるフレンチカンナ系と，種子のできないイタリアンカンナ系がある。花色は赤・だいだい・黄・白・絞り覆輪・斑(ふ)入り等があり，葉にも緑色と赤銅色になるものとがある。球根は地下茎の肥大したもので，5月にこれを1～2芽ごとに分球して植え付ける。夏～秋に繁茂し開花。11月，株ごと掘り上げ，水はけのよい暖かい場所に埋めて越冬させる。

【ガンピ】

中国原産のジンチョウゲ科の多年生草本。センノウの近縁種で，観賞草花として古くから植栽される。全株無毛で，束生する茎は直立し，高さ10～90センチになる。茎の頂部，葉腋に5～6月，径4センチくらいの朱赤色の美しい花を次々に開く。葉は対生。ふつう春に株分けでふやす。

キ

【キキョウ】桔梗

日本全土，東アジアの日当りのよい山野の草地にはえるキキョウ科の多年草。茎は直立し高さ0.5～1メートル，折ると白汁が出る。葉の裏は白っぽい。夏～秋，鐘状で，先の5裂した青紫色の花を開く。二重咲，白花など園芸品種も多い。ゴボウ状の太い根を桔梗根といい，去痰(きょたん)剤とする。

ガンピ

【キク】菊

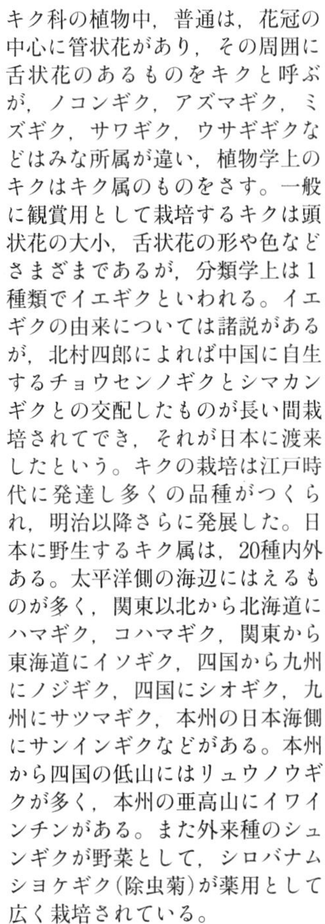

キク科の植物中，普通は，花冠の中心に管状花があり，その周囲に舌状花のあるものをキクと呼ぶが，ノコンギク，アズマギク，ミズギク，サワギク，ウサギギクなどはみな所属が違い，植物学上のキクはキク属のものをさす。一般に観賞用として栽培するキクは頭状花の大小，舌状花の形や色などさまざまであるが，分類学上は1種類でイエギクといわれる。イエギクの由来については諸説があるが，北村四郎によれば中国に自生するチョウセンノギクとシマカンギクとの交配したものが長い間栽培されてでき，それが日本に渡来したという。キクの栽培は江戸時代に発達し多くの品種がつくられ，明治以降さらに発展した。日本に野生するキク属は，20種内外ある。太平洋側の海辺にはえるものが多く，関東以北から北海道にハマギク，コハマギク，関東から東海道にイソギク，四国から九州にノジギク，四国にシオギク，九州にサツマギク，本州の日本海側にサンインギクなどがある。本州から四国の低山にはリュウノウギクが多く，本州の亜高山にイワインチンがある。また外来種のシュンギクが野菜として，シロバナムショケギク(除虫菊)が薬用として広く栽培されている。

キク　丁字菊（ちょうじぎく）

キキョウ

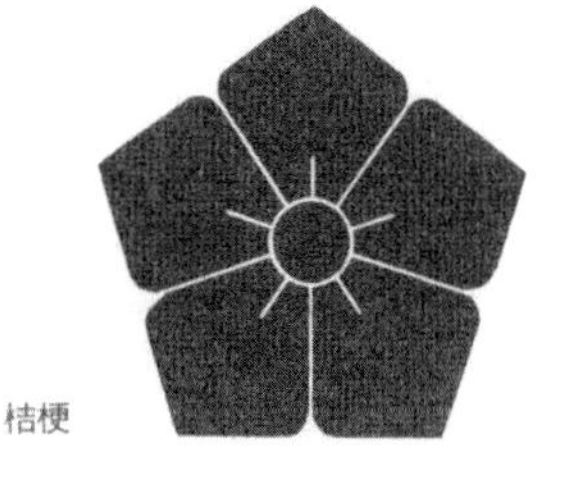

桔梗

キク

キク　厚物（あつもの）

キク　魚子（ななこ）

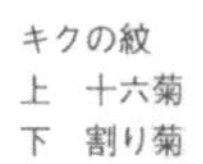

キクの紋
上　十六菊
下　割り菊

キク　小菊（こぎく）

キク　管物（くだもの）

キク　一文字（いちもんじ）

キク　佐賀菊（さがぎく）

染井看菊《東都歳事記》から

【キクイモ】

キク科の多年草。北米原産の帰化植物で，塊茎をとるため栽培されるが，各地に野生化もしている。高さ１～２メートル。葉は茎の下部では対生，上部では互生する。９～11月，舌状花と筒状花からなる黄色の頭花を開く。肥大した塊茎はイヌリンを含み，果糖，アルコール製造の原料にされる。

【キクモ】

本州～九州，東アジアの沼や水田などの浅い水の中にはえるオオバコ科の多年草。地下茎は泥中をはい，茎は長さ10～30センチ。葉は５～８枚輪生し，水上の葉はキク

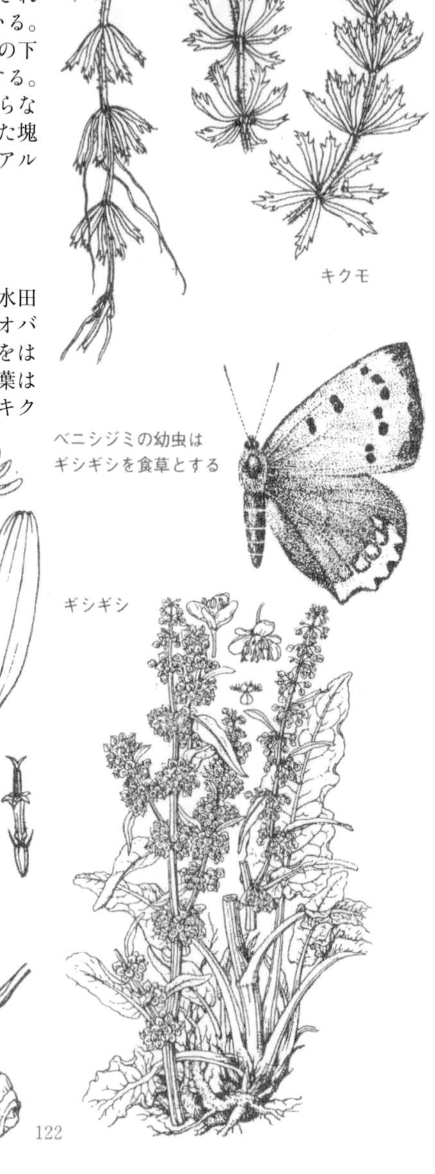

キクイモ

の葉に似て裂片が細く，水中のものはさらに細く糸状に裂ける。夏～秋，葉腋に紅紫色の唇(しん)形花をつける。

【キケマン】

関東～九州の藪(やぶ)の縁や海岸などにはえるケシ科の二年草。全体に粉緑色で異臭がある。茎は高さ30～40センチ，根出葉は２～３回羽状に裂ける。春，枝先に総状花序をつけ，多数の花を横向きにつける。花は黄色，筒形で，長さ約２センチ，少しふくれた距がある。果実は線形で長さ約３センチ。

【ギシギシ】

日本全土，朝鮮，樺太，カムチャツカの平地にはえるタデ科の多年草。根は太くて長く，茎は直立し，高さ１メートル，細長い葉を互生する。狭長楕円形の根出葉には長い柄がある。６～８月，淡緑色の小さな花が枝先に総状に集まってつく。花被片６枚，若葉は食べられ，根を皮膚病の薬とする。アレチギシギシは欧州原産の帰化植物で，数個の花の集団が互いに離れてつく。

【キジムシロ】

日本全土，東アジアの山野の日当りのよい草地にはえるバラ科の多年草。高さ10～20センチとなり，根出葉は数個つき，長さ５～15センチ，粗毛がはえ，５～７枚の小葉からなる羽状複葉となる。花は径２センチに達し，黄色５片で，春，花茎上に数個つく。ロゼット状になった根出葉をキジのむしろにたとえ，この名がある。

【キショウブ】黄菖蒲

欧州，北アフリカ，西アジア原産のアヤメ科の多年草。1896年ごろ渡来し，今は各地の水辺湿地に繁殖している。5～6月，1メートルに達する花茎またはその上部で分岐した枝の先の鞘(さや)に，径8～10センチの黄色の花を2～3花ずつつける。外花被片に帯紫色の脈の出るものもある。

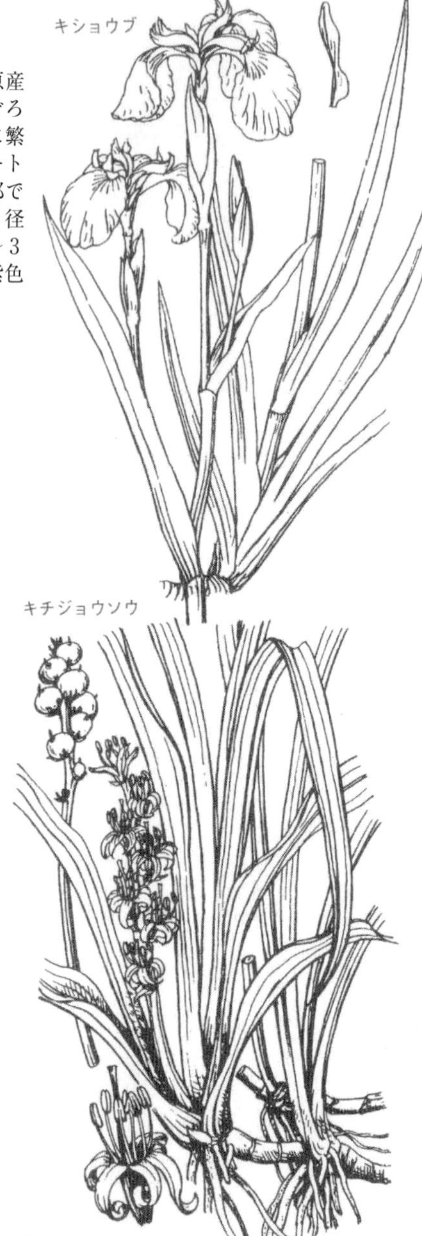

【キチジョウソウ】

関東～九州の樹林内にはえるキジカクシ科の常緑多年草。葉は長さ10～40センチの広線形で両端がとがり，長く地表をはった茎に数個つく。秋，高さ10センチ内外の花茎を葉の間から出し，径1センチほどの淡紅紫色の花を密につける。花被片は6枚で，上部は外曲し，下部は花筒をつくる。

【キツネアザミ】

本州～九州，東アジア，インド，豪州の暖～温帯に分布するキク科の二年草。路傍や田畑にはえる。高さ60～80センチ，葉は柔らかく，下面に白綿毛を密生する。5～6月，すべて筒状花からなる紅紫色のアザミに似た頭状花をつける。

【キツネノカミソリ】

本州～九州，東アジアの野原や，山麓にはえるヒガンバナ科の多年草。葉は緑白色線形で柔らかく，春に出て夏には枯れる。8～9月，

野に生えて，他の植物に似るものに〈キツネ〉の名を冠している
下は狐《和漢三才図会》から

キツネ

高さ30～50センチの花茎を出し，数個の黄赤色の花を開く。花被片は6枚。雄しべは6個で，その長さは花被片とほぼ同じ。種子は球形で大きい。

【キツネノボタン】

日本全土，東アジアの山野の水分の多いところにはえるキンポウゲ科の多年草。有毒植物。茎は高さ15～80センチになり，葉は3出複葉で，小葉は2～3裂する。4～7月，枝先に径1センチ内外，黄色5弁の花をつけ，のち金平糖状の集果を結ぶ。分果の先は外側にかぎ状に曲がる。本種によく似たケキツネノボタンは水田などに多く，全体にやや粗剛で毛が目だち，分果の先はほぼまっすぐ。

ケキツネノボタン

【キツネノマゴ】

本州～九州，東アジアの野原にはえるキツネノマゴ科の一年草。茎は枝分れして，高さ30センチ内外，長卵形の葉を対生する。8～10月，枝先に，淡紅～白色の花を，穂状に密につける。花冠は唇形で，下唇の先は3裂し，紅色の斑点がある。果実は2裂して，4個の種子をはじく。

キツネノマゴ

【キヌガサソウ】

ハナガサソウとも。本州中～北部の深山の林内にはえるメランチウム科の大型多年草。茎は太くてまるく，高さ30～80センチ，先端に広披針形で先のとがった葉を8～9枚輪生。夏，葉心から花柄を出し，径7～10センチ，黄白色の花を一つつける。花被片は8～9枚あり，狭長楕円形で先がとがる。

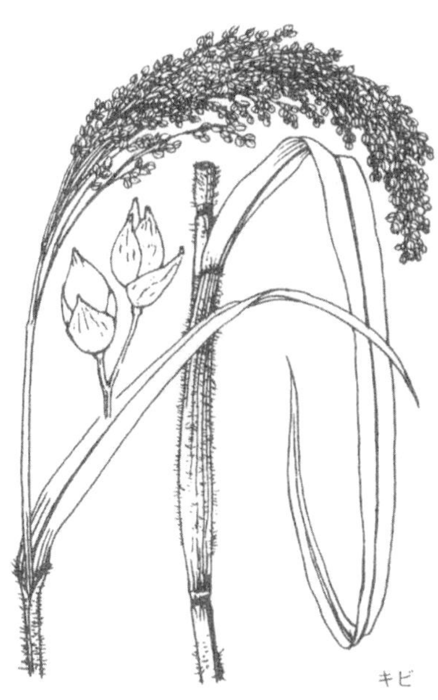
キビ

【キビ】黍

イネ科の一年生作物。東アジア原産といわれる。高さ1～1.5メートル。葉は長い軟毛を密生。花穂は複総状で，2～3回分枝し，先端に小穂をつける。種実は卵状小型で，黄または白色。糯(もち)，粳(うるち)などの品種がある。初夏に種子をまき，秋収穫。近年は生産が激減。種子をだんご，もち，酒などの加工原料，飼料とする。

【ギボウシ】

オハツキギボウシとも。日本で広く栽培されるキジカクシ科の多年草。葉は根生し，長い柄があり，長さ20センチ，幅13センチほどの広楕円形で，数本の縦脈をもつ。初夏，2～3個の苞葉のある高さ1メートル内外の花茎をのばし，茎頂に10個内外の淡紫色の花を総状につける。花は横向きに咲き，長さ5～6センチの漏斗状筒形で，先は6裂。スジギボウシは前種の斑入(ふいり)葉の栽培品である。山野にはえる大型のオオバギボウシ

キヌガサソウ

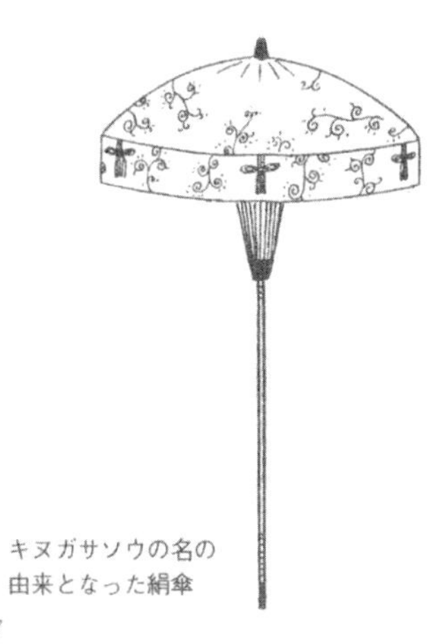
キヌガサソウの名の由来となった絹傘

はときに栽培もされ，葉は長さ25センチ，幅13センチに達し，10～15本の縦脈がある。花茎は太く，多数の花をつける。山中の水辺岩上にはえるイワギボウシはやや小さく，葉柄に紫点が多い。ミズギボウシはサジギボウシともいい，全体が小型で湿地にはえる。葉は直立し，光沢があり，3～5個の花がつく。この類は葉柄が食用になる。

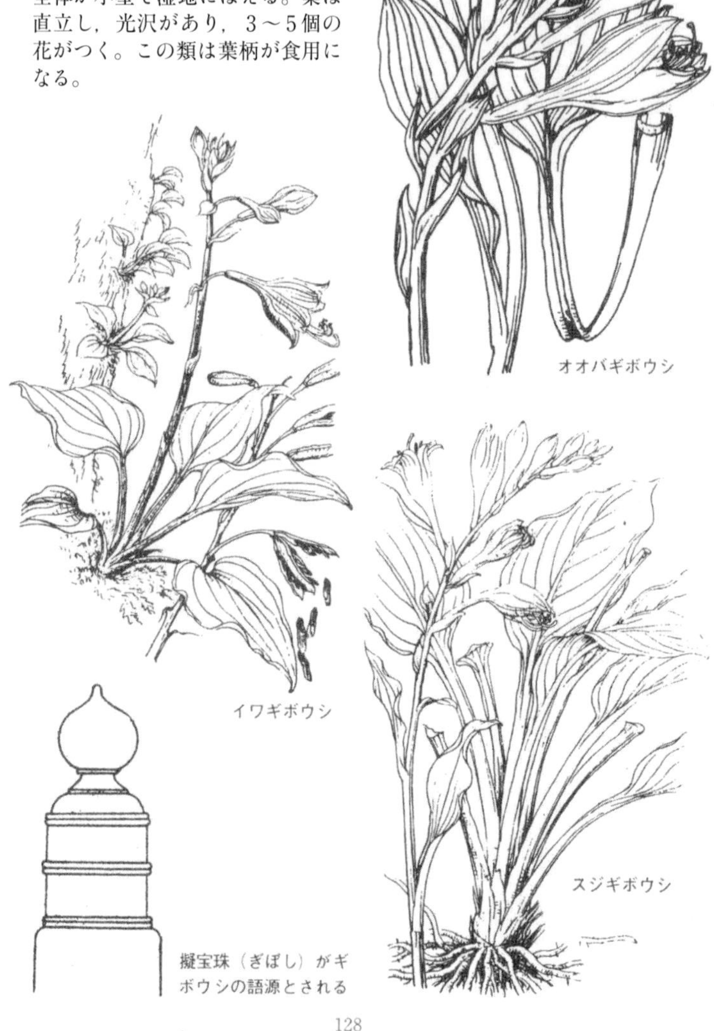

オオバギボウシ

イワギボウシ

スジギボウシ

擬宝珠（ぎぼし）がギボウシの語源とされる

コバギボウシ

【キャベツ】

甘藍(かんらん)，タマナとも。欧州原産のアブラナ科の二年生の野菜。ふつう葉は幅広く，濃緑色で無毛，中心部の葉は重なって球状となる。花はナタネに似，淡黄色4弁で，高い花茎上に総状につく。食用とするものでは花茎の出る前に収穫する。品種が多く，球の形は丸形，尖形(せんけい)，扁球形などがあり，色も白色，濃緑色，赤紫色など数百品種。各地の気候，収穫期，品種の差異などから，栽培法は春まき，夏まき，秋まきに大別される。主産地は愛知，群馬など。生食するほか，漬物などにする。

【キュウリ】

インド北西部原産で，古くから栽培されるウリ科の一年生の野菜。茎は細長く，巻ひげで他物にからみ，雌雄異花で，ともに花冠は黄

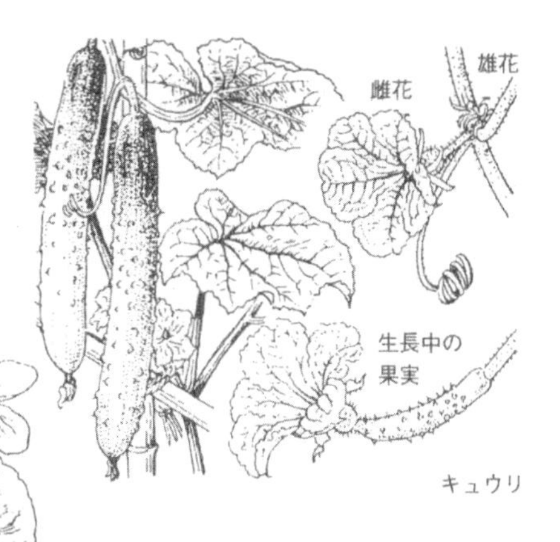

キュウリ

左上　キャベツの害虫モンシロチョウ（雄）
左下　結球したキャベツと花

色で５裂。果実は円柱状で，果皮には多数のいぼがある。品種が多く，南アジア系，北アジア系，それらの雑種系，欧州系に大別される。近年はビニールハウスによる促成栽培，抑制栽培などの普及により，一年中出まわるようになった。品種や栽培法の違いで苦味を感ずるものがあるが，これはククルビタミンＣによる。生食するほか，漬物などとする。

河童（かっぱ）は水怪でキュウリを好物とする

【キュウリグサ】

日本全土，アジアの温帯に広く分布し，畑や土手などに多いムラサキ科の二年草。高さ10〜20センチ，長楕円形の葉が数個つく。春，茎や枝の先に花穂を出し，ややまばらに多数の花をつける。花には柄があって苞葉がなく，花冠は径２ミリ内外，淡い空色で，５裂する。これに似たミズタビラコは川辺など水分の多い土地にはえる多年草で，花は柄が短く，径３ミリ，傾いた花穂に密につく。熟すと，黒褐色四面体でなめらかな分果がよく見える。

キュウリグサ

ミズタビラコ
（＊キュウリグサ）

【キョウガノコ】京鹿子

庭園の下草や池辺に植えられるバラ科の宿根草。自生地は不明。全株無毛で，太くて短い根茎から出た茎は直立し，高さ60～100センチになる。葉は鋸歯(きょし)のある掌状葉。夏，多数の濃いピンクの小花が茎頂に密集して咲き，鹿の子絞に似るためこの名がある。雄しべは多数で花弁よりも著しく長い。早春に株分けでふやす。

【キランソウ】

本州～九州，東アジアの路傍や野原にはえるシソ科の多年草。全草にちぢれた毛が多く，茎は地表をはう。葉は対生し，倒披針形で先は丸い。春，葉腋に濃青紫色の唇形花をつける。上唇は小さいが，下唇は大きくて３裂，中央片が大きい。ジゴクノカマノフタの別名がある。

【キリンソウ】

日本全土の日当りのよい山地や海岸の岩石地にはえるベンケイソウ科の多年草。茎は多数群生することが多く，高さ５～30センチ。葉は緑色多肉で，長さ２～４センチの広披針形。夏，茎頂に多数の枝を分かち，黄色５弁の花を密につける。雄しべ10本，雌しべ５本。山中にはえ，全体がやや大きいホソバノキリンソウは，高さ20～60センチとなり，茎が少数ずつはえて，群生することはない。葉は長さ３～６センチ。

【キンギョソウ】

地中海沿岸地方原産のオオバコ科の多年草。園芸上では普通秋まきとし，冬～春開花させ，一年草として扱う。花は茎の頂に穂状につき，太い筒形の花冠の上部は仮面状をなす。草たけは20～90センチで，矮(わい)性種は花壇・鉢植，高性種は切花用にされる。一代雑種，四倍体種，八重咲種等，園芸品種が多く，花色も赤，ピンク，だいだい，黄，白，紫など変化に富む。

【キンギョモ】

ホザキノフサモとも。アリノトウ

グサ科の多年生の水草。日本全土および北半球の温帯～暖帯に広く分布し，水中にはえる。茎は1メートル以上になる。葉は糸状に細く裂け，4枚ずつ輪生する。5～9月，水面上に花穂をのばし，淡褐色の小花をつける。上部に雄花，下部に雌花が層になって輪生。金魚鉢などに入れて観賞する。よく似たマツモはマツモ科の多年生の水草で，全世界に分布する。葉は節に輪生し，数回叉状(さじょう)に裂け，裂片にはとげがある。夏，葉腋に紅色を帯びた花被のない花が咲く。

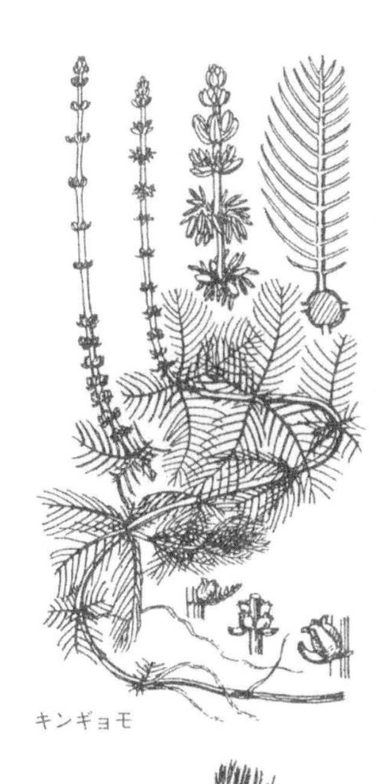

キンギョモ

【キンケイギク】

米国，テキサス原産のキク科の一年草。草たけ25～60センチ。葉は羽状に裂ける。頭花は舌状花が黄色で，その基部と筒状花が紫褐色。春まきで性質強く，花期は7～9月。花壇・切花用。渡来は1878年ころ。オオキンケイギクは北米南部原産の宿根草で，舌状花は黄色で幅広く，管状花も黄色い。育てやすく，花期は6～8月。

キンギョモに似るマツモ

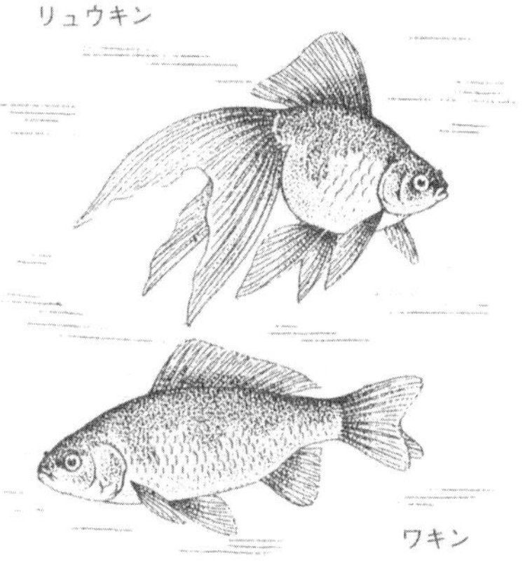

リュウキン

ワキン

【キンセンカ】金盞花

南欧原産のキク科の秋まき一年草。高さ30センチくらいで，全体に軟毛があり，葉はへら状。暖地栽培されたものが12～3月に仏花，盛花用に出荷されるが，春の花壇や鉢植にも向く。頭花は夜閉じ，黄，クリーム，だいだい色で，優秀品種の多くは八重で大輪。日本渡来は幕末。

キンセンカ

キンケイギク

オオキンケイギク

キンミズヒキ

【キンミズヒキ】

日本全土，東アジアの山野の草地や藪(やぶ)に多いバラ科の多年草で，全体に粗毛がある。茎は高さ30～80センチ，葉は5～7個の小葉に羽状複生。夏～秋，長さ10～20センチの長い花穂を立て，径6～8ミリの黄色の5弁花をつける。柔らかいとげのあるがく片は後にやや大きくなり，他物につきやすくなる。

【キンラン】金蘭

本州～九州，東アジアに分布し，林中草地などによくはえるラン科の多年草。茎は高さ40～80センチ，数個の広披針形の葉をつける。晩春，茎頂に花穂を出し，数花をつける。花は黄色で長さ約1.5センチ，丸くて半開する。唇弁はわずかに露出し，内面には5～7本の縦条がある。

キンラン

ギンラン（左）と
ササバギンラン（右）

【ギンラン】銀蘭

日本全土，東アジアに分布し，林中草地などにはえるラン科の多年草。茎は高さ20〜40センチ，数個の狭長楕円形の葉をつける。晩春，茎頂に花穂を出し，数花をつける。花は長さ約1センチ，白色で半開し，唇弁の内面には3条がある。類品のササバギンランは葉が細長く，全体に短毛状突起がある。

【ギンリョウソウ】

ユウレイタケとも。日本全土，東アジアの山中の樹林下にはえるツツジ科の腐生植物。根は褐色で，やや塊状。根以外は純白色で，茎は直立し，高さ10センチ内外，肉質となる。葉は退化し鱗状。5〜7月，白い筒状鐘形の花が，茎頂に1個下向きに咲く。果実は球形で白色。

【キンレイカ】

本州〜九州の山地にはえるオミナエシ科の多年草。高さ30〜50センチ。葉は対生し，掌状に3〜5裂する。夏，茎頂に集散花序をつけ，多数の黄色小花を開く。花冠は筒形で先が5裂し，基部には短い距がある。花筒の基部がわずかにふくらむコキンレイカ(ハクサンオミナエシ)は，本州亜高山帯にはえる。マルバキンレイカは葉が広卵形で，縁にはあらい鋸歯(きょし)があり，花冠の筒部が長い。本州北部，北海道に分布。

ギンリョウソウ

キンレイカ

右ページ下　竜《和漢三才図会》から
ギンリョウソウは「銀(の)竜草」の意

ク

【クガイソウ】

日本全土，東アジアの山地から亜高山にはえるオオバコ科の多年草。高さ60～100センチ，葉は３～６個ずつ輪生。夏，茎の頂に花穂を出し紅紫色の花を密につける。花冠は７～８ミリの筒状で，先は４裂。雄しべは２個で突き出る。

【クサソテツ】

コゴミとも。本州中部以北の温～亜寒帯の林の下などにはえるコウヤワラビ科のシダ。茎は短く，地中に直立し，細長い地下枝を四方にのばす。葉は集まって出て高さ１メートル以上になり，倒披針形，羽状複葉で，下部の裂片は小さい。秋，褐色小型の胞子葉がつく。春，巻いた若葉を食用とする。

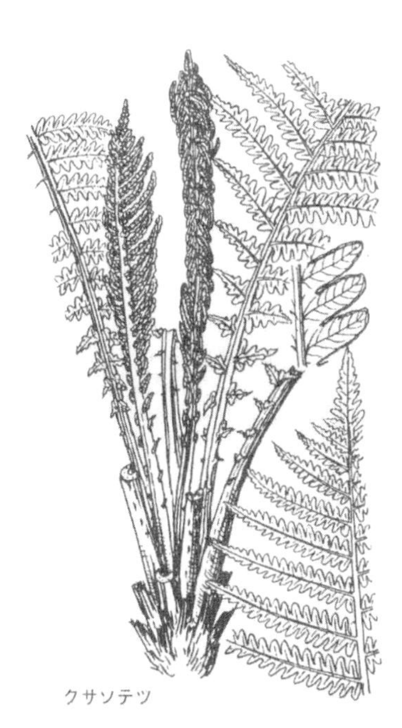

クサソテツ

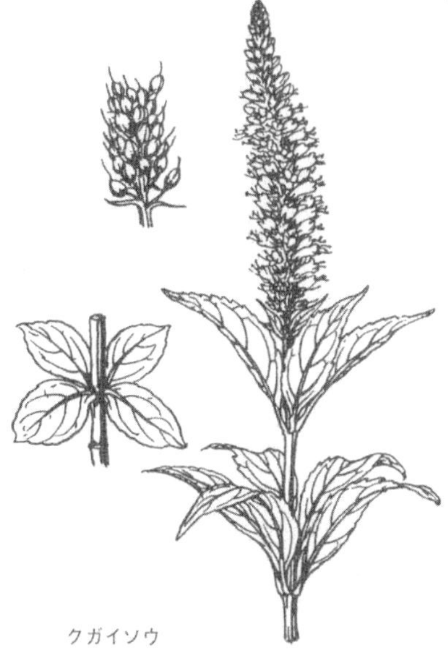

クガイソウ

【クサノオウ】

日本全土の平地の路傍，林の縁，草地に多いケシ科の二年草。全体粉白を帯び，傷つけると黄汁を出す。茎は分枝し高さ30～80センチ。葉は長さ10センチ内外で１～２回羽状に裂ける。初夏，葉腋から出た花柄上に，径２センチ，黄色の４弁花を数個散状につける。有毒植物であるが，薬用ともする。

【クサフジ】

日本全土の草地にはえるマメ科の多年草。茎は地下の根茎から出，つる状にのびる。葉は披針形で柔らかい18～24個の小葉を羽状につけ，先は巻ひげとなる。夏，葉腋から出た花柄上に，長さ１センチ内外，細長い青紫色の蝶(ちょう)形花を多数，総状につける。牧草。

【クジャクシダ】

世界の温～亜熱帯に分布し，林地などにはえるホウライシダ科のシダ。ときに庭に植栽される。葉柄は紫褐色針金状。葉はクジャクの羽のような特異な形の複葉で，軸は数回二叉(にさ)に分枝し，その片側が羽状複葉となる。小羽片の上縁は数個ずつの折れ返しがあり，そこに胞子嚢群がつく。

クサノオウ
クサフジ

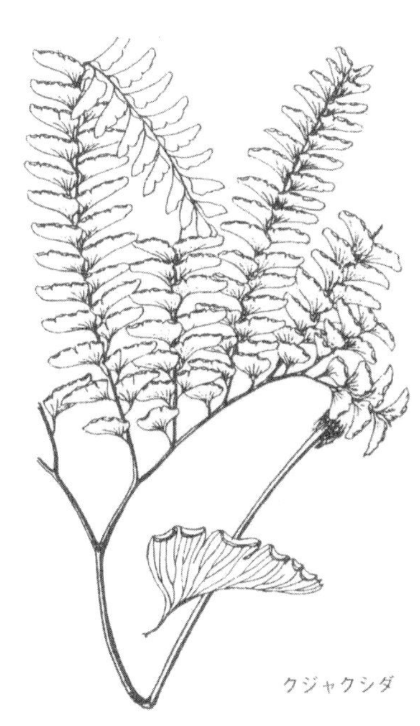
クジャクシダ

【クズ】葛

日本全土の山野に自生するマメ科のつる性多年草。肥大する根があり，葉は大きく，3出葉で，下面は白っぽい。夏～秋，葉腋に花穂を出し，紅紫色の蝶(ちょう)形花を多数密につける。後，粗毛のある豆莢(まめざや)を結ぶ。土留めに植えたり，飼料とする。根はデンプンを含み葛粉(くずこ)をとる。また，周皮を取り除いたものを葛根(かっこん)と称し，葛根湯の主原料となる。また茎の繊維で襖(ふすま)等に用いる葛布を織った。

【クチナシグサ】

カガリビソウとも。ハマウツボ科の二年草。本州～九州の林下にはえる半寄生植物で，根ぎわから数

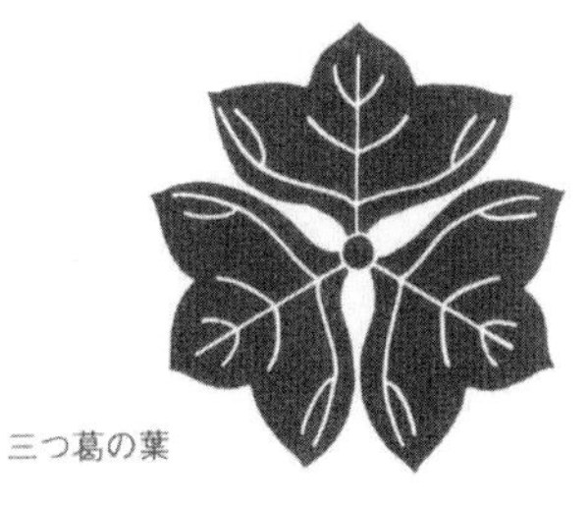
三つ葛の葉

三つ割り葛の花

葛根堀(くずねほり)
《人倫訓蒙図彙》から

本の茎が立ち，高さ20〜30センチになる。下部の葉は鱗片状，上部の葉は線形。4〜5月，葉腋に長さ2センチ内外の淡紅色の唇形(しんけい)花をつける。果実はクチナシの実に似る。

【クマガイソウ】

北海道，本州，アジア北東部の山林や竹藪(やぶ)などにはえるラン科の多年草。茎は高さ20〜40センチ，上端に2個の大きな扇形の葉をつける。春，茎頂に花柄をのばし，径5センチ内外の淡紫褐色の花を一つ横向きにつける。唇弁(しんべん)は袋形。熊谷直実の背負った母衣(ほろ)に見立ててこの名がついた。

【クマツヅラ】

本州〜九州，ユーラシア，北アフリカの暖〜熱帯に分布し，日当りのよい野原などにはえるクマツヅラ科の多年草。茎は四角形で枝分れし，高さ60センチ内外，卵形で切れ込みのある葉を対生。夏〜秋，

クズ

吉野葛《日本山海名産図会》から

枝先に紫色の小花を多数，穂状につける。花冠は5裂，下部は筒状。全草を薬用とする。

【グラジオラス】

アフリカおよび地中海沿岸地方に原産するアヤメ科の球根植物。現在切花，花壇用にふつう栽培されているものは，19世紀初めより欧米で各種の原種から交配作出されたもの。高さ60〜150センチで葉は剣状，花が一方に向いた穂状花序をつける。花色はきわめて多く変化に富む。秋植えの早咲種と春植えの夏咲種とがある。

【クラマゴケ】

日本全土の林地などにはえるイワヒバ科のシダ。細い糸状の茎が分枝しながら地面をはい，左右に規則正しく小さい葉が並び，その間にさらに2列の小さい葉がつく。盆栽にする。観賞用として温室などで栽培されるコンテリクラマゴケはやや大型で，葉に美しい青色の光沢があり中国原産。

【クララ】

本州～九州，東アジアの山野に多いマメ科の大型多年草。茎は直立して高さ1～1.5メートルに達し，15～40個の小葉をもつ，長さ15～25センチの奇数羽状複葉を互生。初夏，長さ10～20センチの花穂を出し，長さ15ミリ内外，淡黄色の蝶(ちょう)形花を多数つける。根を駆虫剤とする。飲むと目がくらむほど苦いので，眩草(くららぐさ)と呼ばれたのが和名の由来。

グラジオラス

コンテリクラマゴケ

クラマゴケ

【クリスマスローズ】

欧州原産のキンポウゲ科の常緑宿根草。掌状に深裂した葉を根生し，早春，15～30センチにのびた花茎に径5～6センチの花を1～2輪つける。白または紫をおびた5枚の花弁状のがくの中央に，多数の雄しべとそのまわりに緑色をおびた筒形の短い花弁がある。栽培は肥えた半日陰がよく，花壇，鉢植，切花に用いられる。秋の株分け，実生(みしょう)でふやす。

【クリハラン】

本州南部～九州，東アジアの林下などにはえるウラボシ科のシダ。地中に太い針金状の地下茎が長くのび，葉がまばらに出る。葉は長楕円形で，長さ30～60センチ，柄が長く，濃緑色で，網状の葉脈が見える。胞子嚢群は楕円形で，中脈の両側に1～数列つく。

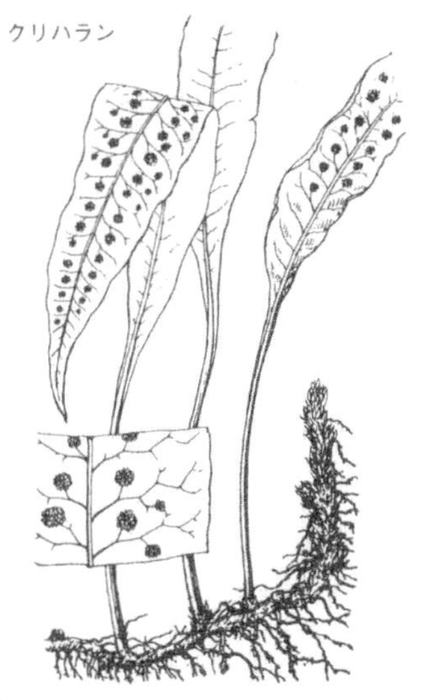

【クリンソウ】

北海道，本州，四国の山中谷間などの湿地にはえるサクラソウ科の多年草。全体無毛。葉は根生し倒卵長楕円形で，長さ15～40センチ，基部はしばしば赤みをおびる。晩春，高さ40～80センチの花茎を立て，紅紫色花を数段輪生する。花色が白色，かば色などの栽培品もある。

クリンソウ

【クルマバナ】

日本全土，東アジアに分布し，山地や原野にはえるシソ科の多年草。茎は方形で，高さ30～80センチ，長さ３～６センチの卵形の葉を対生する。夏，茎の先に淡紅色の唇形花を数段に輪生する。花冠は長さ８～10ミリで下唇は大きく，３裂。がくも唇形で長毛がある。

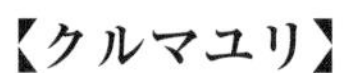

【クルマユリ】

本州中部以北の高山の草原や深山の林内にはえ，千島，カムチャツカにも分布するユリ科の多年草。茎は鱗茎から出，高さ30～70センチ。中央下に１～３段に披針形の葉を輪生する。夏，径５～６センチの花を１～５個，茎頂に横向きにつける。６枚の花被片は黄赤色でそり返る。

クルマバナ

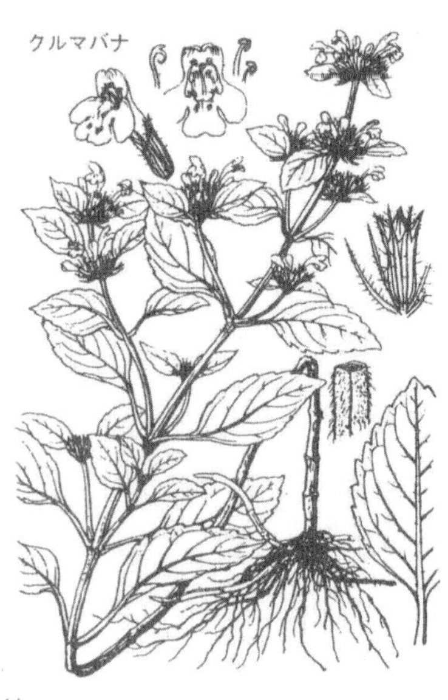

【クレソン】

ウォータークレス。水辺にはえる数種のアブラナ科の植物をさすが，狭義にはオランダガラシなど，若芽が食用となるものをいう。明治中期に渡来。底の土に根をはり，流水に浮かんで生育する。特有のかおりと辛味が好まれ，生食する。

【クレマチス】

全世界の温帯に広く分布するキンポウゲ科のつる性植物で，200種以上ある。園芸上は，花が径10センチ以上のもので，日本に自生するカザグルマや中国産のテッセンなどの原種と，種間交配によってつくり出された多数の園芸品種を合わせて総称している。花弁状のものはがくで，中央に集まった雌しべのまわりに多数の雄しべがある。花期は晩春～夏で，４～８枚のがく片の色は白・ピンク・紅・紫・青等がある。繁殖はさし木，つぎ木による。

【グロキシニア】

ブラジル原産のイワタバコ科の球根植物。大型でビロード状の葉を根生し，10～25センチの花茎に大きな鐘状花を１個つける。花色は白，赤，紫，覆輪等あり，夏の鉢物として温室で栽培される。繁殖は実生(みしょう)で，春まきと秋まきとがあるが，葉ざしもできる。高温多湿の半日陰でよく育つ。

【クロッカス】

南欧〜小アジア原産のアヤメ科の球根植物。原種は約75種知られており，それらの交配による園芸品種も多数ある。花期が９〜10月の秋咲種と，２〜３月の春咲種に分けられ，ふつう花壇・庭園・鉢植・水栽培等には後者がつくられている。薬用にされるサフランは秋咲種の一種。葉は線状で中央に白線があり，繊維状の外皮に包まれた球根から数個の芽を出し，それぞれの芽の中央から１輪ずつ上向きに花を咲かせる。花被片は６枚で同色，黄・白・紫・しま模様などがあり，柱頭は３裂している。球根の植付けは秋咲種は９月上旬，春咲種は10月，日当りのよい場所に，２〜３センチ程度覆土する。耐寒力は強く防寒は不要。

グロキシニア

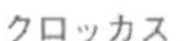

クロッカス

【クローバー】

シロツメクサ，ツメクサとも。欧州原産のマメ科の多年草。茎は長く地をはい，葉をつける。葉は長い柄をもち，上端に長さ２センチ内外の倒卵形の小葉を３個つける。春〜夏，葉よりも長い花柄を出し，上端に多数の花を密に頭状につける。花は白色の蝶(ちょう)形花で長さ７〜８ミリ内外。類品のアカツメクサはムラサキツメクサともいい，茎が斜上して50センチ内外，頭状花序には柄がなく，紅色の花をつける。ともに飼料作物。

【クロモ】

トチカガミ科の多年生の水草。日本全土，アジア，豪州，欧州に分布し，水中に群生する。茎は枝分れして，長さ約60センチ，線形の葉を数枚輪生する。雌雄異株。夏～秋，葉腋の鞘(さや)の中に，白い3弁の小花を生じ，雄花は母株から離れて水面に浮かび，雌花は子房が小柄状にのびて，水面に出，受精する。

【クロユリ】

本州中部以北の高山の草原にはえ，千島，カムチャツカにも分布するユリ科の多年草。鱗茎の鱗片には関節があって落ちやすい。茎は高さ10～40センチ，披針形の葉を数段輪生する。夏，茎頂に径3～4センチ，広鐘形で臭気のある花を数個横向きに開く。花被片は黒紫褐色で，6枚。

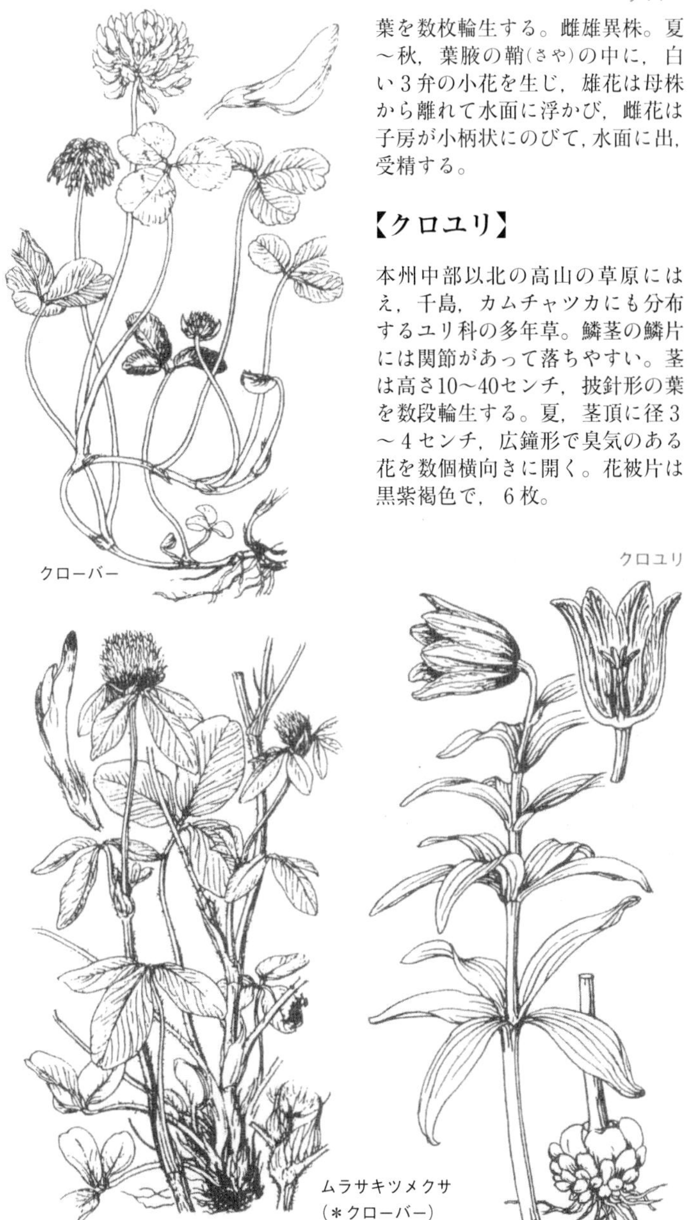

クローバー

クロユリ

ムラサキツメクサ
(＊クローバー)

【クワイ】

中国原産のオモダカ科の野菜。各地の水田に栽培される。球茎はやや青みをおび，球形で，先端から，葉と，地下性の匍匐(ほふく)枝をのばし，枝の先端に扁球形で頂にくちばし形の芽のある塊茎をつける。これを煮たり，きんとんなどにして食用とするが，苦みがある。なおクログワイは，カヤツリグサ科の植物。

クロモ（雄）

【クワズイモ】

四国，九州～東南アジア，豪州に分布し，樹下の湿地などにはえるサトイモ科の多年草。茎は太く地にはい，葉はサトイモの葉に似ているが厚い。５～８月，緑色の苞葉の中に，円柱状の肉穂花序ができ，雄花は上部に，雌花は下部につく。

【クンシラン】君子蘭

喜望峰原産のヒガンバナ科の多年草。葉間から出た40センチ前後の花茎の頂部に６～７月，20～30輪の花を房状につける。花はやや下垂し，筒形で，赤だいだい色の花被片は正開しない。現在〈クンシラン〉の名で一般に栽培されているものは，上記のものとは近い別種のウケザキクンシラン(別名ハナラン)で，この原種は南アフリカ,ナタール地方原産。５～６月，１花茎に10～20輪の漏斗形に正開した，黄だいだい～赤だいだい色の花を散状につける。鉢植，切花にされ，改良品種もある。両種とも冬季はフレーム内に置き，凍らせぬ注意が必要。繁殖は株分け，実生(みしょう)による。

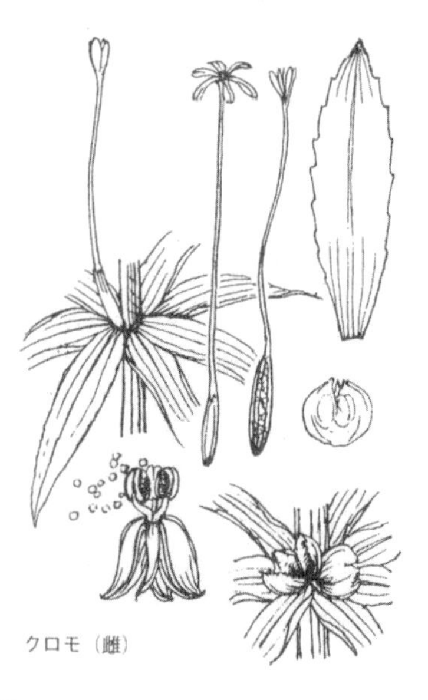

クロモ（雌）

クワイ
クワズイモ

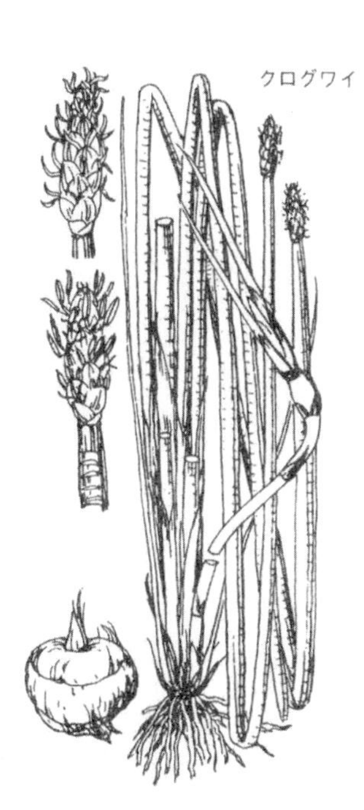
クログワイ

クンシラン

ケ

【ケアリタソウ】

アカザ科の一年草。中米原産の帰化植物で都会地の雑草。茎は著しく枝分れして，高さ70センチあまり，全草に毛がはえ，臭気がある。葉は狭卵形で，互生し，波形の鋸歯(きょし)がある。7～10月，緑色の柄のない小花が，葉状苞の基部にかたまって咲く。花被片3個，雄しべ5個。種子は黒褐色のレンズ状で光沢がある。西インド諸島，中米原産で，古く渡来したアリタソウは葉に欠刻状の鋸歯があって，花穂が長くのび，葉状苞は小さい。茎や葉から駆虫剤をとる。近年渡来したアメリカアリタソウは，アリタソウと同じ植物。

ケアリタソウ

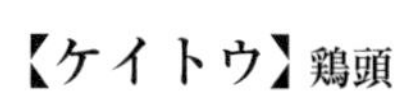

【ケイトウ】鶏頭

トサカケイトウとも。熱帯アジア原産のヒユ科の一年草。茎は太く直立し，1メートル内外になり，披針形の葉を互生。茎頂が帯化してニワトリのとさか状の花序になり，その下部の両面に多数の細か

ケイトウ

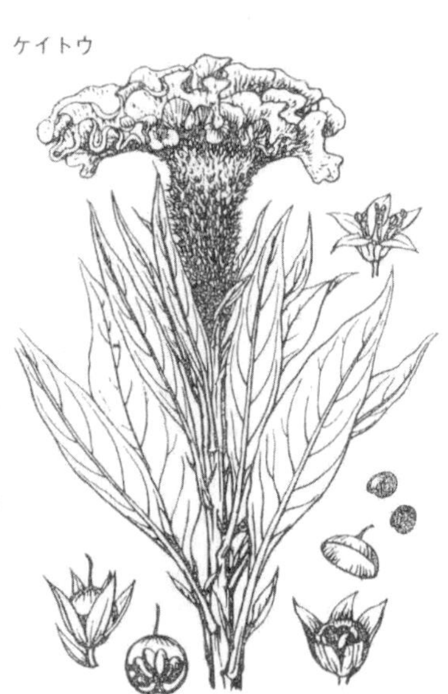

ケイトウ（鶏頭）はとさかのこと
下はニワトリのとさかの種類

単冠

花型冠

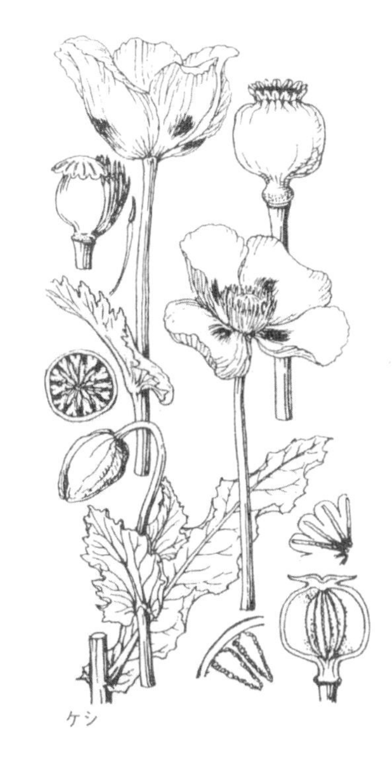
ケシ

い花をつける。花序は黄，白，桃，赤など色彩の変化に富む。花期は8～11月で，花壇植，切花に向く。春まきで，栽培は容易。草たけが20～30センチの矮(わい)性種や，花序がとさか状にならずに房状になるものなどの変種もある。

【ケシ】罌粟

欧州，西アジア原産のケシ科の二年草。トルコ，インドなどで多く栽培される。高さ約1.4メートル。5月ごろ，径10センチ内外，白・紅・紫色などの4弁の一日花を開く。未熟の果実を傷つけ，しみ出した乳汁を採集してアヘン(モルヒネ)をつくり，薬用とする。一般の栽培はアヘン法によって禁止されている。モルヒネを含まず花壇でふつうに栽培されるケシにヒナゲシ，オニゲシなど5種がある。

【ゲッカビジン】月下美人

中南米原産のサボテン科の温室観賞植物。高さ5メートルに達することがある。枝は緑色，扁平でとげがなく縁は波状を呈する。径20センチほどの芳香のある大きな白い花が夜開き，翌朝までにしぼむ。花筒は細長く花弁より長い。花弁と雄しべの数が多い。

ゲッカビジン

【ゲットウ】月桃

ショウガ科の多年草。九州南部，沖縄，インドシナ，インドに分布。高さ2メートル内外になり，6～7月，白色で紅条のある美しい花をふさ状に茎頂から下垂する。観賞用に暖地では露地で，普通は温室内で植栽。生花用にもされる。繁殖は株分けによる。

【ケマンソウ】

フジボタンとも。朝鮮，中国北部原産のケシ科の多年草。草たけは30～50センチで全草は緑白色をおびる。2回3出の複葉で，小葉には切れ込みがある。4～5月，茎頂に華鬘(けまん)のような桃色の花が10～15輪1列につり下がって咲く。観賞用に古くから庭園で栽培。早春に株分けでふやす。

ゲットウ

【ゲンノショウコ】

フウロソウとも。日本全土，東アジアの草地にはえるフウロソウ科の多年草。全体に軟毛がある。葉は柄があって対生し，幅3～7センチ，深く3～5裂する。夏～秋，花柄の先に1対の花をつける。白または紅紫色の5弁花で，径1.5センチ内外。茎葉の乾燥したものを煎(せん)用すると下痢止めとしてよくきくので〈現の証拠〉の名がある。

ゲンノショウコ

ケマンソウ

コ

【コウゾリナ】

日本全土，樺太の暖～温帯に分布し，山野の路傍にはえるキク科の二年草。高さ30～80センチ，切ると白汁が出，全体に褐色または赤褐色の剛毛がある。頭花は黄色の舌状花からなり5～10月に開く。果実は赤褐色，紡錘形で，羽状の冠毛がある。

【コウボウムギ】

日本全土の海岸の砂地にはえるカヤツリグサ科の多年草。茎は太く，高さ10～20センチで，地中を横走する根茎から出る。葉は堅い革質で線形，幅4～6ミリ。雌雄異株。春，茎頂に多数の花穂を密生し，淡黄緑色，長さ4～6センチの頭状花序をつくる。根茎の節に繊維があり，古く筆の代用としたので〈弘法麦〉の名があり，またフデクサともいう。類品のコウボウシバも海岸の砂地にはえ，根の基部は暗赤色となる。果穂は1～2個離れてつき，短円柱状で柄がある。

雌花

雄花

コウボウムギ

弘法大師(774-835)

【コウホネ】

日本全土，朝鮮の小川や沼にはえるスイレン科の多年生水草。根茎は白くて太く，水中葉は薄い膜質で，水上葉は厚くつやがある。夏開く花はがく片が花弁状で黄色5弁。花弁は多数あって雄しべ状となる。雄しべは多数，雌しべは1個，根茎は薬用になる。

【コウマ】黄麻

ジュート，ツナソとも。中国原産の繊維作物で，アオイ科の一年草。茎は紅～黄緑色で高さ1.5～3メートル。葉は披針形で長さ10～20センチ，縁には鋸歯(きょし)がある。花は黄色5弁。開花後，茎をそのまま，あるいは皮をはがして水に浸し繊維をとる。袋，下級敷物，ひもなどにするが繊維は水に弱く，耐久性もない。

【コウリンカ】

本州，朝鮮の温帯に分布し，日当りのよい山地の草原にはえるキク科の多年草。茎は枝分れせず，高さ50～60センチ。葉は長楕円形でやや厚く，下部の葉には柄がある。7～9月，茎の先に，長さ2センチ内外のだいだい色の舌状花と筒状花からなる頭花を散房状につける。花柄は長くて小苞葉がなく，先は太くならない。中部地方の高山にはえるタカネコウリンカは，舌状花が短く，長さ1センチ内外，花柄の先は太くなり，多数の小苞葉がある。

コウホネ

コウリンカ

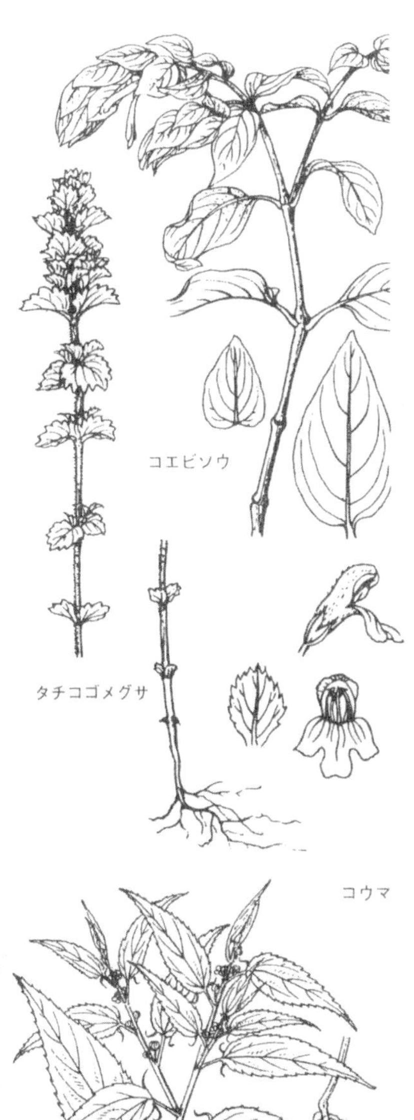

【コエビソウ】

ベロペロネとも。メキシコ原産のキツネノマゴ科の宿根草。30～60センチの高さになり，木本化する。四季咲性だが，春に多く咲く。きれいに重なった赤褐色の苞葉から，下唇(かしん)弁に紫紅色の斑点のある白い花がつき出す。鉢植・切花用に温室内で栽培。

【コゴメグサ】

伊吹山にはえるハマウツボ科の一年生の半寄生植物。茎は多く枝分れし，高さ10～20センチ。葉は対生または互生し，卵形で柄がなく，２～４対の丸い鋸歯(きょし)がある。８～９月，上部の葉腋に白色の小さな唇形(しんけい)花をつける。下唇は上唇より大きい。日本全土，アジア東部の日当りのよい所に普通に見られる近縁のタチコゴメグサは，高さ20～40センチ，上部で分枝し，葉には４～５対の先のとがった芒(のぎ)状の鋸歯がある。花は８～10月。上唇と下唇は同長。また，ミヤマコゴメグサは本州の高山にはえ，高さ15センチ内外，葉の鋸歯の先はとがらない。花は８～９月。花冠は前２種より大きく，大きな下唇は３裂し，裂片はさらに深く２裂する。

【コシダ】

本州南部以南の日当りのよいやや乾燥した所にはえるウラジロ科の常緑シダ。地下茎，葉柄はウラジロよりやや小型。葉は３回ほど二叉(ふたまた)に分岐し，小羽片はくしの歯状に切れる。歯柄は光沢があって美しく，かごを編んだり，箸(はし)にする。

【コショウ】胡椒

ペッパーとも。東南アジア原産といわれるコショウ科のつる植物で，古くから熱帯アジア各地に栽培。茎は木質で，節ごとに出る根で他物にからまり，高さ8メートルにも達する。葉は革質で濃緑色。雌雄異花だが，時に両性花を生ずる。果実に強い香気と辛味があるので古くから香辛料として貴重視され，中世の西洋では高価のため通貨の役を果たしたという。完熟前に果実をとり，その熟度の高いものを発酵，流水にさらし外皮をとって白コショウとし，未熟のものを乾燥し黒コショウとする。白コショウが高級とされるが辛味は黒が強い。ソース，ケチャップなど西洋料理に広く愛用。

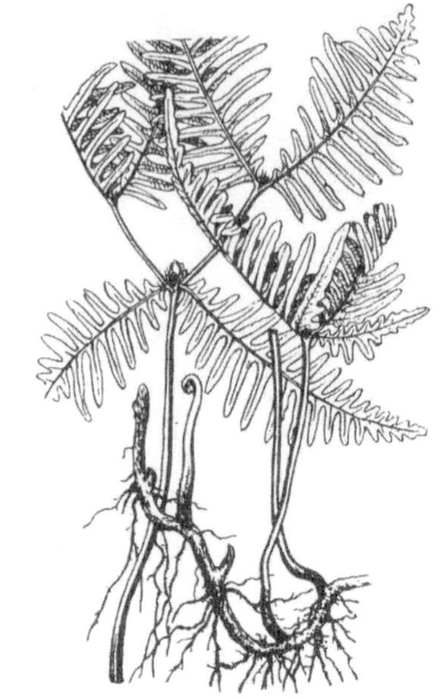

コシダ

キバナコスモス

コスモス

コショウ

【コスモス】

アキザクラとも。メキシコ原産のキク科の春まきの一年草。高さ1～2メートルになり，2回羽状複葉で，裂片が線形の葉を対生。秋，径5～7センチの頭状花を開く。中心の筒状花は黄色で，まわりの舌状花は普通8枚で，白，ピンク，紅色等。八重咲，丁字(ちょうじ)咲，大輪咲や，夏前に開花する早咲種などの園芸品種がある。やはりメキシコ原産のキバナコスモスは別種で，葉の裂片が幅広く，舌状花が黄またはだいだい色。両種とも栽培は容易。

【ゴゼンタチバナ】

北海道～本州，アジア北東部の高山の林下にはえるミズキ科の多年草。地下に白色の根茎があり，茎は高さ7～15センチ，6枚の葉が上部に輪生状につく。夏，葉の中心から1本の花茎が出，4枚の白色花弁状の総苞片の中央に小さな4弁花を多数つける。果実は丸く，赤熟。

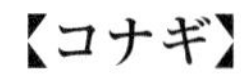

【コナギ】

ササナギとも。本州～九州，東南アジアに分布し，池，水田などにはえるミズアオイ科の一年生水草。葉は卵円～卵状披針形で，20センチ内外の柄がある。晩夏～秋，青紫色の径2センチの花が総状に集まって咲く。花被片6枚。雄しべは6本，うち5本は花被より著しく短く，他の1本は大型で，花糸にかぎ状突起がある。

ゴゼンタチバナ

【コナスビ】

日本全土，東アジアの平地や山地の草地に多いサクラソウ科の多年草。茎は地をはってのび，長い軟毛がはえ，多くは多少赤みを帯びる。葉は対生し，広卵形で柄があり，長さ1～2.5センチ。初夏，径5～7ミリで柄のある黄色の花が葉腋に1個ずつつき，後に下を向く。花冠は5裂。

コナスビ

【コバイケイソウ】

本州中～北部の高山の湿った草地に群生するメランチウム科の多年草。茎は太く，高さ1メートルに達し，葉は長楕円形で，長さ10～20センチ，縦じわがあり，基部は鞘(さや)となって茎を包む。夏，茎頂に長さ20センチ内外の花穂を数個，総状につけ，径1.5センチ内外の白花を多数密に開く。花被片は6枚で，雄しべより短い。近縁のバイケイソウは山中にはえ，前者

バイケイソウ

コナギ

より大きい。花被片は白，淡緑色で，雄しべより長い。ともに有毒植物で後者は根を殺虫剤とする。

コブナグサ

コバイケイソウ

【コバンソウ】

地中海沿岸地方原産の帰化植物で，日本各地にみられるイネ科の一年草。荒地や砂地にはえる。高さ30〜60センチになり，5〜6月に先のたれた円錐花序を出し，黄金色で光沢のある卵形の小穂をまばらにつける。観賞用にも栽培される。

【コブナグサ】

日本全土の野原や路傍に普通にはえるイネ科の一年草。茎の下部は横にねてよく分枝し，長さ20〜50センチになる。葉身は狭卵形で，基部は茎を抱く。花穂は3〜10個の房からなり，淡緑色または赤褐色。秋に開花する。八丈島では八丈刈安といい，黄色染料として黄八丈を染める。

コバンソウ

【ゴボウ】

根を，まれには葉柄を食用とするため，古くから栽培されるキク科の野菜。根出葉は長い柄があり，大きな心臓形で，長さ40センチ，縁には鋸歯(きょし)がある。直根は長くのび，品種により1.5メートルにも達する。品種は，細長形赤茎の滝の川系，白茎の越前系，短太の大浦系など。金平(きんぴら)，煮しめなどにする。

ゴマ

【ゴマ】胡麻

インド，アフリカ原産の油料作物で，ゴマ科の一年草。茎は高さ1メートル内外で，方形で短毛があり，楕円形の葉をつける。花は白～淡紅色。果実は長さ20～25ミリ，短い筒形で縦に4本の溝があり，40内外の種子をつける。種子は白・黒・黄・茶色で多量の油を含む。ゴマ油は食用となり，また種子をいってゴマ塩としたり，すりつぶしてあえものなどに用いる。

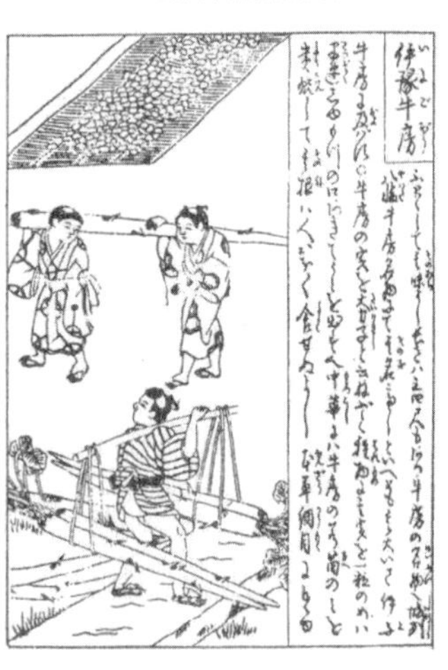

伊豫(予)牛房(いよごぼう)
《日本山海名物図会》から

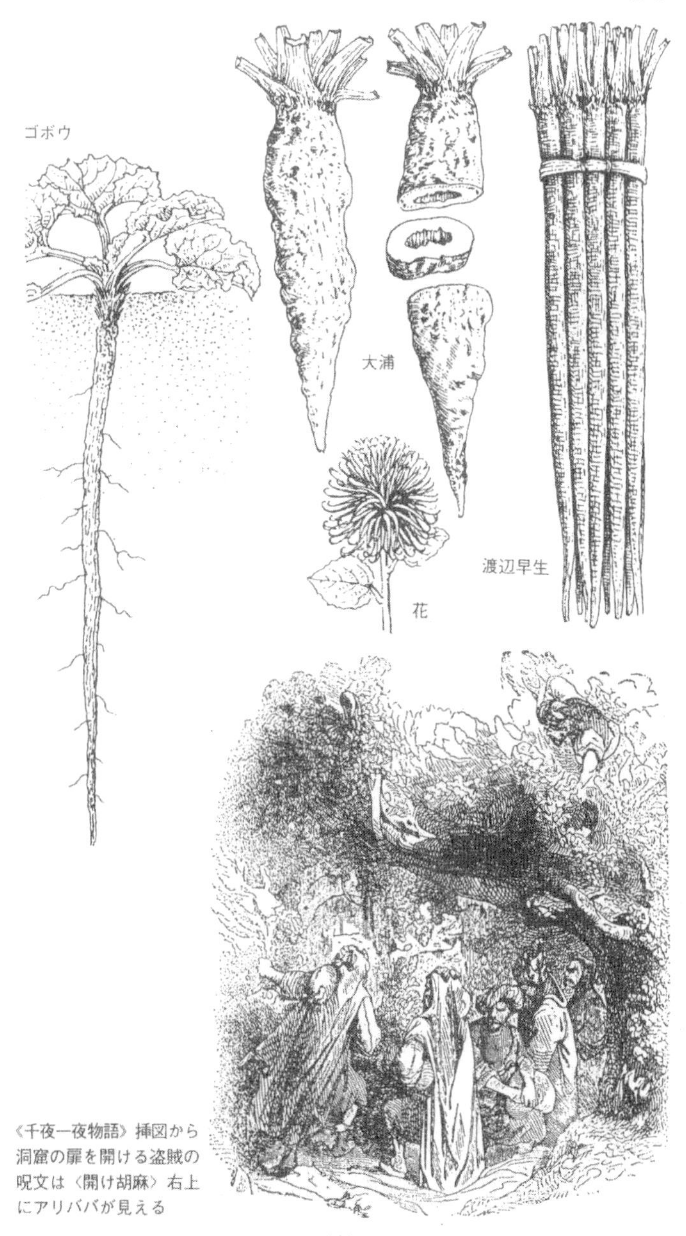

《千夜一夜物語》挿図から
洞窟の扉を開ける盗賊の
呪文は〈開け胡麻〉右上
にアリババが見える

【コマクサ】

本州中部以北の高山帯の砂礫(されき)地にはえ，千島，カムチャツカにも分布するケシ科の多年草。葉は根生して細かく切れ，粉緑色をおびる。夏，葉間から高さ10センチ内外の先がたれた花茎を出し，上端に，三角形で淡紅紫色をおびた長さ約2センチの花を数個下垂する。2枚の外側の花弁は上半がそり返る。かつて長野県御嶽(おんたけ)山では御駒草と呼び，霊薬として売られた。

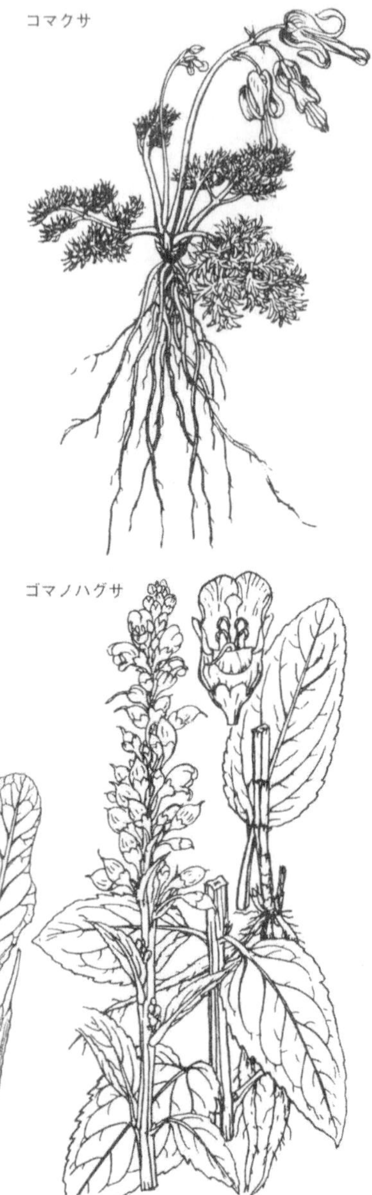

【コマツナ】小松菜

アブラナ科の一～二年生の野菜。他のアブラナ類から日本で分化したものといわれ，明治初年より栽培される。長楕円形，濃緑色の葉は柔らかく甘味があり，浸し物，カラシあえ，汁の実などにする。耐寒性が強く，2月に収穫できる品種もある。

コマツナ

【ゴマノハグサ】

本州～九州，東アジアの湿った草地にはえるゴマノハグサ科の多年草。茎は方形で高さ１メートル内外，葉は対生する。夏，茎頂に細長い花穂を出し，多数の黄緑色の小花をつける。花冠はつぼ形で先が深く５裂する。葉の形がゴマに似るのでこの名がある。根は薬用。

【コムギ】小麦

西アジア原産のイネ科の一～二年草。世界各地で最も主要な食用作物として古くから栽培されてきた。西アジアでは新石器時代の農耕遺跡から栽培コムギが発見されている。現在，北緯30°～60°，南緯27°～40°の間で多く栽培され，主産地は南ロシア，ドナウ川流域，地中海沿岸，中欧，北米，南米パンパス地方，北西インド，華北，豪州南部などであるが，収穫期は各地で異なる。コムギは，フツウコムギ(パンコムギ)，マカロニ(デュラム)コムギなど数種からなるが，フツウコムギが世界の栽培面積の80%を占め，日本のコムギもすべてこれに属する。品種も多い。茎は高さ１メートル内外，円筒形で節間は中空，根もとで多く分岐して，束生する。花穂は複穂状で茎頂につき，20内外の小穂を互生。小穂には２～４の種子がつく。種子は赤褐色，長楕円形で，背面中央に縦溝があり，デンプン，タンパク質に富む。小麦粉にして食用とするほか，醬油，みそとし，また，ふすまは飼料とする。

コムギ

中国の製粉作業
小麦粉の篩(ふるい)
《天工開物》から

【コリウス】

ニシキジソとも。ジャワ原産のシソ科の多年草。50～80センチの高さになり，葉は卵形で毛としわがあり，紅・淡紅・紫・黄などの美しい斑紋，覆輪葉になる。日本では普通春まきの一年草として夏の花壇に利用される。強いものはさし木でも容易にふやすことができ，温室内で越冬させる。

【コルキカム】

イヌサフラン科の一属で，ユーラシア大陸，北アフリカ原産の球根植物。原種は60余あり，よく栽培されるオータムナーレ(和名イヌサフラン)は種子や鱗茎からコルヒチンをとる。園芸的には花が美しく大きい交配品種が多数つくられている。多くは秋咲きで，10月ごろ球根から1～数本の花茎をのばし，サフランに似た花を開く。色は紫～紅の濃淡，白で，八重咲

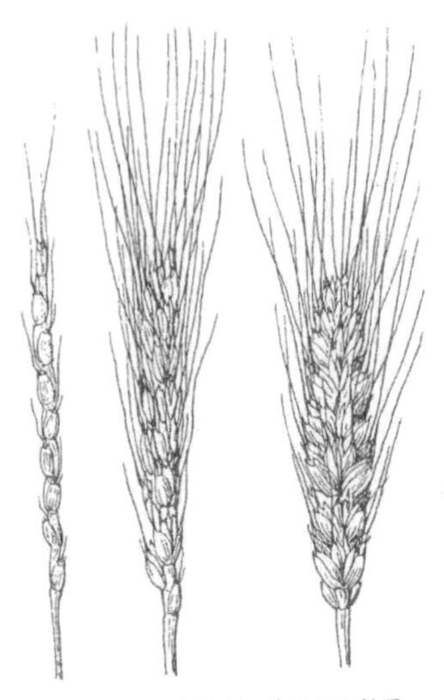

コムギ　左から1粒系（タルホコムギ），2粒系（エンマコムギ），普通系（パンコムギ）

奴隷とロバによるローマ時代の製粉

コルキ

コリウス

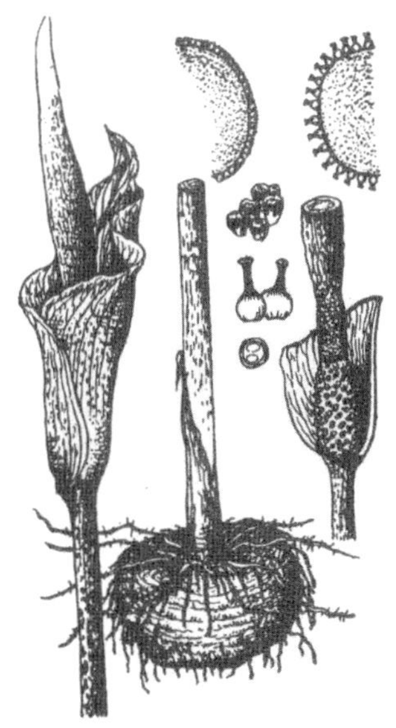

コルキカム

コンニャク
上は花

もある。葉は翌春出て，夏枯れる。普通，花壇植えにされるが，水栽培，おがくずやミズゴケ植えもできる。

【コンニャク】蒟蒻

インド，スリランカ原産といわれるサトイモ科の多年草。地上部は秋に枯れ，球茎(コンニャクイモ)は越冬し，翌春発芽。葉柄は球茎の上面から直立し高さ0.6～1メートル，直径2～2.5センチ，褐色の斑紋があり，先端に複葉をつける。球茎は上面が扁平で，中央部がややへこみ，5年目まで肥大し，6年目に花茎を出し，大きな肉穂花序をつける。球茎の主成分はマンナンで，乾燥し粉末にして水に溶かし，石灰液を加えると凝固する。これを利用して，食用こんにゃくをつくる。田楽(でんがく)，おでん，みそ煮などにする。また線状にした糸こんにゃく，さらに細い白滝などがある。栄養価は低いが整腸の効があるといわれる。凍りこんにゃくは，薄く切って凍結させたのち乾燥したもので，湯で戻して煮物にする。

麩師《人倫訓蒙図彙》から
江戸時代の麩屋はコンニャクもつくった

サ行

サ

【サイシン】細辛

ウスバサイシンとも。本州〜九州の山中の樹林内にはえるウマノスズクサ科の多年草。葉は横走するやや太い根茎の先に2個ずつつき，心臓形で幅5〜10センチ。春，地表近く，根茎の上端から1本の花柄を出し，1花をつける。花は径1〜1.5センチ，扁平な球形で赤みを帯び，3個の裂片はそり返る。根茎は辛味があり，薬用とする。

【サギソウ】

本州〜九州の湿原にはえるラン科の多年草。茎は球形の根から直立し，高さ20〜40センチ，数個の線形の葉をつける。花は夏，茎頂に1〜3個つき，白色で径約3センチ。3枚の緑色のがく片と3枚の花弁がある。唇(しん)弁は大きく，3裂し，側裂片はさらに深く細裂する。花がシラサギの飛ぶ姿に似るのでこの名がある。

サイシン

サギソウ

ギフチョウの幼虫の
食草はサイシン

【サクラソウ】桜草

サクラソウ科の多年草で，北海道南部，本州，九州の川岸や高原地方の草地にはえ，朝鮮，中国東北，東シベリアに分布。全草に白い軟毛があり，やわらかい。葉は卵形で長さ4～10センチ，長い柄がある。4～5月，15～40センチの花茎の上端に径2～3センチの淡紅色，まれに白色の花を数個～十数個散状につける。花冠は5裂し，裂片の先はくぼみ，基部に花筒がある。江戸時代から観賞用に栽培され，花色，花型の変化に富んだ多くの園芸品種がある。そのほか近縁のイワザクラ，オオサクラソウ，クリンソウ，コイワザクラ，ユキワリソウなどが日本に野生し，山草として珍重されており，また外国産の同属の多くの種類(プリムラと呼ぶことが多い)が花壇や鉢植として広く使われている。

【サクラタデ】

本州～九州，朝鮮の水辺にはえるタデ科の多年草。茎は高さ60センチ内外，披針形の葉を互生する。8～10月タデとしては美しい淡紅色の花が，細長い穂状にややまばらにつく。雌雄異株。果実は平たい3稜形。

【サクララン】

キョウチクトウ科の多年生つる草で，九州以南～豪州に自生。茎は岩や樹幹などをはい，葉は対生し，楕円形で厚い肉質。春，多数の小花を球状にかたまってつける。花冠は白く，中心部は淡紅色で，5深裂する。観賞用に鉢植にされるが，冬は温室内に入れる。

【ササゲ】

北アフリカ原産といわれるマメ科の一年生の野菜。暑さに強く，熱～温帯で広く栽培される。莢(さや)の長さ20～90センチ，特に長いものをジュウロクササゲという。莢のまま煮食するほか，種実を煮物，餡(あん)とし，またアズキより種実が割れないので赤飯にたきこんだりする。種子の臍(さい)部が三角形である点で他のマメ類と区別される。

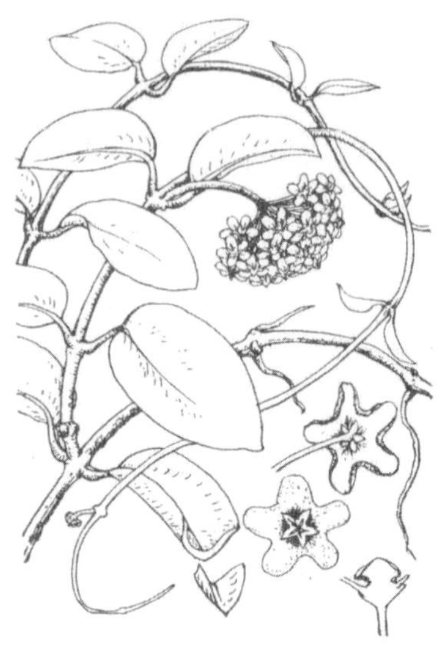

サクラララン

【ササユリ】笹百合

本州中部以西の山地草原にはえるユリ科の多年草。茎は地下の鱗茎から出て高さ約１メートル。葉は披針形で短い柄があり，長さ７～15センチ。夏，茎頂に漏斗形で径12センチ内外の花を少数，横向きにつける。葯(やく)は濃褐色。花被片は６枚，淡紅色で斑点がなく，上半分が軽くそり返る。別にサユリの名もある。近縁のヒメサユリは本州北部の深山にはえ，高さが低くて，花はやや小さく，葯は黄色。初夏に切花とし，市場に出される。

【ザゼンソウ】

本州，北海道，アジア北東部の湿地にはえるサトイモ科の多年草。全体に不快な臭気がある。根茎は太く，葉は根出し，卵状心臓形で，長さ20～30センチ。４～５月，紫褐色の卵形の仏炎苞の中に，楕円形の肉穂花序をつける。花は両性。花被片４個，雄しべ４本，雌しべ１本。花序と仏炎苞の形が，僧が座禅をしているように見え，この名がある。

ササゲ

【サツマイモ】

甘藷(かんしょ)，カライモとも。熱帯アメリカ原産のヒルガオ科の多年生作物。温帯では一年草。コロンブスが欧州に持ち帰って以後，世界各地に伝播(でんぱ)。日本へは17世紀ごろフィリピンから長崎に，あるいは中国・琉球から九州南部に伝わり，18世紀に普及。茎はつる性で長さ0.6～6メートル，紫，緑褐，緑色などを呈する。葉は互生し心臓形。根は繊維状で，一部が肥大し，球形，紡錘形などの塊根となる。塊根は紫，黄，紅色などで，多量のデンプンをたくわえ，食用となる。花はヒルガオに似るが，温帯ではほとんど咲かない。春，温床に種芋を伏せこみ，初夏に定植，秋に収穫する。在来のサツマイモと，アメリカイモの2変種があり，それぞれ品種が多い。前者には紅赤(べにあか)などがあり，後者には花魁(おいらん)，太白(たいはく)，七福(しちふく)などがある。主産地は鹿児島，宮崎，千葉，茨城。ふかし芋，焼芋，煮物，揚物として食用とするほか，デンプン，アルコール工業原料，合成酒，泡盛(あわもり)，芋焼酎(いもじょうちゅう)などの醸造用とする。

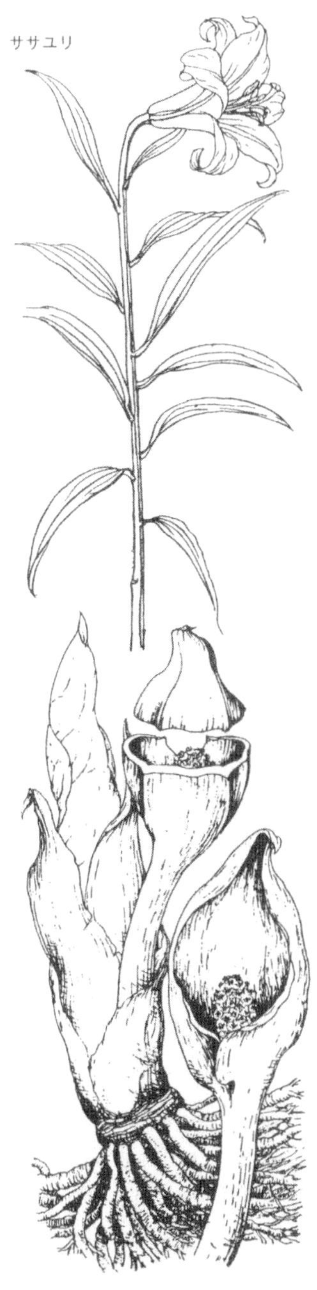

ササユリ

ザゼンソウ

江戸時代の焼芋の看板
十三里は〈栗より(九里四里)旨い〉の洒落

【サトイモ】里芋

熱帯アジア原産のサトイモ科の野菜。80～120センチの葉柄のある大きな葉を多数群生する。根茎は球茎で，多くの節を有し，盛んに肥大して新球茎，すなわち子芋，孫芋を生ずる。品種は多く，約200。子芋用品種(エグイモなど)，親子兼用品種(ヤツガシラ)，親芋用品種，葉柄用品種に大別される。芋は煮て食し，葉柄はずいきとして食用とする。

【サトウキビ】

カンショ(甘蔗)とも。インド原産のイネ科の多年生作物で，テンサイとともに砂糖の重要原料。茎は直立し，高さ3.5メートル内外，径2～4センチ，多数の節と節間からなり，節間には多量のショ糖をたくわえる。葉は幅の広い線形。花は大きな穂状花序で多数の小穂をつける。栽培は熱帯の年平均気温24～25℃，降水量1500～2000ミ

サツマイモ

サトイモ

青木昆陽(1698-1769)《蕃藷考(ばんしょこう)》を著しサツマイモの普及に貢献した

サトウキビ

リの所が最適で，キューバ，ブラジル，インドなどで産額が多い。茎のしぼり汁から砂糖をとり，副産物として得られる糖蜜はラム酒やアルコールの原料，しぼりかす(バガス)は燃料，パルプ原料，飼料とする。

【サフラン】

小アジア，欧州原産のアヤメ科の球根植物で，クロッカスの一種。11月ころ地中から淡紫色の美しい花を出す。花柱の上半部を採集し乾燥したものもサフランといい，鎮静剤，芳香剤などとし，食品，化粧品の着色料(黄)とする。栽培は9月に球根を植え付け，11月に花柱を収穫。観賞用にもされる。

【サボテン】仙人掌

一般にはサボテン科の植物の総称として用いられている。2000種以上あり，メキシコを中心として南北アメリカ大陸の乾燥地に広く分

サトウキビから砂糖を精製する
薩摩大島黒沙(砂)糖《山海名物》から

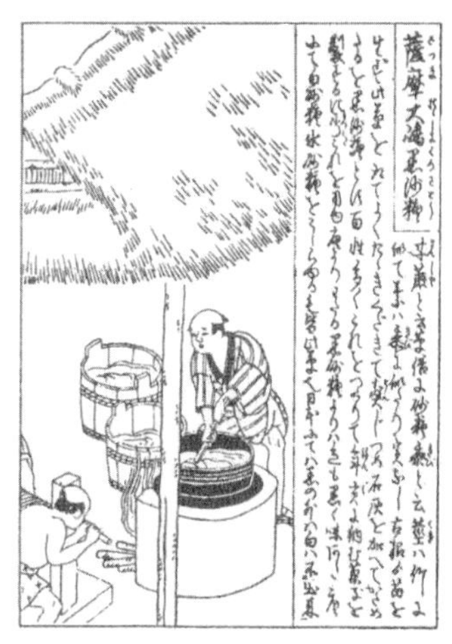

布する熱帯植物であるが，なかにはアンデスなどの標高4000メートル以上の高冷地に生育するものや，熱帯降雨林の樹木に着生するものなどもある。産地，種類により生態も変われば形態も千差万別で，植物の環境変異のよい見本となっている。多くは乾燥に耐えるため葉をなくし，水分の蒸散を防ぎ，茎は多肉質となって保水の役目を果たす。とげは外敵から身を守ると考えられている。花はふつう花弁とがくの区別がしにくく，雄しべは多数，雌しべは１本で子房は１室である。果実は液果で汁が多く，多数の種子ができる。日本へは寛永年間にオランダ船が長崎にもってきたのが初めとされ，以来民衆の愛玩(あいがん)植物となり，特に明治30年代，大正の初め，昭和初期に大流行をした。現在でも日本園芸界の大きな部門の一つで，その収集と品種改良，栽培技術は世界に有名である。

サフラン

右ページ上
サラシナショウマ

【サボンソウ】

シャボンソウとも。欧州，西アジア原産のナデシコ科の宿根草。茎の基部は地をはい，上部は直立し，無柄で披針形の葉を対生。５～６月，集散花序をつけ，淡紅～白色で径約３センチの５弁花を開く。茎や葉から出る泡(あわ)汁は石鹸の代用に，干した根は薬用にされる。含有成分はサポニン，サポナリンである。

【サラシナショウマ】

日本全土の山中の草地にはえるキンポウゲ科の多年草。葉は大型で２～３回３出複葉。夏～秋，枝先に長さ20～30センチの花穂を出

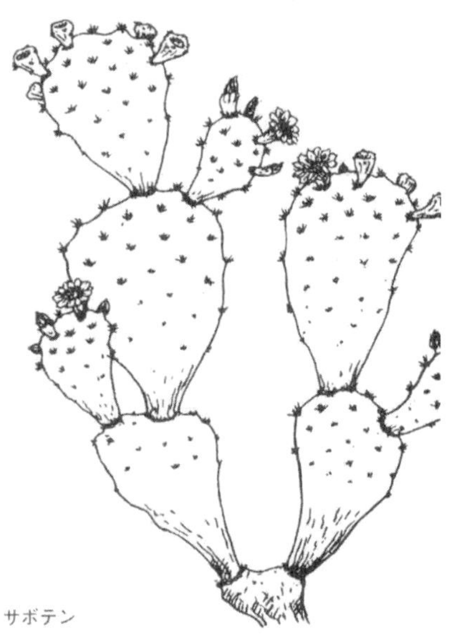

サボテン

し，柄の長さ５～10ミリの白い小花を密につけ，多数の白い雄しべが目だつ。後，小柄のある２～７個の果実を結ぶ。近縁のイヌショウマは花に柄がなく，果実は１～２個，小柄がない。オオバショウマは後者に似ているが，小葉の先がとがる。

【サラセニア】

ヘイシソウ(瓶子草)とも。北米東部原産の食虫植物。サラセニア科の一属で８種あり，雑種も多い。無茎の多年草で，放射状に出した根出葉は筒状になり，先端の一部がふた状に広がる。筒の内面には逆毛があり，虫が落ち込むと出られず，底にたまった酵素を含む液で消化吸収される。花は花茎の先に下向きに１個つく。灌水(かんすい)を十分にして露地で栽培する。

サボンソウ

サラセニアの一種
シラフウツボグサ

【サルトリイバラ】

日本全土，東アジアの山野に多い，とげのあるサルトリイバラ科の半つる性植物。葉は広楕円形で，3～5脈があり，基部に1対の巻きひげがある。春，葉腋から花柄を出し，黄緑色の小花を多数，散状につける。雌雄異株。果実は丸く，赤く熟す。葉は餅(もち)を包むのに用い，根茎は薬用とする。

【サルビア】

シソ科の一属で，一般には薬用にするセージ，または観賞用に栽培される数種をさす。最も普通に花壇植にされているスプレンデンス(和名ヒゴロモソウ)は原産地のブラジルでは低木状多年草だが，日本では春まきの一年草として扱われている。高さ50～80センチで，鋸歯(きょし)のある卵形の葉を対生。夏～秋，茎頂に長い穂状に花をつける。がくとともに朱紅色をした花冠は先が唇(しん)形になった筒状。矮(わい)性～高性種のほか，花色も紫・桃・白色の品種がある。パテンスは青色の花が咲くメキシコ原産の多年草で，冬は温室内で保護する。ホルミナムは南欧原産の一年草で，花は紫色。

【サワギキョウ】

日本全土，東アジアの日当りのよい山野の湿地にはえるキキョウ科の多年草。茎は枝分れせず直立し，高さ60～100センチ，披針形で細鋸歯(きょし)がある柄のない葉を互生する。8～9月，茎の上部に紫色の花を総状につける。花冠は唇形で深く5裂し，上唇は2裂，下唇は3裂する。

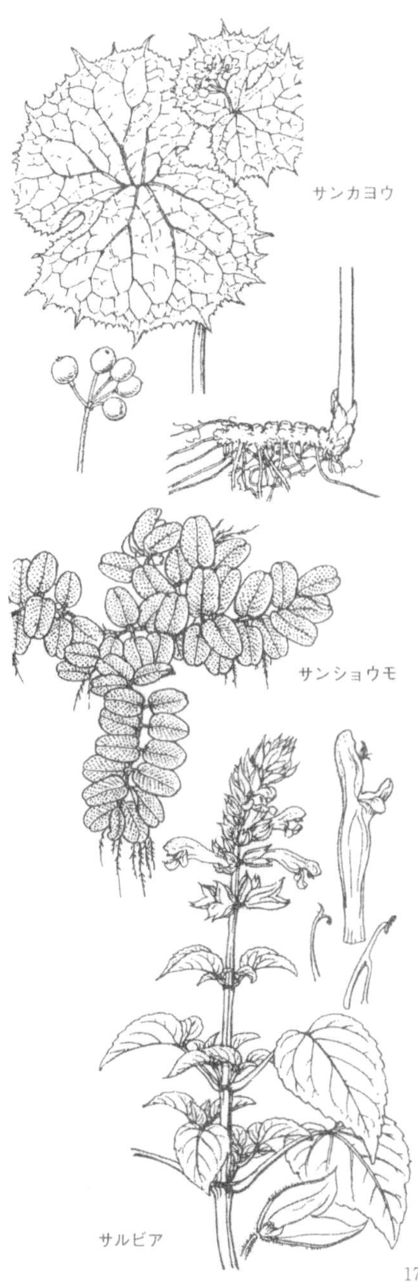

【サンカヨウ】

本州中部～北海道の深山の林中にはえるメギ科の多年草。全草に少し軟毛があり，茎はやや太く，高さ30～60センチ，上半に幅15～30センチの大型の2枚の葉をつける。夏，茎頂に径約2センチの白い6弁花を数個，散状に開き，後に球形で暗青色の果実をつける。

【サンショウモ】

ムカデモとも。本州中南部～九州に広く分布するサンショウモ科の一年生のシダ。池，沼などの水面に浮かぶ水草で，ときには水面いっぱいに広がる。サンショウの葉のように楕円形の葉が対生し，水中に根がたれる。この根は葉の変形したもので，大小の球形の胞子嚢果をつける。

【サンセベリア】

アフリカ，アジアに産するキジカクシ科の多年草で，50種以上を含む一属である。根茎から束生する葉は繊維質でかたい。観葉植物として鉢植にされる。ニロチカ(和名チトセラン)は俗に〈虎の尾〉と呼ばれ，80センチほどになる剣状の葉に不規則な濃淡の横斑がある。この葉に黄色い縁をつけたようなのがローレンチ(和名フクリンチトセラン)で，その他，葉が円筒状をなすものや，長さが著しくつまって楕円状卵形をなす葉が重なり合ってつくもの(ハーニー)などもある。いずれも高温を好み乾燥には強いが，低温多湿に弱い。株分け，葉ざしでふやす。

シ

【ジイソブ】

ツルニンジンとも。日本全土，東アジアの林内などにはえるキキョウ科の多年生つる植物。根茎は肥大し，茎は長さ2メートルに達し，切ると白汁が出る。葉は短枝の先に4枚つき，薄くて毛がない。8～10月，側枝の先に短い花柄を出し広鐘形の花をつける。花冠は長さ3センチ内外，浅く5裂し，緑白色，内面には褐紫色の斑点がある。よく似たバアソブは花がやや小型で，色が濃く，葉裏には白毛が密生する。

ジイソブ

サンセベリア

バアソブ（＊ジイソブ）

【ジオウ】地黄

中国原産のゴマノハグサ科の多年草。根は淡黄色で，長く地中をはい，茎は高さ約30センチ。初夏，茎の先に数個の紅紫色の筒状花をつける。ジオウの根を乾燥したもので，漢方では補血・強壮・止血剤とする。なお近縁のシロヤジオウ，ハナジオウは薬用とはしない。

【シオガマギク】

日本全土の山地の草原にはえ，アジア北東部にも分布するハマウツボ科の多年草。茎は高さ30～60センチ。葉は互生し，披針形で長さ４～９センチ，縁には鋸歯(きょし)がある。８～10月，茎の上部に淡紅色の花を開く。花冠は唇形(しんけい)で長さ約２センチ，上唇の先は短いくちばし状にとがる。近縁のエゾシオガマは本州中部～北海道の亜高山帯の草地にはえる。花冠は淡黄色で，上唇の先は長いくちばし状になり，下唇は広卵形で下に曲がる。本州中部～北海道の高山帯にはえるヨツバシオガマは高さ20～60センチ，葉が４枚輪生し，花は紅紫色。上唇の先はとがったくちばし状で内側に曲がる。タカネシオガマとミヤマシオガマも同じ分布をする高山植物で，ともに高さ15センチ以下，葉は４枚輪生し，紅紫色の花は上唇がくちばし状にならない。後者には２回羽状に裂ける根出葉がある点で前者と区別される。

タカネシオガマ

エゾシオガマ

ヨツバシオガマ

シオデ

【シオデ】

日本全土の山中の林内などにはえるサルトリイバラ科の多年生つる植物。茎はよくのびて分枝する。葉は卵形でやや厚く光沢があって，長さ5～15センチ。短い葉柄の基部には1対の巻きひげがつく。雌雄異株。7～8月，葉腋から散形花序を出し，小さな6弁の黄緑色花を多数つける。雄花には長い6本の雄しべがある。若芽は食用とする。近縁のタチシオデは初め直立し，高さ1～2メートル，後，ややつる性となる。葉は長楕円形で，下面は粉白を帯び，花は5～6月に咲く。雌雄異株。雄しべは短い。ともに全体がサルトリイバラに似ているが，草本で，茎にとげがなく，果実が黒熟する点などで区別。

【シオン】紫苑

キク科の多年草。中国，九州の山の湿地に自生し，朝鮮，中国東北部，モンゴルが分布の中心。約2メートルの高さになり，根葉は大型楕円形で，上部ほど葉は小さい。8～10月，小枝の先に多数の頭花を開く。舌状花は淡紫色，筒状花は黄色。庭園，花壇に植えられ，切花にもされる。株分けでふやす。

【ジギタリス】

欧州原産のオオバコ科の多年草。高さ1～1.5メートル。5～6月，茎頂に花穂を出し，鐘状で紅紫色の花をつける。葉を乾燥したものをジギタリス葉といい，利尿・強心剤とする。秋，床播(とこまき)し，翌春，畑に定植，5月ごろから翌々年開花期まで葉を収穫する。観賞用にも栽培される。

【シクラメン】

カガリビバナとも。地中海東部沿岸地方原産のサクラソウ科の多年草。扁球形の球根から群生する葉は柄が長くハート形で，表面には銀灰色の斑紋があり裏面は紫色。冬～春，次々に花柄をのばして咲き続ける花の花筒部は下向きだが，5裂した花冠の裂片は上にそり返る。鉢植草花として普通にみられるのは園芸的な改良品種で，代表的な巨大輪のパーシカム咲，花弁の縁が縮れているパピリオ咲，花弁の縁に細かい切れ込みのあるロココ咲があり，花色も白，緋紅(ひこう)，鮭(さけ)肉色等で，八重咲もある。栽培は9月に種子をまき温室内で育て，次第に小～大鉢に植え替えると翌年末には花をつける。

シクラメン

シシウド

ジギタリス

シコタンソウ

【シコタンソウ】

ユキノシタ科の多年草。本州，北海道の高山の岩場にはえ，アジア北東部にも分布する。葉は密生し，披針形で先はとがり，縁には硬いとげがある。夏，高さ3～10センチの花茎を出し，数個の花をつける。5枚の花弁は披針形，黄白色で，先端近くに紅色の点，下部に黄色の点がある。色丹(しこたん)島で発見されたのでこの名がある。

【シシウド】

本州～九州の山地の湿った所にはえるセリ科の多年草。高さ2メートル内外になり，茎は中空で太い。葉は大きく，3回羽状複葉，葉柄の基部はふくれた鞘(さや)となり，茎を抱く。秋，枝先に大きな複散形花序をつけ，多数の白色の小花を開く。果実は紫色で扁平。根は薬用となる。

【ジシバリ】

キク科の多年草，オオジシバリとイワニガナをいう。前者は日本全土，東アジアの暖～温帯の山野，路傍にはえる。茎は長く地上をはい，葉は倒披針形で，ときに下部が羽状に切れ込む。4～6月，高さ20センチ内外の花茎を出し，2～3個の頭花をつける。頭花は舌状花からなり，黄色で径約3センチ。イワニガナは前者より全体にやや小型で，日当りのよい山野の裸地にはえる。葉は卵形で長い柄があり，葉身はやや薄い。オオジシバリもイワニガナも，ちぎると白汁を出す。

オオジシバリ

【シソ】紫蘇

中国，ヒマラヤ原産のシソ科の一年草。日本では古くから栽培された。全体に芳香があり，高さ1メートル内外，葉は卵形で鋸歯(きょし)があり幅6～10センチ。夏～秋，淡紫色の小さな唇形(しんけい)花を穂状につけ，果実は筒形のがくの底に熟す。葉，花穂，果実は食用となり，梅干や，刺身のつまなどにされる。葉が紫色で縮れたチリメンジソ，葉が緑のアオジソなど栽培品種も多く，またエゴマとは同種異変種で容易に交雑する。

イワニガナ(＊ジシバリ)

シチトウイ

歯朶(しだ)の丸

シソ

【シダ】羊歯

シダ植物の略。種子植物などと同格の植物界の大部門の一つ。系統学的には裸子植物とコケ類の間に存在。約1万種がある。シダ植物はマツバラン類(マツバラン科)，ヒカゲノカズラ類(ヒカゲノカズラ科，イワヒバ科，ミズニラ科)，トクサ類(トクサ科)，シダ類(リュウビンタイ科，ゼンマイ科，ウラジロ科，ワラビ科，シノブ科，ヘゴ科，オシダ科，チャセンシダ科，ウラボシ科，サンショウ科など)の四つに大別される。これらのうち，数において大部分を占めるシダ類では，植物体は根，茎，葉の3部分からなり，茎は地中，地上をはうかまたは直立する。葉はよく発達，大きさ，形，葉脈，毛の有無などは千差万別。若芽を山菜として利用するものも多い。

【シチトウイ】

リュウキュウイとも。関東以西の暖地，東南アジアに分布し，各地で栽培されるカヤツリグサ科の多年草。茎は三角柱形で，沼中をはう地下茎から直立し高さ1.5〜1.8メートル。葉は短く披針形で，葉鞘(ようしょう)がかたく茎を包む。秋，茎頂にカヤツリグサに似た花をつける。茎は強く，乾燥して畳表(琉球表)，花むしろ，ぞうりなどとする。主産地は大分。薩南の七島，現在の吐噶喇(とから)列島から伝わったのでこの名がある。

キンバイソウ

シナノキンバイ

【シナノキンバイ】

本州中部以北の高山の草原にはえるキンポウゲ科の多年草。茎は高さ20～50センチ，掌状に深く裂ける少数の葉をつける。7～8月，茎の先に黄色で径3～4センチの花を開く。5～7枚の花弁状のものはがく片で，花弁は退化し非常に小さい。山地にはえるキンバイソウよりも葉が細かく切れ込み，退化花弁も短い。

【シネラリア】

花屋ではサイネリアとも。カナリア諸島原産のキク科の多年草。普通には一年草として夏～秋まきにして，低温室で育てる。草たけは20～30センチ。冬～春の鉢物に好適。大～小輪の系統があり，花色もビロード様のつやのある青，紫，紅，白の単色や蛇(じゃ)の目咲など，変化が多い。

【シノブ】

本州中部以南の山地の岩や樹幹などにはえるシノブ科のシダ。淡褐色の鱗片を密生した径5ミリ内外の根茎が長くはい，葉をまばらに出す。葉は厚く，光沢があり，五角状卵形で数回羽状に細かく切れ込む。茎をしんに巻きつけ〈しのぶ玉〉をつくり，軒下などにさげて観賞する。

【シバ】芝

ノシバ。ほぼ日本全土にみられるイネ科の多年草。芝生として栽培され，また日当りのよい路傍や丘陵地などにも野生する。匍匐(ほふく)枝は長い節間と三つの接近した

シネラリア

上　コウライシバ
下　シバ

シバザクラ

節の集りが交互について長くのびる。それぞれの節の集りから群がって出る葉には毛がある。5～6月，長さ10～20センチの細長い茎がのび，その頂に短い棒のような花序がつく。小穂は1花のみがつき，長さ3～5ミリ，光沢がある。近縁のコウライシバは葉が細くて柔らかく，芝生によく適しており，広く栽培される。また，海岸砂地にはえるオニシバはシバよりも大型で，長さ約7ミリの小穂をもつ。

【シバザクラ】

ハナツメクサ，モスフロックスとも。北米原産のハナシノブ科の宿根草。高さ約10センチで，基部は木化し，1センチほどの針状葉をつける。よく分枝して地面をおおい，4～5月，一面に花を開く。花色は紅，淡紅，淡青紫，白。花壇や石垣の間等に植え，栽培は容易。株分け，さし芽でふやす。

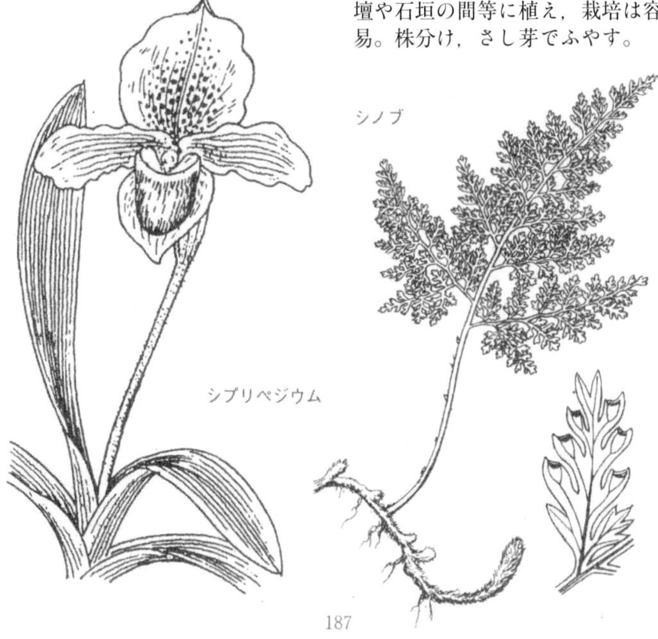
シノブ

シプリペジウム

【シプリペジウム】

アツモリソウ，クマガイソウを含むラン科の一属だが，園芸的にはこれのほかに温室栽培する次の3属のランをまとめて呼んでいる。パフィオペディルムは熱帯，亜熱帯アジア～ニューギニア原産で，約50種ある。シプと通称されるものの大部分はこれで，代表的な洋ラン。交配品種も多い。フラグモペディルムは中・南米原産で12種ある。セレニペディルムは南米原産で3種のみ。日本では栽培されていない。以上の4属に共通な特徴は，花の上部になるがく片(背がく片)が大きく，唇(しん)弁が袋形で，左右の花弁は翼のように伸び，元来2枚あるべき下方のがく片がくっついて1枚の下がく片となっていることである。

【シモツケソウ】

本州中部～九州の山地にはえるバラ科の多年草。根出葉は長い柄のある奇数羽状複葉で鋸歯(きょし)があり，頂の小葉は掌状で大型，その下に大小不同の数対の柄のない小葉をつける。夏，枝先に淡紅色で径4～5ミリの5弁花を多数開く。花柄には毛がなく，雄しべは多数で花弁より長い。近縁のオニシモツケは本州中部以北の山地にはえ，全体に大型で，花は白く，花柄には毛がある。

【シモバシラ】

本州～九州の山地にはえる日本特産のシソ科の多年草。高さ60センチ内外。葉は対生し，披針形で下面には腺点がある。秋，上部の葉腋に細長い一方に花をつける花穂

を出し，白色の唇形(しんけい)花を多数開く。冬季に，枯れた茎に氷の結晶ができるのでシモバシラ(霜柱)の名がついた。

【シャガ】

本州～九州の藪(やぶ)などに多いアヤメ科の常緑多年草。葉は深緑色，剣状で長さ30～60センチ，幅2～3センチ，横伏する根茎から2列に並んで出る。4～5月，高さ50～70センチの少し分枝する花茎上に10個内外の1日花を次々に開く。花は径5センチ内外で紫青色，外花被片は浅い細鋸歯(きょし)があり，中軸には黄色の突起がある。果実は結ばない。近縁のヒメシャガは近畿～九州の山地にはえ，全体に小さく，葉は薄く，淡緑色，花茎は15～30センチ。花は淡青色。

【ジャガイモ】

馬鈴薯(ばれいしょ)とも。アンデス温帯地方原産のナス科の多年生作物。日本へは16世紀末にジャワのジャカルタから渡来したのでジャガタライモとも呼ばれる。高さ0.5〜1メートル。地下茎の先端に肥大した芋を形成する。葉は3〜4対の小葉からなる複葉。花は白，黄，淡紫色等となるが，結実することはまれ。果実はトマトに似る。芋は多量のデンプンをたくわえ，食用となる。男爵，雲仙，農林1号，ケネベックなど品種も多い。冷涼な気候を好み，生育期間も短いので，栽培適地はひじょうに広く，また年間を通じてつくられる。主産地はロシア，ポーランド，ドイツ，米国。日本では北海道。欧米では主食とするところもあるが，日本では蒸したり煮て食用とするほか，マッシュポテト，ポテトチップなどとし，またデンプンをとる。なお食用にあたっては芽や緑色部に多いソラニンの中毒に注意。

【シャクジョウソウ】

シャクジョウバナとも。ツツジ科の多年生の腐生植物。日本全土，東アジアに分布し，林下にはえる。茎は高さ20センチ内外，直立し，肉質で淡黄褐色。葉は退化し，鱗片状となる。5〜7月，淡黄白色の花が，茎頂に数個総状に集まって下向きに咲き，果実は直立して熟する。

【シャクヤク】

中国北部，シベリア東部，朝鮮に原産するボタン科の多年草。薬用，観賞用に植栽される。根は紡錘形

錫杖
《和漢三才》から

シャクジョウソウ

シャクヤク

の多肉質で，茎は60〜90センチの高さになり，葉は２回３出複葉。５〜６月，径12センチ余りの花を２〜５個開く。園芸品種が非常に多く，中国では庭園用の花として古くからボタンとともに愛されて，宋代には３万余種があったといわれる。花型は一重咲のほかに，品種により八重咲，金蕊(きんしべ)咲，翁(おきな)咲，冠(かんむり)咲，手毬(てまり)咲，ばら咲等があり，花色にも純白〜濃紅の変化がある。中国から欧州に伝わって改良された洋種シャクヤクと呼ばれる品種群は高性で，花は大輪で花弁の多い八重咲であり，日本ではおもに切花用としてつくられている。秋に株分けでふやすが，新品種の作出には実生(みしょう)も行なう。薬用の芍薬(しゃくやく)は根を乾燥したもので，煎(せん)剤として鎮痙(ちんけい)，鎮痛に用いられる。

【シャスタデージー】

切花・花壇用として普通に栽培されるキク科の宿根草。バーバンクがフランスギクその他数種の交配によって作出したとされている。高さ40〜60センチになり，茎葉に毛がなく，寒さに強く露地で越冬する。花は径８センチ内外で舌状花は白色，花期は６〜７月。春先に株分けでふやす。

一重咲

翁咲

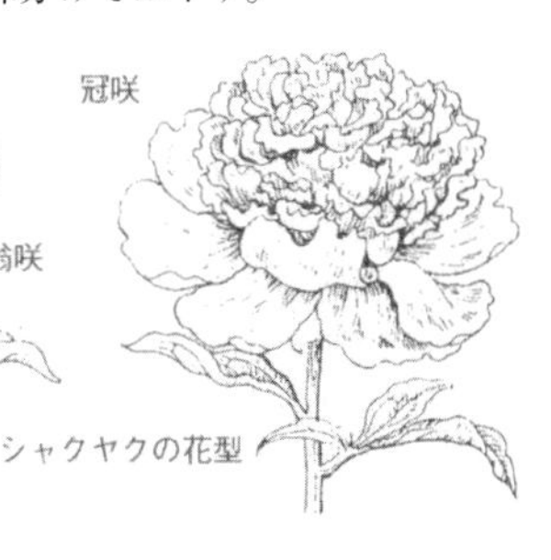

シャクヤクの花型

【ジャノヒゲ】

リュウノヒゲとも。日本全土の林内にはえ，庭の樹下などに植えられるキジカクシ科の常緑多年草。根はところどころ肥厚する。葉は深緑色，線形で幅2～3ミリ。夏，高さ10センチ内外の花茎を立て，上方に10個内外の淡紅紫色の6弁花を開く。心皮は後に脱落し青熟した球形の種子を露出する。

【ジャーマンアイリス】

ドイツアヤメとも。アヤメ科の根茎のある宿根草。切花・花壇用に栽培される。欧州原産の数種のアイリスの交配によってできたもので，品種数がすこぶる多く，花色の変化に富む。草たけは30～60センチ，5～6月に開花。内花被は立ち，たれ下がった外花被の基部にひげ状の突起がある。日当りのよいアルカリ性土壌に植え，株分けでふやす。

【シュウカイドウ】

中国原産のシュウカイドウ科の多年草。各地の庭園に栽植されるが，暖地では日陰の湿地に野生化している。茎は高さ60センチほどになり，節の部分は紅色。葉は先のとがった卵形で左右不同。9月に淡紅色の花を下垂してつける。花弁は2枚で小さく，2枚の大きいのはがく片である。雌雄同株だが雌花は少なく，3稜形の子房には上部のはり出した翼がある。花後に葉腋につく〈むかご〉は落下して新しい苗となる。

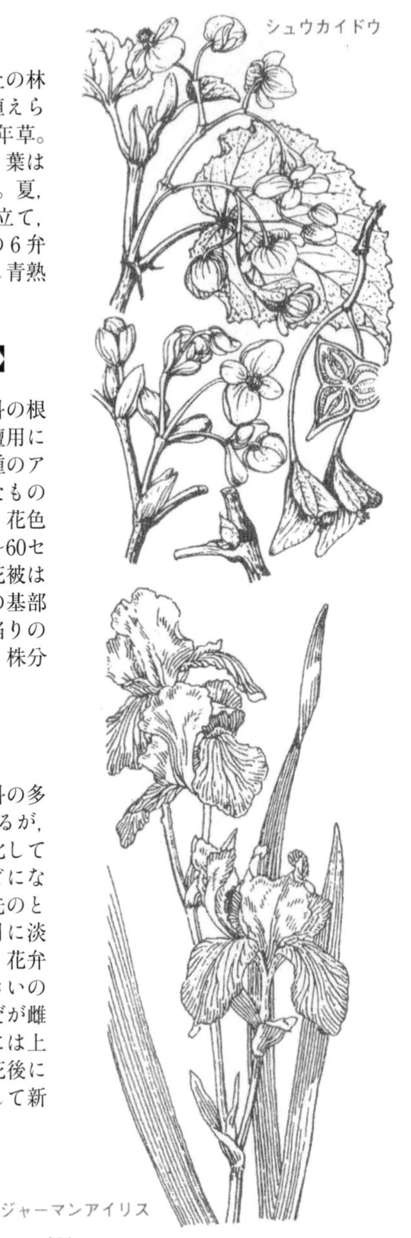
シュウカイドウ

ジャーマンアイリス

シュウメイギク

【ジュウニヒトエ】

本州，四国の特産で原野にはえるシソ科の多年草。全草に白いちぢれた毛があり，高さ15～20センチ。葉は対生し，倒披針形で縁には波状鋸歯(きょし)がある。４～５月，茎の頂に花穂をつけ，淡紫色の唇形(しんけい)花を多数密に開く。上唇は小さく，下唇は大きく３裂，中央の裂片は大きい。

【シュウメイギク】

中国から伝来したキンポウゲ科の多年草で，観賞用に栽植され，ときに野生化もする。高さ50～80センチ，３出複葉を根生および対生する。秋，茎頂に径５～７センチの紅紫色の花をつける。がく片は花弁状で花弁はない。京都の貴船山付近に野生化したのでキブネギクの名もある。

ジュウニヒトエ

【ジュズダマ】

熱帯アジア原産で，日本各地の路傍や小川のふちにはえるイネ科の大型の多年草。茎は太く柔らかく，

十二単の女房《人倫訓蒙図彙》から

シュス

高さ80～100センチになり，葉は広線形で柔らかい。花序は茎の上部の葉腋につき，小穂には雌雄の別がある。雌性小穂は堅い壺形の苞鞘(ほうしょう)の内に，雄性小穂はその苞鞘の口から突き出した柄の上につく。秋に開花。果実を数珠(じゅず)のようにつないで遊ぶ。近縁のハトムギはインドシナ原産の一年生の薬用植物で，苞鞘は堅くない。果実は薏苡仁(よくいにん)といい，利尿・鎮痛剤とし，また飯にたき込んだり，はと茶にする。

【シュスラン】

ビロードランとも。本州中部以西の山中の樹林内にはえるラン科の

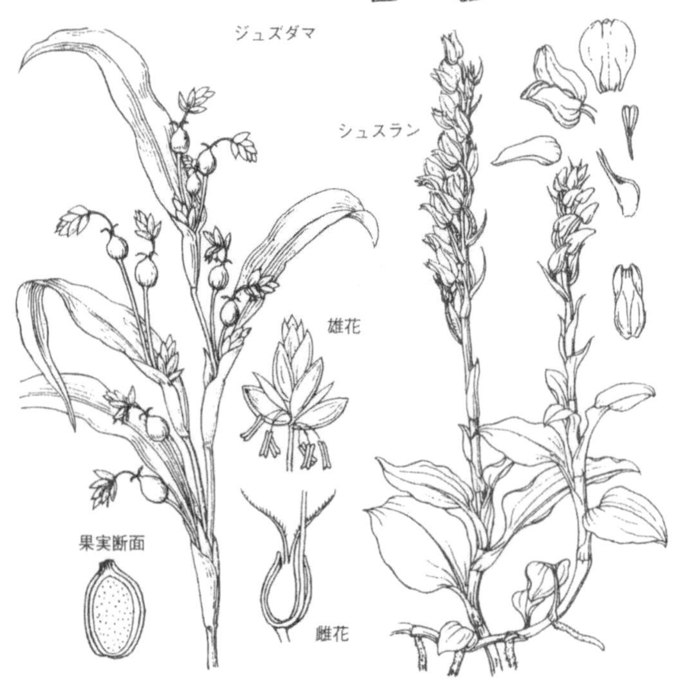

シュロソウ

多年草。高さ10～15センチ。茎は長く地表をはい，上部は立ち上がる。葉は狭卵形で長さ2～4センチ，暗紫緑色でビロード状の光沢があり，中央に1本の白線がある。夏，茎頂に花穂をつけ，長さ1センチ内外の淡褐色の花を数個つける。

【シュロソウ】

本州～北海道の山中の林内や草原などにはえるユリ科の多年草。茎は高さ50～100センチ，下半部に狭披針形で長さ20～35センチの葉を少数つける。夏～秋，茎頂に花穂を円錐状につけ，径1センチ内外で濃紫褐色の6弁花を多数開く。有毒植物。茎の基部にシュロ状の毛があるのでこの名がある。

【シュンギク】

キクナとも。地中海沿岸原産のキク科の一～二年生の野菜。日本へは中国から導入。高さ30～60センチ，葉は羽状に裂ける。頭花は径3センチ内外，淡黄色。春まき，夏まき，秋まきと年3季に栽培される。葉にはかおりがあり，ひたし物，汁の実などとする。花を観賞する品種もある。

シュンギク

【ジュンサイ】

日本全土，アジア，豪州，北米，アフリカに分布するハゴロモモ科の多年生水草。若い茎や葉は寒天のような粘質物に包まれる。楕円形の葉は楯(たて)形で水面に浮かぶ。5～7月開花。がく片，花弁ともに3枚で同じ長さ。雄しべは12～18本ある。若い茎葉を三杯酢，塩漬などとして食用とする。

【シュンラン】

ホクロとも。日本全土の山地の雑木林などにはえるラン科の常緑多年草。葉は線形で堅い。早春，膜状の鱗片のある肉質の花茎を出し，1個の花をつける。花は径3～4センチで緑をおび，唇弁(しんべん)は白く，濃紫色の斑点がある。東洋ランの一種として栽培され，多数の園芸品種がある。また，花を刺身のつまなどとする。

【ショウガ】

ジンジャーとも。インド，マレー原産のショウガ科の多年生の野菜。葉は披針形で深緑色，夏～秋，開花するが，日本ではまれにしか花が咲かない。根茎は灰色または黄色で，屈指状となる。栽培は普通春に植え付け，秋，収穫。このほか，促成栽培，軟化栽培などがある。根茎を干し，粉末にした干しショウガ，梅酢漬にした紅ショウガ，茎を5～7センチつけたままの芽ショウガなどがあり，薬味，料理の付合せなどにする。

【ショウジョウソウ】

北米，熱帯アメリカ原産のトウダイグサ科の一年草。60センチ余りの高さになり，葉は互生し，葉型にはいろいろ変化がある。夏，茎頂に集まってつく花の周辺の数枚の葉が朱赤色になる。切り口から白い乳のような液が出る。花壇・切花用に栽培される。

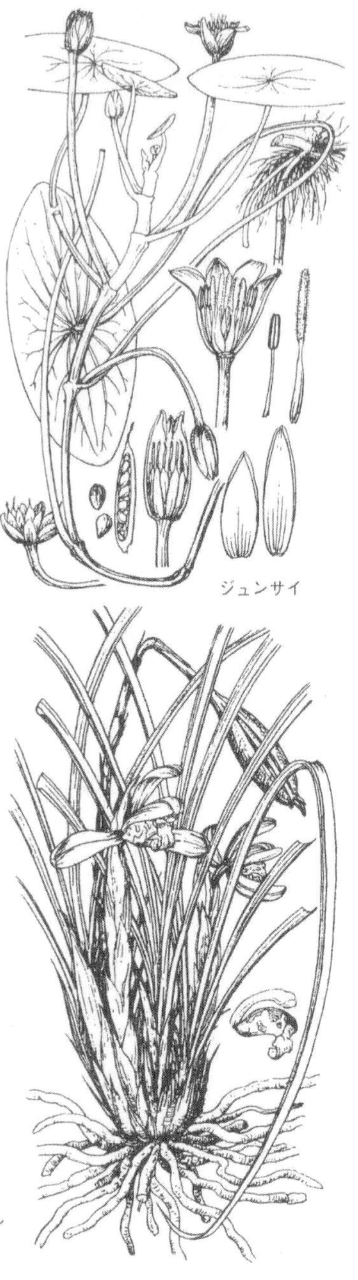

ジュンサイ

シュンラン

【ショウジョウバカマ】

日本全土の山地にはえるメランチウム科の常緑多年草。葉は倒披針形で長さ10センチ内外，根元にロゼット状に集まる。早春，葉心から10～15センチの花茎を出し，上方に半開する数個の花をつける。花被片は6枚，紅紫色で，果実時には緑褐色に変わる。白花のものをシロバナショウジョウバカマという。

【ショウブ】

ショウブ科の多年草。日本全土，東アジア，インドの小川や池などの水辺にはえる。太い根茎があり，葉は長さ50～90センチ。5～7月，花茎を出し，長さ4～8センチ，黄緑色の肉穂花序をつける。花は両性。根茎には芳香があり薬用とされ，また，茎葉は菖蒲(しょうぶ)湯に使われる。なお，菖蒲と書けばセキショウのことで，ショウブは正しくは白菖である。

ショウガ

ショウジョウソウ

ショウジョウバカマ

【ジョチュウギク】除虫菊

シロバナムシヨケギクとも。西アジア～南欧原産のキク科の多年草で，日本には明治初年に渡来した。高さ30～60センチ。初夏，茎頂に頭花をつける。舌状花は白色，中央の筒状花は黄色で，径3センチ内外。花を乾燥したものを除虫菊花といい殺虫成分ピレトリンを含むので蚊取線香や農薬の原料とする。9月下旬に床播(とこまき)し，翌春定植，翌々年収花する。アカバナムシヨケギクはペルシア原産で観賞用とする。舌状花は紅色。

【シラネアオイ】

本州中部以北の深山の林内にはえるキンポウゲ科の多年草。花茎は高さ15～50センチあって，やや太く，上方に2個の葉がつく。葉は掌状に中裂し，幅10～20センチ。

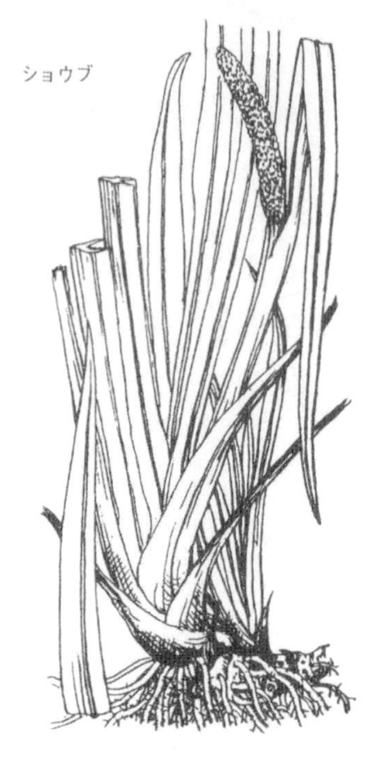
ショウブ

蚊遣《和漢三才》から

ジョチュウギク

花は初夏，1個つき，淡青紫色の大型のがく片が4枚あって美しい。花弁はない。和名は花がタチアオイに似て，日光白根山に多く産することに由来する。

【シラヤマギク】

日本全土，東アジアの温～暖帯に分布し，山野にはえるキク科の多年草。茎は高さ1～1.5メートル。根出葉はハート形で，花時には枯れ，葉は洋紙質で両面に細毛があり，ざらつく。夏～秋，茎の上部に多数の頭花を散房状につける。舌状花は白く，筒状花は黄色。時に葉に無性芽をつける。

シラヤマギク

シラネアオイ

アカバナムシヨケギク
（*ジョチュウギク）

【シラン】

本州中部以西の山中に自生し，また庭園にも植えられるラン科の多年草。基部には卵球形の仮茎がある。葉は楕円形で長さ20～40センチ。5～6月，高さ30～70センチの花茎上に，径約3センチの紅紫色の花を数個まばらにつける。唇弁(しんべん)は少し内に巻く。仮茎を白及根といい薬用とし，また糊(のり)とする。紫蘭の名は花色に基づく。

【シロウリ】

ウリ科の一年生の野菜。マクワウリの一変種で，全体によく似ているが，果実は大きく，長さ20～30センチ，芳香や甘味がない。普通栽培のほか早熟・抑制・促成栽培がある。いずれの場合も孫づるの第1，2節に着果させるようにつるのしんをつむことが重要。浅漬，奈良漬とする。

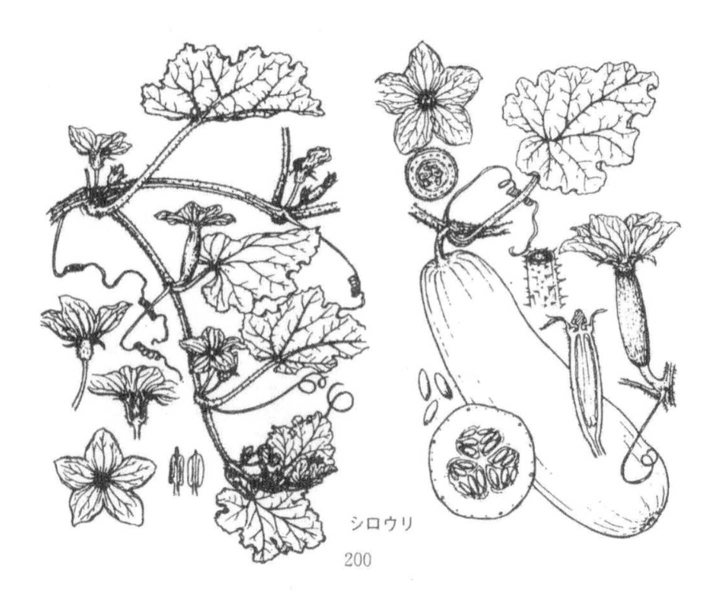

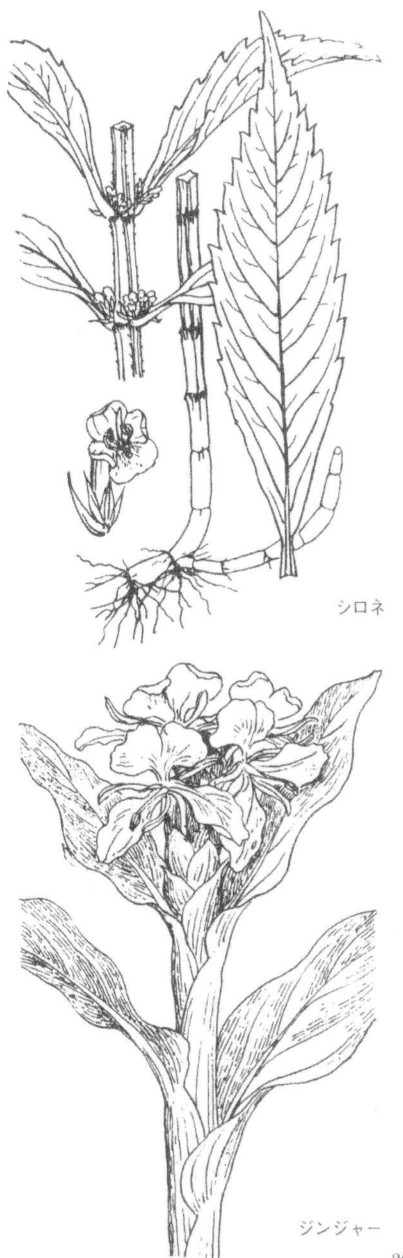

【シロネ】

北海道〜九州の湿地にはえるシソ科の多年草。地下に白い根茎があるのでこの名がある。高さ60〜100センチ，節が黒い。葉は対生し，披針形で長さ6〜12センチ，縁にはあらい鋸歯(きょし)がある。夏〜秋，葉腋に白色の小唇(しん)形花を数個つける。花に2形があり，株により，花柱が長く雄しべの短いものと花柱が短く雄しべの長いものがある。

【ジンジャー】

ハナシュクシャとも。インド原産のショウガ科の宿根草で，花壇・切花用に栽植される。高さ1〜2メートルの茎にカンナに似た披針形の葉を2列に互生し，夏〜秋，茎頂に花穂をつけ，芳香の高い白色の花が多数咲く。東京以北では掘り上げて越冬させ，株分けでふやす。類品に花色の異なるキバナシュクシャ，ニクイロシュクシャなどがある。

【シンビジウム】

日本，中国，東南アジア，豪州に分布するラン科の一属。約60種あり，園芸的には日本・中国産の東洋ランと洋ランに分けられるが，普通シンビと略称するのは後者で，熱帯産の原種とその交配種をさす。着生ランが多く，線状の葉を出す仮球茎の基部から長い花柄をのばし，5〜20個の大輪花を総状につける。がくと花弁はほぼ同形同色で，白・黄・緑・桃・褐色等がある。鉢物，切花向き。越冬温度は10℃前後。

ス

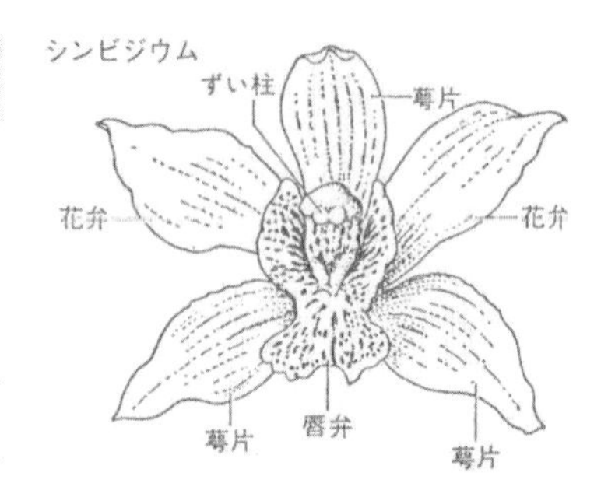

【スイカ】西瓜

熱帯アフリカ原産のウリ科のつる性一年草。古代エジプト時代から種子を食用とするために栽培され，日本へは16～17世紀に中国経由で渡来した。現在の果肉用のものは明治初年に米国から移入。全体に白毛があり，つるは長さ５～６メートル，羽状に裂けた葉をつける。夏，葉腋に黄色の単性花を開く。果実は球～楕円形で大きく，皮の模様や色はさまざま。小型で果肉の黄色いアイスボックス，果皮も果肉もともに黄色い金鈴，大型で果皮は濃緑で果肉が鮮紅色の緑富研(みどりふけん)などから，現在までに，天竜２号，縞王マックス，日章レッドなど品種は150以上。果実を生食するほか，果汁をジュース，薬用とし，種子を中国料理の前菜とする。

スイカ

茶屋で売られる西瓜　《江戸名所図会》から

【スイセン】水仙

ヒガンバナ科の多年草。原種は約30種ありおもに地中海沿岸～中欧に，１種はアジアの中～東部に分布。黒い外皮に包まれた鱗茎から３～５枚の扁平な針形，披針形の葉を根生し，その中心から花茎をのばす。日本の暖地に野生化もしているニホンスイセンなどの房咲系の種類は秋に発芽し秋～冬に開花するが，その他は冬～春に芽を出して２～４月に開花する。花は花茎の先に単生または数花が散状につく。花被は６裂し，中央にラッパ状あるいは杯状の副冠がある。園芸品種は豊富で，多くの原種から交配改良されたものであり，ラッパ・大杯・小杯・八重咲・ジョンキル・房咲・口紅等11の系統に大別されるが，品種によって花被，副冠の形や色が異なる。普通の栽培では早咲種は９月上旬，晩咲(おそざき)種は下旬に定植。正月の切花用種では夏球根を10℃に冷蔵したのち植え付けて年末に開花させる促成栽培が行なわれている。球根は葉が黄変するころ掘り上げ，秋まで乾燥貯蔵する。

【スイゼンジナ】

熱帯地方原産のキク科の野菜。暖地ではときに自生。高さ60センチ内外，多く分枝し，茎の下部はやや木化する。葉は長楕円形で厚く裏面は紫色となる。夏，枝先に黄色の頭花を開く。葉はゆでると柔らかく粘りがあり，浸し物，汁の実などとする。

【スイートピー】

ジャコウレンリソウとも。シチリア原産のマメ科の一年生つる草。茎は1～2メートルの高さになり，葉は羽状複葉だが，小葉は最下部の1対を残して他は巻きひげとなる。葉腋から出る長い花柄の先に2～5輪，改良種では十数輪の芳香のある大きな蝶(ちょう)形花がつく。多くの園芸品種があり，花色は紅，ピンク，白，だいだい，青，紫等。冬咲種と夏咲種に分けられ，温室用切花栽培には前者を9月にまき，露地用には後者を10月にまく。

【スイバ】

スカンポとも。北半球の温帯に広く分布するタデ科の多年草。茎は直立し，高さ70センチ内外。葉は長楕円形で先がとがり，上部のものは茎を抱き，根出葉は柄が長い。5～6月に淡緑～緑紫色の花が円錐形に集まって咲く。雌雄異株。雄花には雄しべ6本。果実には丸い3枚の翼があって，こぶがない。シュウ酸を含んですっぱいが，若芽は食べられる。近縁のヒメスイバは欧州原産の帰化植物で，高さ30センチ内外，葉は矛(ほこ)形で，果実には翼がない。

ヨーロッパシロスイレン

ヒメスイレン

ヒツジグサ（＊スイレン）

【スイレン】睡蓮

温～熱帯に広く分布するスイレン科の多年生水草。普通にみられる園芸品はいろいろの原種を交配，改良したもの。耐寒性と熱帯性（熱帯スイレン）に大別。前者は根茎，後者は球茎が泥中にあり，長い葉柄の先についた切れ込みのある丸い葉を水面に浮かべる。花柄の先に1花をつけるが，耐寒性のものは水面に浮かべ，熱帯スイレンは水面から30～40センチも花柄を出して咲く。朝開き午後閉じる性質があり，夜咲きのものもある。花色は白・黄・紫・青・赤・桃色等。日本各地に自生するヒツジグサは耐寒性の原種の一つで，7～10月，径3～5センチの白い花を開き，葉には褐色の斑がある。それとメキシコ産の原種との交配品に淡黄色の小さな花のヒメスイレンがあり，観賞用に水盤に栽培される。

【スカシユリ】

花壇・鉢植・切花用に栽培されるユリ科の多年草。本州の海岸地帯に自生するイワトユリを主にして，江戸時代以来改良されてきた一群の園芸品種である。比較的たけが低く，上向きに花が咲き，花被片の基部が細まり間が透けて見える。花期5～6月。黄透（きすかし），千草，重代（じゅうだい），満月等の在来種のほか，欧米の改良品種や両者の交配品も多い。なお植物学上のスカシユリは母種のイワトユリをさし，これは茎や葉はともに短く，2～3個の黄赤色の花をつける。

【スギナ】

トクサ科のシダ。北半球の暖～寒帯に分布し，河原，荒地，畑などにはえる。長い地下茎からまばらに高さ20～40センチの茎が出る。茎は細い緑色の針金状で節から小枝が輪生し，小枝からさらに細枝が輪生して茂る。3～4月，新しい茎が出る前に，枝のない褐色の胞子茎(ツクシ)が出，頭部からたくさんの胞子を出す。ツクシは浸し物などにして食べる。

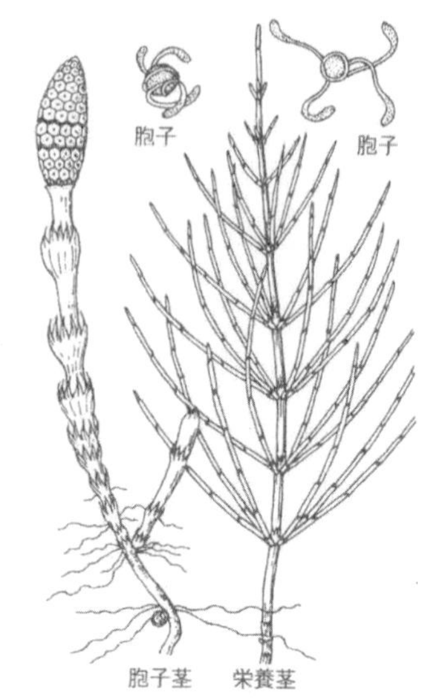

スギナ

【スグキナ】

京都上賀茂地方原産のアブラナ科の野菜で，カブの一種。根は紡錘形で，葉は大きい。発生当時の原種は絶滅し，現在のスグキナは，カブ(聖護院)やナタネと原種が交雑し，固定したものといわれている。茎，葉を酢茎とする。

スカシユリ　スグキナ

簑(みの)笠を着けた農民
《北越雪譜》から

【スゲ】

カヤツリグサ科スゲ属の総称であるが，古くはこれに似た，葉の長い植物もスゲといった。一般に細長い葉を根生。花は雌雄の別があって，花被はない。雌花は葉の変成した果胞(果嚢)と呼ぶ袋に包まれ，中にはただ1個の子房があり瘦果(そうか)を結び，花柱は果胞の先端の穴から突出する。海岸から高山までいたるところに生育するが，特に湿地に多い。全世界に分布し，約2000種。日本には200種弱が知られる。葉を蓑(みの)，菅笠(すげがさ)などとするほか，観賞用にもする。

【ススキ】芒，薄

カヤ(茅)とも。イネ科の多年草。日本全土の山野にはえる。高さ1～2メートルになり，茎は束生する。葉の縁には細かくかたい鋸歯(きょし)がある。夏～秋に白色で，長さ20～30センチの花穂を出す。小穂の基部には白い毛があり，小

加賀笠《日本山海名物図会》から

穂とほぼ同長。秋の七草の一つでオバナともいう。屋根ふき材料とし，また園芸品種もあり，観賞用とする。

【スズムシソウ】

日本全土の山中の林内にはえるラン科の多年草。地表に卵円形の仮球がある。葉は２枚対生して根生し，楕円形。夏，葉間から高さ20〜30センチの花茎を出し，上半に紫色で長さ約１センチの花を10個内外つける。唇弁(しんべん)は幅が広く，径1.5センチに達する。スズムシが翅(はね)を広げたように見えるので，この名がある。

【スズメノカタビラ】

イネ科の一〜二年草。全世界に分布，南極大陸にも帰化しており，路傍など至るところにはえる。おもに春に開花する。高さ５〜25センチになり,茎や葉はやわらかい。花穂は円錐形で小穂は３〜６個の小花からなる。

ススキ

スズメノカタビラ

薄(すすき)の丸

スズムシソウ

【スズメノチャヒキ】

イネ科の一年草。本州～九州，ユーラシア大陸の温帯に広く分布し，路傍や川原の日当りのよいところにはえる。5～7月に開花，高さ30～80センチになる。葉に軟毛があり，大型の円錐花序は先がたれ下がる。小穂は楕円形で，小花は10個内外，子房の頂には毛がある。

【スズメノテッポウ】

イネ科の一～二年草。日本全土，東アジアにみられ，畑地にはえる型と，田にはえる型の2型がある。高さ20～40センチ，葉は線形で，基部は茎を抱く。花穂は円柱状で直立し4～6月に開花。小穂は広

スズメノチャヒキ

十五夜(旧暦8月15日)にススキと団子を飾る

卵形で，同じ長さの2枚の包穎(ほうえい)がある。雄しべは黄だいだい色。近縁のセトガヤは高さ25～60センチ，小穂は大きく，雄しべは白い。関東以西の田や湿った野原にはえる。

【スズメノヒエ】

イネ科の多年草。本州，九州の路傍や野原に普通にはえる。高さ40～90センチ，葉は線形で多く根生する。8～10月に開花。花穂は中軸に互生した3～5本の枝穂からなる。小穂は卵円形で，凸レンズ状に片面がふくらむ。暖地の牧草ダリアグラス(シマスズメノヒエ)は本種に近縁。

【スズメノヤリ】

イグサ科の多年草。日本全土，東アジアの平地や山麓などに普通にはえる。根出葉は線形で縁に長い白毛がある。花茎は高さ10～20セ

スズメノテッポウ

スズメノヒエ

細く小さい小穂を着けた花穂をもつ植物に〈スズメ〉を冠している
下は雀《和漢三才図会》から

ンチ。4～5月，頂に1～3個の頭花をつける。花被片は6個で，赤褐色。雄しべ6本。果実に3個の種子ができる。スズメノヒエともいう。

【スズラン】

北海道，本州，九州の高原の草原にはえるキジカクシ科の多年草。キミカゲソウ(君影草)とも。葉は2枚，相接して細長い根茎につき，長楕円形で長さ15センチ内外となり，粉緑色をおびる。春，長さ20～35センチの花茎を出し上半に穂状に十数個の花をつける。花は壺形でかおりが高く，白色で長さ6～8ミリ，下垂して咲く。雄しべは6本，黄色の葯(やく)がある。赤い果実を結ぶ。なお，近縁の欧州産のドイツスズランは栽培しやすく，切花，鉢植にする。

【スターチス】

世界の海浜，砂漠，高山等に約120種あるイソマツ科の一属で，その中の十数種が園芸的に取り上げられている。シヌアタ種(ハナハマサジ)は地中海原産で，切花用として最も普通で，秋まき一年草として栽培される。ダイコンに似た葉を根生し，5～6月，3～5の翼のある花茎に穂状花序をつけ，その片側に3～4花重なった小穂が並ぶ。花は黄・白・紫・紅で，芳香がある。ドライフラワーにもする。これと似たボンデュエ

リ種は全体がきゃしゃで，小穂には1～2花，花は黄色。インカナ種は白っぽいふじ色の細かい花を花束状につける。花柄だけを切り取って切花とする。4～5月に直まきし，翌夏開花。

スターチス

【ストケシア】

ルリギクとも。北米南東部原産のキク科の宿根草。高さ30～60センチになり，7～10月，径10センチほどの頭状花を開く。縁辺の舌状花は中心部のものよりも大きく，深く5裂。花色は原種では青紫色だが，白・淡紅・淡黄色の改良種もある。耐寒性強く，秋まきすると翌夏以後花が見られる。切花，花壇用に栽培。

【ストック】

アラセイトウとも。地中海沿岸原産のアブラナ科の宿根草だが，栽培上は一～二年草として扱われている。茎葉は灰白色を帯び，高さ30～75センチになり，総状花序をつける。本来は十字花だが，重弁花の品種が多く，芳香あり，花色は赤紫・淡紅・白・淡黄等。冬の切花用に暖地や温室で夏種子をまくが，春咲は秋まきとする。

ストケシア

【ストレリチア】

ゴクラクチョウバナとも。喜望峰原産のゴクラクチョウ科の宿根植物。革質の長楕円形で柄の長い葉を根生。50センチほどの高さにのびた花柄上に，冬季開花する。長さ約15センチの緑色で縁が赤く基部が紫色をした船形の包の中から6～8花が順次に咲く。花は黄だいだい色で舌状花は青紫色。温室内で栽培。

ストック

【スナビキソウ】

日本全土の海岸の砂地にはえるムラサキ科の多年草。全体に灰色の軟毛がある。茎は高さ30～50センチ，地下の根茎から直立し，長さ5～10センチのやや多肉の葉をつける。花穂は茎頂付近について分枝し，白色で，短い柄がある花を密につける。砂中に長い根茎を引くためこの名がある。

【スノードロップ】

南欧，カフカス原産のヒガンバナ科の一属で，鉢植，ロックガーデンに向く秋植え球根植物。ニバリスはユキノハナ，マツユキソウともいい，10～15センチの線形の葉を2～3枚根生，2～3月に10セ

スナビキソウ

ストレリチア

ンチ内外の花茎の先に半開の花を下向きに1花つける。外花被片3枚は大きく白色で，内花被片3枚は小さく上端が緑色で浅く2裂。エルウェシーは早咲で高さ約20センチ，花も葉も大きい。

スミレ

【スノーフレーク】

スズランズイセン，オオマツユキソウ，ナツユキノハナともいう。中・南欧原産のヒガンバナ科の耐寒性秋植え球根植物。長さ30センチほどの平たい線状葉を根生，4～5月約40センチの花茎を数本出し，その先に4～8個の白花を鐘状に下向きにつける。花被の先端に緑色の斑点がある。花壇，鉢植に向く。

抱き菫(すみれ)

スノードロップ

スノーフレーク

スベリヒユ

【スベリヒユ】

スベリヒユ科の一年草。ほとんど全世界の温〜熱帯に分布し，平地にはえる。全草肉質で紫赤色を帯び，茎は長さ20センチ内外，枝分れして地面をはい，くさび形の葉をつける。7〜8月枝先に黄色の5弁花をつける。花は日光が当たると開く。果実は熟すと上半分が帽子状に離れ，種子を散らす。茎や葉は食べられる。

【スミレ】

スミレ科の多年草。日本全土，東アジアの山野にはえる。葉は三角状披針形で長さ4〜8センチ，柄は長く，上方には翼があり，夏に出る葉は花時よりも大きい。4〜5月に濃紫色の花を開く。スミレ属は世界の温帯地方に約400種，日本には約50種が自生し，原野，山地，海岸，高山などにはえる。茎の立たない無茎種と立つ有茎種，葉が単葉のものと複葉のもの，花色が黄色のものと白〜紫紅色のものなどいろいろある。分類上は雌しべの花柱と柱頭の形態が基準となる。多くの種類は春，普通の花が終わった後，閉鎖花という開花しない花が出て地下にもぐり，結果する。

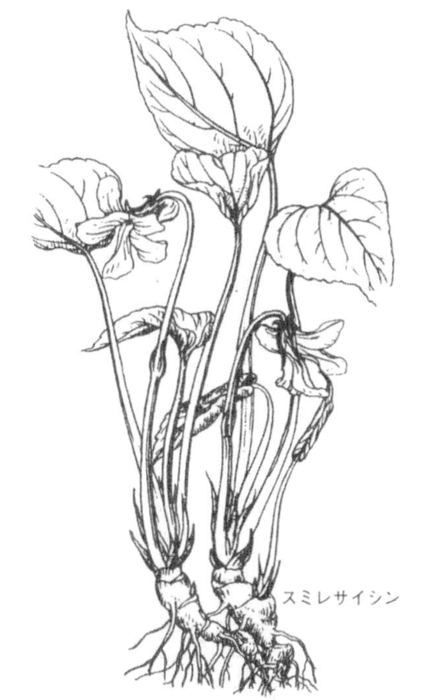
スミレサイシン

【スミレサイシン】

スミレ科の多年草。近畿以北の山地の樹下にはえる。根茎は太くて節が多く，根出葉は円心形で長さ5〜10センチ，やや厚く毛はない。4〜6月，高さ10〜15センチの花柄を出し，大型で淡紫色の花を開く。根茎に粘質物があり，とろろのようにして食べる。

セ

【セイタカアワダチソウ】

キク科の多年草。別名セイタカアキノキリンソウ。北米原産の帰化植物で，土手や荒地に群落を作る。茎は分枝せず，高さ１～２メートルになる。全体に単毛があってざらつく。頭花は舌状花と筒状花からなり，10～11月に茎頂に多くの小枝を分かち，黄色の円錐花序を作る。かつて花粉症の原因とされたが現在は否定されている。

【セキショウ】石菖

ショウブ科の多年草。本州～九州，中国，ヒマラヤに分布し，小川などの縁にはえる。葉は２列に互生し剣状で長さ20～50センチ。３～５月，花茎を出し，長さ８～10センチ，淡黄色の肉穂花序をつける。花は両性。花穂の基部に長さ７～15センチの苞葉を１枚つける。根茎は石菖根といい薬用。

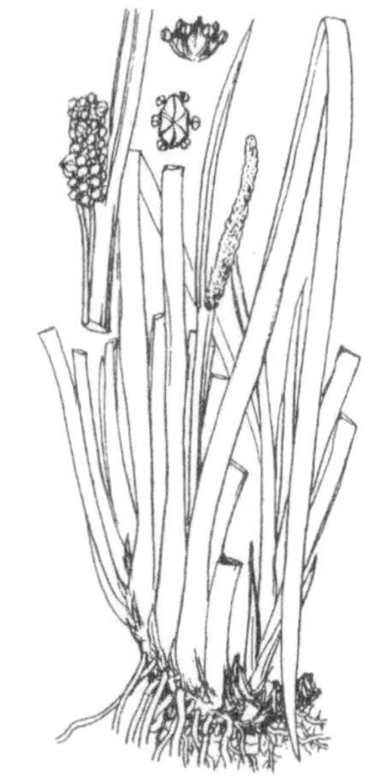

【セキショウモ】

トチカガミ科の多年生の水草。北海道～九州，東南アジアに分布し，流水の泥にはえる。葉は線形で，長さは水深により異なり，幅５～７ミリ，半透明。水媒花で雌雄異株。夏～秋に開花する。雄花は水中の葉腋につき，膜質の苞葉に包まれ，成熟すると母株を離れ，水面に浮かんで開花。雌花はらせん状の長い柄の先につき，水面に咲く。雌しべは２本，果実は線形で鞘(さや)に包まれる。近縁のコウガイモは葉の幅が広く，５～10ミリ，縁の鋸歯(きょし)は著しい。

【セージ】

薬用サルビアとも。サルビアの一種で，地中海沿岸地方原産のシソ科の多年草。高さ70センチ内外，葉は長楕円形で，5～6月，紫色の花を開く。香気があり，全草または葉を乾燥させたものを，うがい薬とするほか，ソーセージなどに香味料として用いる。

【セッコク】石斛

本州以南の山中の樹上または岩上にはえるラン科の常緑多年草。茎は束生し，太く多肉で節がある。葉は披針形。5～6月，前々年の茎の上方に白～淡紅色で径2.5～3センチの花を1～2個つける。観賞用にされ，また，少彦薬根(すくなひこのくすね)，岩薬(いわぐすり)の古名で薬用にされる。

【セツブンソウ】

関東以西の山側の雑木林などにはえるキンポウゲ科の多年草。地下には球形の塊茎があり，根出葉は長い柄がつき，掌状に裂ける。早春に高さ10センチ内外の花茎を出し，上半に柄のない1枚の葉，頂に1個の花をつける。花は径約2センチ，がく片は5枚，白色で淡紫色の条があり花弁状。

左ページ
上　セイタカアワダチソウ
下　セキショウ

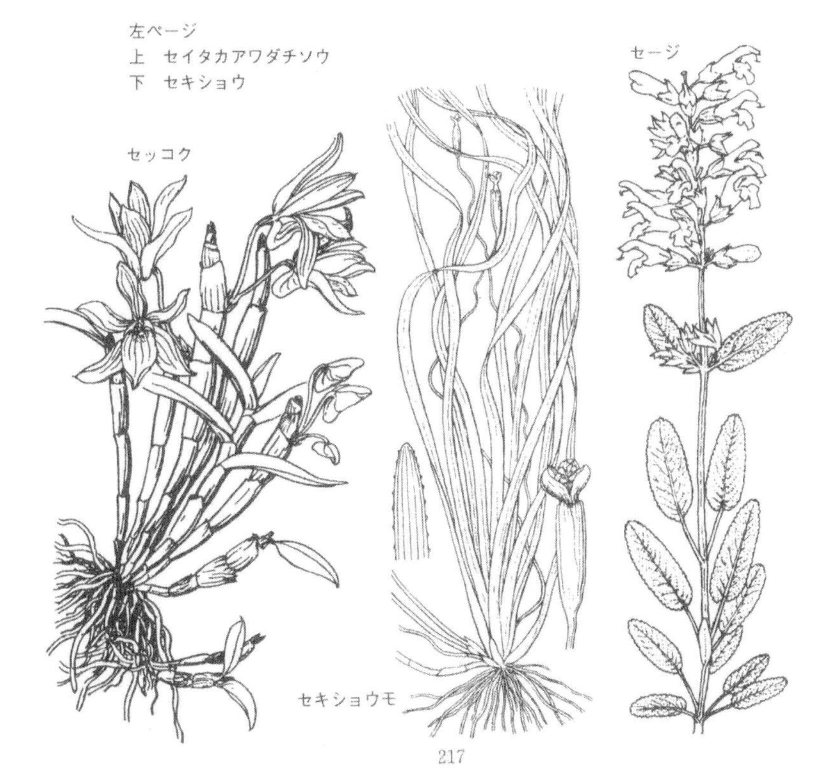

【ゼニアオイ】

欧州，温帯アジア原産のアオイ科の二年草。草たけ1メートル前後で，茎は直立し，根ぎわからよく分枝する。葉は丸く5～7浅裂。夏～秋，葉腋に径2.5センチほどの5弁花を数個つける。花色は淡紫色で紫色の脈があり，紅・白花もある。早春,温床に種子をまき，5月に定植する。

セツブンソウ

【セネガ】

北米，ロッキー山脈以東の山林中に自生するヒメハギ科の多年草。高さ30センチ内外。5～6月。3～5センチの花穂を出し白色の小花をつける。本種およびヒロハセネガの根を乾燥したものがセネガ根で去痰,鎮咳(ちんがい)に用いる。日本では兵庫県などで栽培され，3月に播種し，2～4年目の秋収穫する。

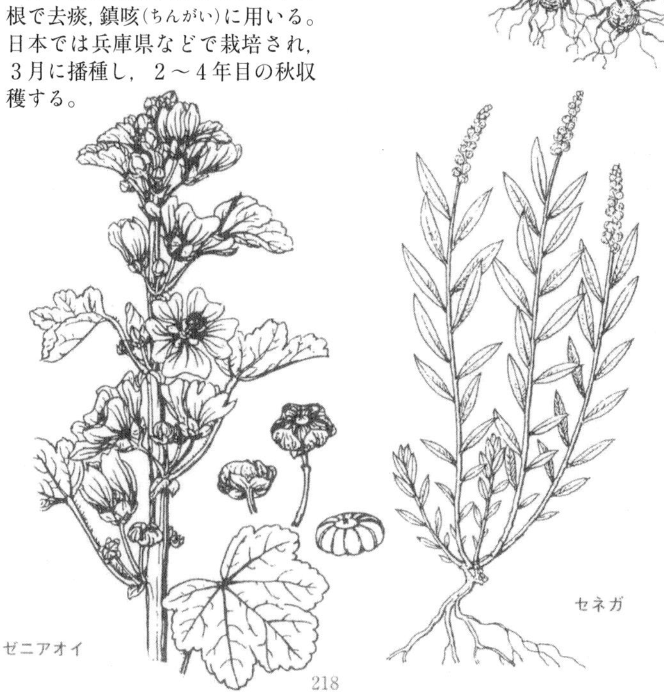

セネガ

ゼニアオイ

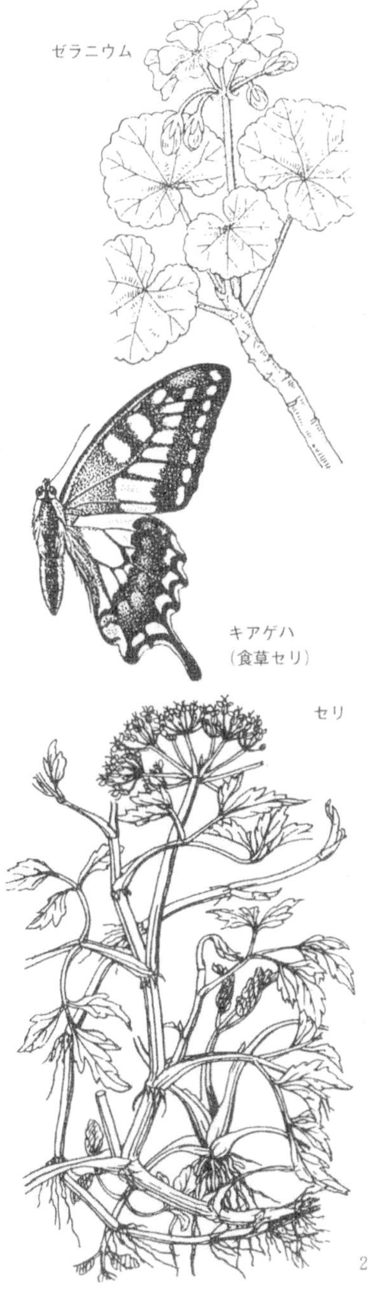

【ゼラニウム】

フウロソウ科の多年草。和名はテンジクアオイ。現在はテンジクアオイ(ペラルゴニウム)属として分類されているが，園芸的には旧属名ゲラニウムをそのまま使用している。一般にゼラニウムといわれているものには葉面に馬蹄(ばてい)形の褐色の斑紋があって四季咲性のゾナーレ(和名モンテンジクアオイ)とその系統の雑種ホルトルムのほか，つた葉つる性のものも含まれる。モンテンジクアオイは江戸末期に渡来し，単に〈アオイ〉とも略称され，その葉変り品が数百種もつくられるほどの大流行をしたこともあった。

【セリ】芹

セリ科の多年草。日本全土，東南アジアに広く分布し，湿地や溝の縁などにはえる。茎の基部は長くはい，白くて太い。葉は2回羽状複葉。夏，30センチ内外の花茎を出し，頂に小さい複散形花序をつけ，白色の小花を開く。全草にかおりがあって，若い株は食用となり，栽培もされる。春の七草の一つ。

【セロリ】

セルリ，オランダミツバとも。特有の強い香気をもつセリ科の一～二年生野菜。茎は直立分枝し，高さ60～90センチになり縦の稜がある。欧州～アジア西部，インドに広く分布。初めは古代エジプトなどで薬草として栽培された。日本には16世紀末，朝鮮から渡来したが，食用にされたのは昭和になってからである。代表的な西洋野菜の一つで生食のほかスープの実などにする。

【センダイハギ】

北日本の海岸砂地に多いマメ科の多年草。茎は根茎から直立して，ときに分枝し，高さ80センチに達する。葉は倒卵形，長さ５～７センチの小葉３枚からなり，基部にやや大型の托葉を１対つける。夏，茎頂に花穂を出し，長さ25ミリ内外の黄色の蝶(ちょう)形花を多数つける。

セロリ

【センダングサ】

キク科の一年草。関東以西の日本，南アジア，豪州，アフリカの温～熱帯に分布し，やや湿った場所にはえる。茎は高さ25～85センチ，葉は１～２回羽状複葉。９～11月，小枝の先に黄色の頭花を開く。舌状花は少数。果実は線形で，かぎのある刺毛があり，衣服などにつく。近縁のアメリカセンダングサは北米原産の帰化植物で，茎は高さ１～1.5メートル，果実はくさび形。

【セントポーリア】

アフリカスミレとも。アフリカ原産のイワタバコ科の多年草。全体に軟毛を密生し多肉質。茎は短く，葉は心臓形で，表は濃緑，裏は淡紫紅色を帯びる。花はふつう紫色で，園芸品種には白，ピンク，青紫色，八重咲等変化が多い。ふつう鉢植にするが，排水良好な腐植土を用い，直射日光の当たらぬようにする。繁殖は葉ざしによる。

セントポーリア

【センニチコウ】千日紅

熱帯アメリカ原産のヒユ科の一年草。草たけ50センチ内外，長楕円形の葉が対生。夏，枝先に小花が径２センチほどの球状に集まってつくが，紅や白色の部分は鱗片状の苞葉で，その内側に無弁の花がある。春まきにし，花壇，切花用。ドライフラワーにもされる。

【センニンソウ】

日本全土の林の縁や川岸の荒地などに多いキンポウゲ科のつる性多年草。葉は羽状複葉で，５枚内外の卵形の小葉からなる。夏，葉腋から円錐花序を出し，白色で径２～2.8センチの花をやや多数，上向きにつける。がく片は４枚，花弁状で，花弁はない。後，花柱は羽毛状に伸び，基部の果実は扁平となる。有毒植物。

センダイハギ

センダングサ

センニチコウ

【センノウ】

中国から渡来し庭に栽植されるナデシコ科の多年草。60センチほどの高さになり，全体に細毛を密生し，節が高く，広披針形の葉を対生。夏，枝先に集散花序をつけ，径約４センチの深紅色の花を開く。花弁は５枚で先端に不整の数個の切れ込みがある。スイセンノウは南欧原産で，全体に白い綿毛があるのでフランネルソウともいう。夏〜秋，長い柄のある紅〜白色の花を開く。庭や切花用に栽培。フシグロセンノウは日本特産で，山中の半陰地に自生。高さ80センチに達し，節が高く紫黒色を帯びる。７〜９月，径５センチほどの花弁の先が少しくぼんだ朱赤色の花を開く。観賞用に栽培されるマツモトセンノウは，花柄がなく，花弁の先は浅く２裂し，縁に細かい刻みがある。花色は深赤だが，絞りや白花品もある。

センニンソウ

【センブリ】

リンドウ科の一〜二年草。日本全土の日当りのよい山野にはえる。高さ10〜20センチ，葉は線形で対生し，10〜11月，白色の花を開く。花冠は５深裂し，径２センチ内外，裂片は披針形で基部には２個の腺がある。全草に強い苦味があり，苦味チンキ，センブリ散など苦味健胃剤の原料となる。

【センボンヤリ】

ムラサキタンポポとも。キク科の多年草。日本全土，東アジアの暖〜温帯に分布し，山地や丘陵にはえる。葉は根生しタンポポに似るが，ちぎっても白い汁は出ない。

マツモトセンノウ

花には春型と秋型があり，春型は５～15センチの花茎に白色の舌状花のある頭花をつけるが，秋型のほうは30～60センチの花茎に閉鎖花をつける。

【ゼンマイ】

ゼンマイ科のシダ。日本全土に分布，特に山地の谷沿いに多く，大群落をつくる。地下茎は大株になり，葉は集まって出，高さ0.5～１メートル。２回羽状複葉で，小羽片は披針形となり柄がない。春早く普通の葉の出る前に，胞子嚢だけの葉(胞子葉)が出る。巻いた若葉を干し，食用とする。

センボンヤリ
センブリ
ソナレムグラ

ソ

ゼンマイ

【ソナレムグラ】

アカネ科の多年草。関東～九州，中国大陸，インドに分布し，海岸の岩上にはえる。茎はよく分枝し，高さ15センチ内外。葉は細長い倒卵形で厚く，表面には光沢がある。８～10月花冠が４裂した，白色の小花が枝先に集まって咲き，後に果実を結ぶ。

【ソバ】蕎麦

タデ科の一年草。中央アジア東部の原産。気候に対する適応性大でやせ地にもよく育つ。春まきの夏ソバと夏まきの秋ソバとがある。高さは0.6～１メートル，茎は中空で分枝し，その先に白～淡紅色の花をつける。種実は三角形で多量のデンプンをたくわえ，高血圧症に効のあるルチンを含む。ソバ粉にして，そば，そばがき，菓子などの原料に，またソバ殻はまくらの詰物とされる。

ソバ

二八蕎麦の看板
《守貞漫稿》から

【ソバナ】

キキョウ科の多年草。本州～九州，東アジアに分布し，山中の草地にはえる。高さ80～150センチ，葉は互生し，長卵形で先がとがる。7～8月青紫色で鐘形の花が，茎の上部に円錐状に集まり，下垂して咲く。花柱は花冠より少し短い。

【ソラマメ】

西アジア原産といわれるマメ科の一～二年生の野菜。古くから栽培されてきた。高さ40～80センチ，葉は羽状複葉で，春，葉腋に微紫色をおびた蝶(ちょう)形花を開く。莢(さや)には3～4個の種子があり，扁平で大きく，緑～褐色。大粒の一寸，おたふく，小粒の房州早生(ぼうしゅうわせ)などの品種がある。世界各地で栽培，日本では愛媛，千葉などが主産地。豆をゆでたり煮て食べるほか，お多福豆としたり，油で揚げてフライビーンズとしてビールなどのつまみとする。

タ行

タ

【ダイアンサス】

ナデシコ科の一属で北半球に多く分布し，約100種ほど。大部分は多年草。茎に節があり葉は対生し披針形。花は頂生し単生か円錐花序につく。昔から観賞用に栽培され，互いに交雑しやすいので多くの園芸種もできている。その園芸的に最も進んだ例はカーネーションである。セキチクは中国原産の多年草で花壇や鉢植によく使われる。花は単生か双生で径約3センチ，色は赤，桃，白など。春か秋，実生(みしょう)して翌年開花する。変化が生じやすく，日本，欧米で改良された種類も多い。イセナデシコは江戸時代に伊勢地方でセキチクから改良された種類で，切れ込みの深い花弁は長さが20センチ余りになるものもある。鉢植用でさし芽，実生でふやす。トコナツも江戸時代から明治・大正にかけてセキチクから改良されたもので，八重咲もあり，四季咲性で鉢植用。タツタナデシコはオーストリア～シベリア原産の宿根草で，株立ちし数花を頂生する。花の中心に紫の斑紋がある。花壇・切花用。ヒゲナデシコはアメリカナデシコともいうが，欧州原産。花は集散花序につく。切花・花壇用。ナッピーは東欧原産で，本属には珍しく黄花だが，径1センチほどの小輪種。デルトイデスはスコットランド，ノルウェー原産の草たけ20センチ前後の矮(わい)性種。花壇，ロックガーデン向き。

アメリカナデシコ（＊ダイアンサス）

トコナツ（＊ダイアンサス）

セキチク（＊ダイアンサス）

カラダイオウ

尾張大根《山海名物》から
大根の大きさを誇張している

【ダイオウ】

中国大陸西部，チベット原産のタデ科の多年草。根茎は肥大し，茎は高さ2メートル内外。初夏に緑黄色の小花を多数つける。この類(レウム属)は世界に約25種あり，根茎を乾燥したものを大黄(だいおう)といい，中国で古くから薬用とされてきた。錦紋大黄，雲南大黄などの種類がある。成分のアントラキノン誘導体やその配糖体は大腸の蠕動(ぜんどう)運動促進作用をもち，便秘や胃腸病に煎剤(せんざい)として適用される。なお同属のカラダイオウは葉の縁が著しい波形となり，根茎は特に和大黄といわれる。

【ダイコン】大根

オオネ，スズシロとも。中央アジア原産といわれるアブラナ科の一~二年生野菜。根は多汁，多肉で大きく白色のものが多いが，紅，紫などのものもある。葉は束生し羽状複葉。春1メートル内外の茎を出し白～淡紫色の4弁花を総状につける。日本では古くから栽培され，姿形や生態の異なる多くの品種が発達,周年供給されている。代表的品種は練馬，守口，宮重，四月，春福，桜島，みの早生(わせ)，聖護院，四十日，白上りなど。ほかに欧米から導入されたハツカダイコンなどがある。根はジアスターゼ，ビタミンCを多く含み，おろし，なます，煮物，切干，たくあんなどに重用される。葉にはビタミンAが多い。ダイコンの芽はカイワレと称され，生食される。

違い大根

割り大根

ダイコンの品種

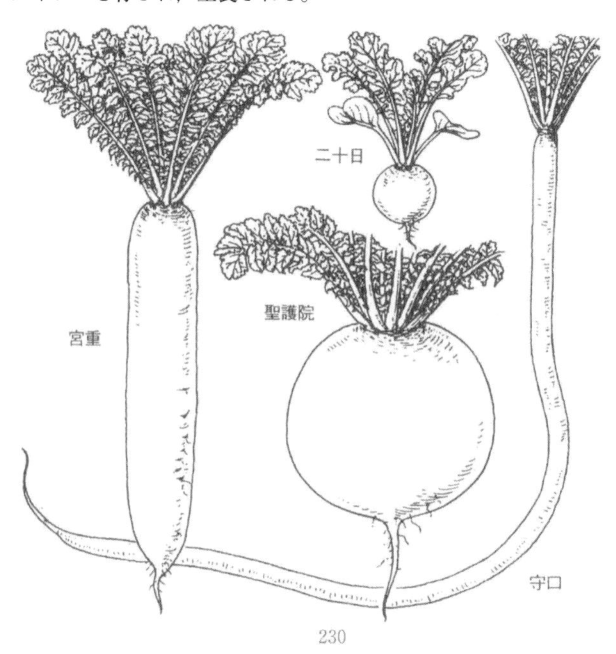

ダイコンソウ

【ダイコンソウ】

日本全土の林中や草地にはえるバラ科の多年草。全体に短い軟毛がある。根出葉は長い柄のある複葉で先端に広卵形の小葉をつけ，その下方に小型で不同の小葉を数対つける。夏，枝先に径15ミリ内外の黄色の５弁花をまばらにつける。近縁のオオダイコンソウは大型で花柄には長毛があり，日本全土にふつうにはえる。ミヤマダイコンソウは高山草原にはえ，花は大きく，径２～2.5センチ，頂小葉は円形で大きい。南米原産のチリーダイコンソウは花が赤い。

【ダイコンドラ】

アオイゴケとも。ヒルガオ科の小型の多年草で，熱帯・亜熱帯に分布，日本でも南西部に自生している。匍匐(ほふく)茎をのばしよく

ダイコンの花と果実

ダイコンドラ

分枝して地表をおおうので芝生代りに栽培される。無霜地帯では常緑。葉は長い柄があり，径1.5～3センチの腎臓形。花はごく小さく，目立たない。種子をまくか，切りばりでふやす。

【ダイズ】大豆

中国北部とその周辺を原産地とするマメ科の一年生作物。夏ダイズ，秋ダイズおよびその中間型があり，普通は短日植物であるが長日品種もある。環境適応性が広く熱帯～温帯北部で栽培される。草たけは50～90センチ。葉は3小葉からなる複葉。白，赤紫，紫の小蝶(ちょう)形花が各節につく。莢(さや)には楕円形の1～3粒の種子を含む。種子はタンパク質，脂肪に富み，納豆，煮豆，もやし，きなこ，みそ，醤油，豆腐，菓子原料にされるほか大豆油を採る。採油後の搾粕(しぼりかす)は飼料，肥料にされ，また青刈りの茎葉は飼料，緑肥とする。

ダイズは味噌・醤油の原料になる
味噌や《人倫訓蒙図彙》から

ダイズ

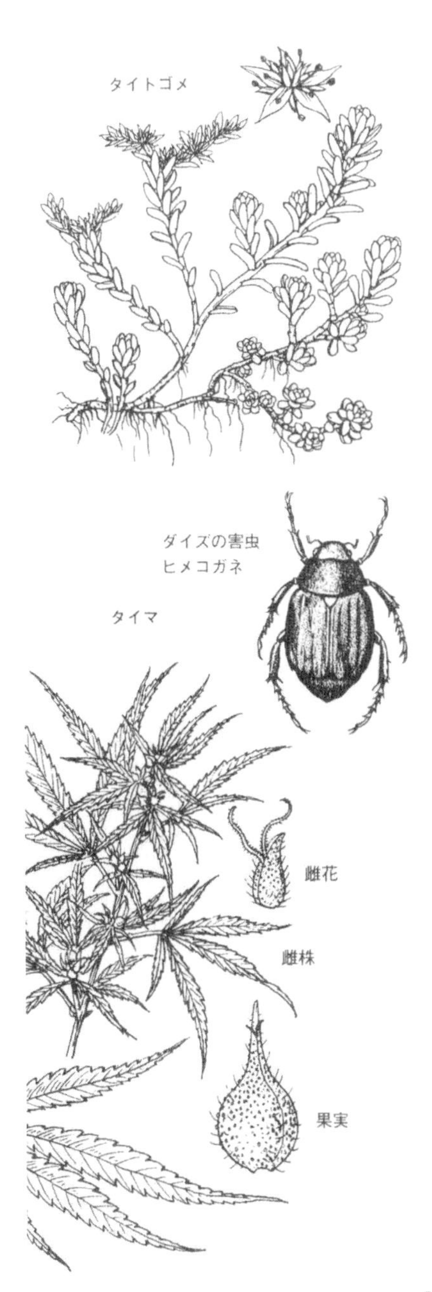

【タイトゴメ】

ベンケイソウ科の多年草。関東～九州の暖地の海岸，岩石地などにはえる。全体にマンネングサの近縁種のメノマンネングサによく似ているが，葉は太く，先が丸い。夏，茎頂に花序を出し，黄色の5弁花をつける。心皮は5個で直立し，果実が熟するにしたがって斜めに開く。

【タイマ】大麻

アサ科の一年草。中央アジア原産。高さは温帯では1～3メートル，熱帯では6メートルに達する。茎は方形で直立，5～9枚の小葉からなる掌状の複葉をつける。花は雌雄異株で，雄花は総状，雌花は枝の先端に近い葉脈に穂状につく。種実は短卵形，灰褐～黒色でかたい。春に播いて夏に収穫。茎に水湿を与えて発酵させたのち剝皮(はくひ)して繊維をとる。繊維は織物，蚊帳(かや)，ロープ，漁網に用い，種実は調味料のほか，その油を石鹼，ペイント等に用いる。またインドタイマの花房や葉からはマリファナなどの麻薬をとる。

【ダイモンジソウ】

ユキノシタ科の多年草。日本全土，東アジアに分布し，山地の湿ったところにはえる。葉は根生し，腎円形で掌状に深く裂ける。夏～秋，高さ20～30センチの花茎を出し，多数の白色の小花を横向きに開く。花弁は5枚，上の3枚は小さく，下の2枚はより細長いので大の字に見える。

【タウコギ】

キク科の一年草。全世界の温～熱帯に分布し，水田のあぜ道や湿地にはえる。茎は分枝し高さ20～150センチ，無毛。葉はやや翼のある柄があって対生し，通常３～５裂する。頭花は黄色の筒状花のみからなり，８～10月開花，果実は長さ７～11ミリで平たい。

ダイモンジソウ

【タカサブロウ】

キク科の一年草。本州～九州，世界の暖～熱帯に広く分布し，水田や湿地にはえる。全体に短毛があり，茎は高さ10～60センチ，披針形の葉を対生する。頭花は白い舌状花と淡緑色の筒状花からなり，７～９月開く。果実は黒熟し，長さ約３ミリ。花床には剛毛がある。

【タカネスミレ】

スミレ科の多年草。本州，北海道の高山帯の日当りのよい岩石地にはえ，千島，カムチャツカにも分布。茎は高さ10センチ内外，葉は腎臓形で厚く光沢がある。８月，唇弁(しんべん)に褐色の条線のある黄色の花をつける。高山の湿った草地にはえるキバナノコマノツメはこれに似るが，高さ10～20センチ，葉は薄い。北半球の亜高山～高山帯，寒地に広く分布する。

【タガラシ】

日本全土の水田や湿地に多いキンポウゲ科の一～二年草。葉は腎円形で３深裂し，上面には光沢がある。春，枝先に黄色で径６～８ミリの５弁花を開く。花弁はがく片とほぼ同長。集合果は長楕円形で，

タウコギ

長さ1～1.5センチ，多数の分果からなる。名は田にはえ，味が辛いの意という。有毒植物。

【タケニグサ】

本州～九州，東アジアの山野の荒地や裸地に多いケシ科の大型多年草。全体に粉白色をおび，傷をつけると黄汁を出す。茎は太く直立し，中空で高さ1～2メートル。葉は長さ30～40センチに達する。夏，枝先に円錐花序を出し，多数の白色花をつける。

【タチアオイ】

ホリホックとも。中国原産のアオイ科の多年草。普通は二年草として切花・花壇用に栽培。高さ約2メートルになり全株に毛を密生。

タチツ

5～7浅裂したほぼ丸い葉には長柄がある。6～8月，上部の葉腋に径6センチ内外の花が咲く。花色は白・黄・桃・赤・紫・黒褐色等，八重咲もある。実生(みしょう)でふやす。

【タチツボスミレ】

スミレ科の多年草。日本全土の平地，丘陵，山地に普通にはえ，環境による変化が大きい。茎は初めは短いが，後にはのびて20センチ前後になる。葉はハート形，托葉は披針形で縁はくしの歯状に裂ける。4～5月，淡紫色の花を開く。花が終わって後，葉腋に閉鎖花が多数つき結実，秋まで続く。ニオイタチツボスミレはこれに似るが，花は紅紫色でかおりがあり，本州～九州に産する。

タケニグサ

【ダッチアイリス】

オランダアヤメとも。おもに切花用に栽培されるアヤメ科の秋植え球根。オランダでスペインアヤメとその他数種のアイリスの交配によって作出されたもので，品種が多い。葉は剣状で，4～5月，30～40センチの花茎に1～2花をつける。花は外弁は広く平開し，内弁は狭くて立ち，中央に3岐した花柱が平開。花色は青紫・黄・白等。

タチアオイ

【タツナミソウ】

シソ科の多年草。本州～九州，東アジアの野原や丘陵などにはえる。茎は高さ20～40センチ，葉は対生しハート形で両面に毛が多い。5～6月，茎の頂に花穂を出し淡紫色の唇形(しんけい)花をつける。花

タツナミソウ

は2列に並び，花冠の基部が曲がって立ち，一方を向いて開く。がくの上部に円盤状の付属物がある。

【タデ】蓼

ヤナギタデ，マタデ，ホンタデとも。北半球の温～暖帯に分布するタデ科の一年草。高さ40～80センチ，夏～秋，細長い花穂を出し，まばらに赤みをおびた小花をつける。全草に特有のかおりと辛みがある。アオタデ，ベニタデなどの変種があり，アオタデは葉を細かく切るか，すりつぶして酢であえ，タデ酢としてアユ料理に，また，いって汁の実などとし，ベニタデの芽は刺身のつまとする。なお，広義にはタデ科タデ属の総称でもある。

タチツボスミレ

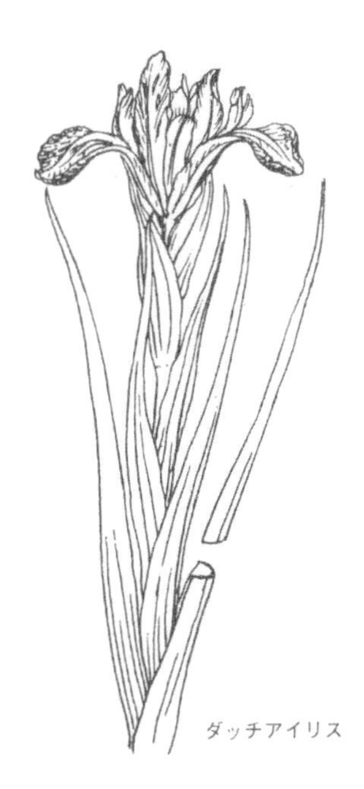
ダッチアイリス

【タヌキマメ】

マメ科の一年草。本州～九州の日当りのよい草地にはえる。高さ50センチ内外，葉は広線形で柄がなく，長さ5～10センチ。夏，茎頂に花穂を出し，青紫色の蝶(ちょう)形花を開く。がくは褐色の長軟毛におおわれ，果実時には膨大して長さ15ミリに達する。果実の中には多数の種子を生じる。

【タヌキモ】

タヌキモ科の水生食虫植物。日本全土に分布する。柔らかい草本で，葉は糸状の裂片に細かく分かれ，所々に小さい捕虫袋をつけ，茎についたところは全体がタヌキの尾のように見える。夏～秋，水上に直立する花茎をたて，上半に数個の花をまばらにつける。花は黄色で仮面状をなし，径1.5センチ，短い距がつく。同属にコタヌキモ，ヒメタヌキモ，ノタヌキモ，フサタヌキモなどがある。

【タネツケバナ】

アブラナ科の一～二年草。日本全土の水田や川岸に多い。高さ10～30センチ，葉は羽状に全裂する。春，枝先に総状花序を出し，白色，4弁で径3～4センチ内外の花をつける。後に長さ約2センチのナタネに似た果実を結ぶ。果実は熟すと裂開し，果皮がそり返って種子をとばす。

【タバコ】煙草

熱帯アメリカ原産のナス科の多年草。しかし温帯では一年草。高さ1～2.5メートル，葉は卵形で互

タデ
タヌキマメ

生し，長さ30～40センチ，夏，漏斗形の淡紅～白色の花を総状につける。高温の地を好むが温床の利用により温帯北部でも栽培される。普通，早春に播種，苗を移植し，夏収穫。乾燥させた葉は樽(たる)につめられ1～2年堆積，発酵を促し，のち工場で発酵，加熱，加香などして味付けされる。世界生産量の5分の1以上はアメリカで，ほかに中国，インド，ブラジル，トルコなどが主産地。

タバコの害虫　タバコガ
下は幼虫(タバコアオムシ)

タヌキモは狸藻で形状がタヌキの尾に似るからか(牧野)という
左はタヌキ《和漢三才》から

【タビラコ】

コオニタビラコとも。キク科の二年草。本州～九州，東アジアの暖帯に分布し，田などにはえる。ちぎると白汁を出す。根出葉は羽状複葉，ロゼット状に広がる。花茎は斜上し，少数の葉をつけ，高さ10～25センチ。頭花は黄色の舌状花からなり，3～6月開花。果実は黄褐色で長さ約4ミリ。春の七草のホトケノザは本種ともいわれる。近縁にやや毛の多いヤブタビラコがある。

【タマシダ】

ツルシダ科のシダ。本州南端～熱帯に広く分布し，海岸の崖など，やや乾いた日当りのよい所に群生する。細い茎から狭い羽状の複葉が集まって出，長さ30～100センチ。地下に直径1～2センチの球形物ができる。切花の添え葉，鉢植にする。なお，葉の美しい近縁種が多く，観賞用にされる。

【タマスダレ】

ペルー，ラプラタ地方原産のヒガンバナ科の耐寒性球根植物。長さ20～30センチの線状厚質の葉を根生し，夏～秋，一茎一花の白花が咲く。花被片は6枚で同形，長さ約4センチ。明治初年に渡来。類品に中米原産のサフランモドキがある。花は桃色で，径8センチくらい。花期は晩春～夏。両種とも湿りけのある場所を好む。花壇，鉢植に向く。

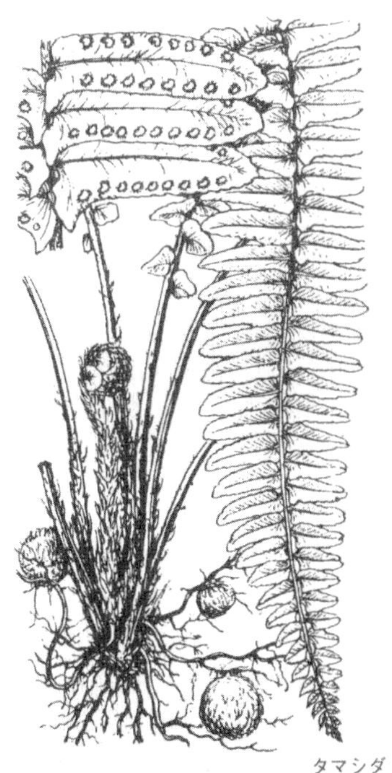

タマシダ

【タマネギ】

ヒガンバナ科の二年生野菜。西アジアの原産といわれる。茎は直立した円筒形で高さ50〜100センチになり下方はふくらむ。葉は濃緑色で，白い球状花を茎先端につける。鱗茎は大型で刺激臭があり料理の味をよくするので肉・煮込料理などに重用される。春まき型と秋まき型があり，日本へは明治の初め欧米から渡来。また紫色のもの，小型のプチオニオンなどの種類がある。

【タマノカンザシ】

中国原産のキジカクシ(クサスギカズラ科)科の大型多年草。観賞用に広く栽培される。全形はややオオバギボウシに似るが，柔らかい。花茎は高さ40〜65センチ。8〜9月に開花，花は細長く，長さ11センチ内外となり，純白色，芳香があり，夜咲く。雄しべは花筒の基部に合着。果実はほとんど実らない。

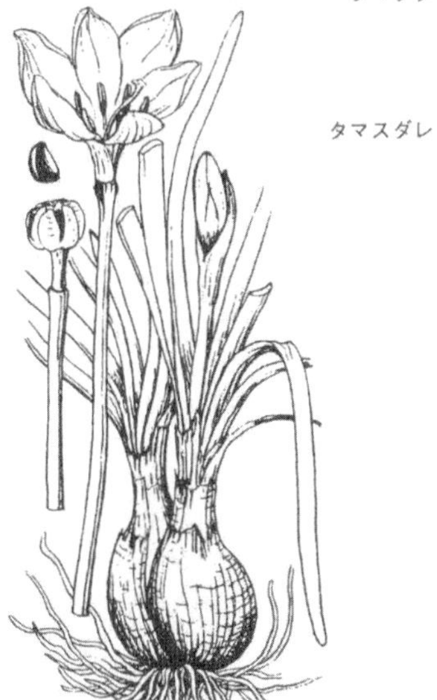

タマスダレ

タマネギ

【タムラソウ】

タマボウキとも。キク科の多年草。本州〜九州，朝鮮の暖〜温帯に分布し，山の草地にはえる。茎は高さ30〜140センチ，葉は6〜7対羽状に全裂，とげはない。8〜10月，長い枝の先にアザミに似た大きな紅紫色の頭花をつける。周辺部の小花は糸状で不稔(ふねん)となる。

タマノカンザシ

【ダリア】

メキシコ原産のキク科の多年草。園芸上は春植えの球根で，観賞用に各地で栽培される。18世紀末欧州へ渡り，そこで改良されて今日見るようなさまざまの花型の多数の品種ができた。地下の塊茎にはイヌリンを含む。茎の高さは40センチくらいの矮(わい)性種から，2メートル以上になる高性種まである。葉は対生で1〜3回の奇数羽状に深裂。夏〜秋，茎頂に頭花をつけるが，舌状花は一般に不完全花で，筒状花は両性花である。花径は巨大輪で25センチ内外，小輪では約6センチ。花壇用には巨大輪のデコラチブ咲・カクタス咲，切花用にはアネモネ咲・ポンポン咲が向くが，このほかコラレット咲，ショー咲，シングル咲，ピオニー咲，フリル咲等がある。巨大輪種は冷害を受けやすいので塊根を掘り上げて貯蔵する。ふつう株分けでふやす。1842年オランダ船により渡来しテンジクボタンと呼ばれた。

タムラソウ

【ダンギク】

シソ科の多年草。九州西部，朝鮮，中国大陸に分布し，ときに庭にも植えられる。茎は分枝し，高さ約

ダリアの花型

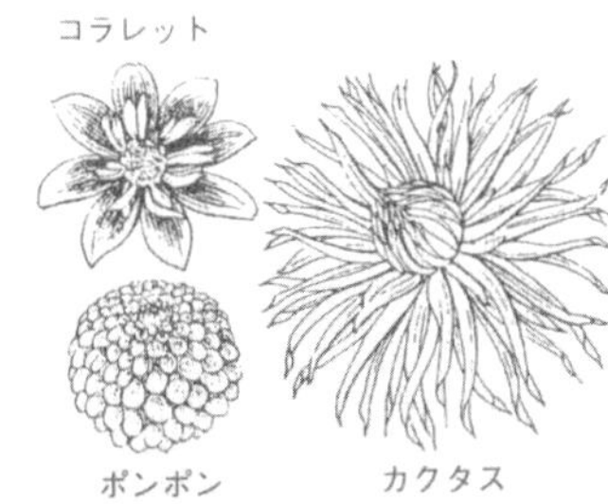

60センチ。卵形で，長い柄がある葉を対生する。9～11月，紫色の花が枝先の葉腋に集まって咲く。花冠は下部が細い筒となり，先のほうが5裂。

【ダンゴギク】

ヘレニウムとも。北米原産のキク科の宿根草。花壇や切花用に栽培。茎は高さ1メートル内外に直立し上部で分枝，8～9月に径3～4センチほどの頭状花をつける。舌状花は先端が3裂し，基本種では黄色だが，暗赤色や黄褐色等の品種もある。中心の筒状花は半球状に盛り上がる。株分けでふやす。

【タンポポ】

カントウタンポポとも。キク科の多年草。関東，中部地方南部の山野や路傍にはえ，ちぎると白い汁

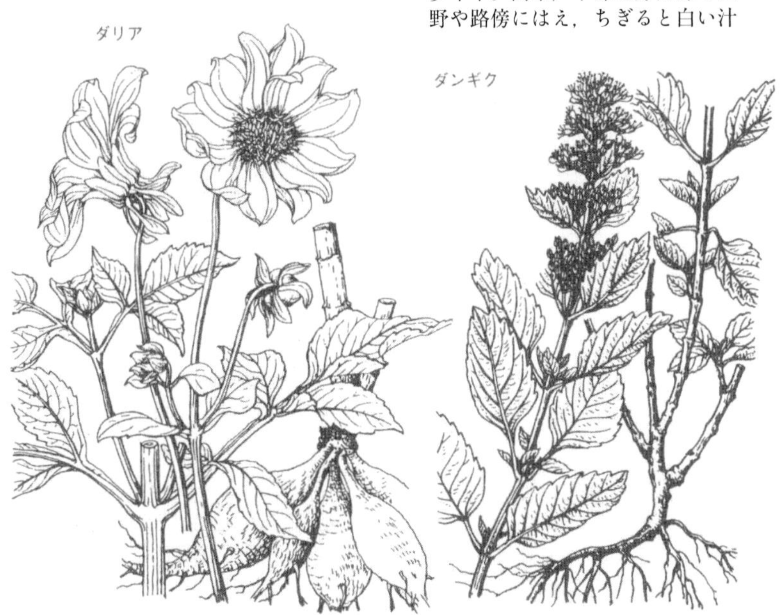

を出す。根出葉は羽状に裂け，ロゼット状となる。花茎は直立，枝は出さず，茎頂に頭花を単生。2～5月に開花。頭花は黄色の舌状花からなり径3.5～4.5センチ，がくのような総苞外片は外曲せず，突起がある。果実は褐色で，頂に白色の冠毛が傘(かさ)状につき，風で飛ぶ。頭花が径4～5センチにもなるセイヨウタンポポは欧州原産の帰化植物で，路傍や人家付近に多い。総苞外片は外曲する。カンサイタンポポは近畿以西に分布し，頭花は小さく，径2～3センチ。総苞外片には突起がある。

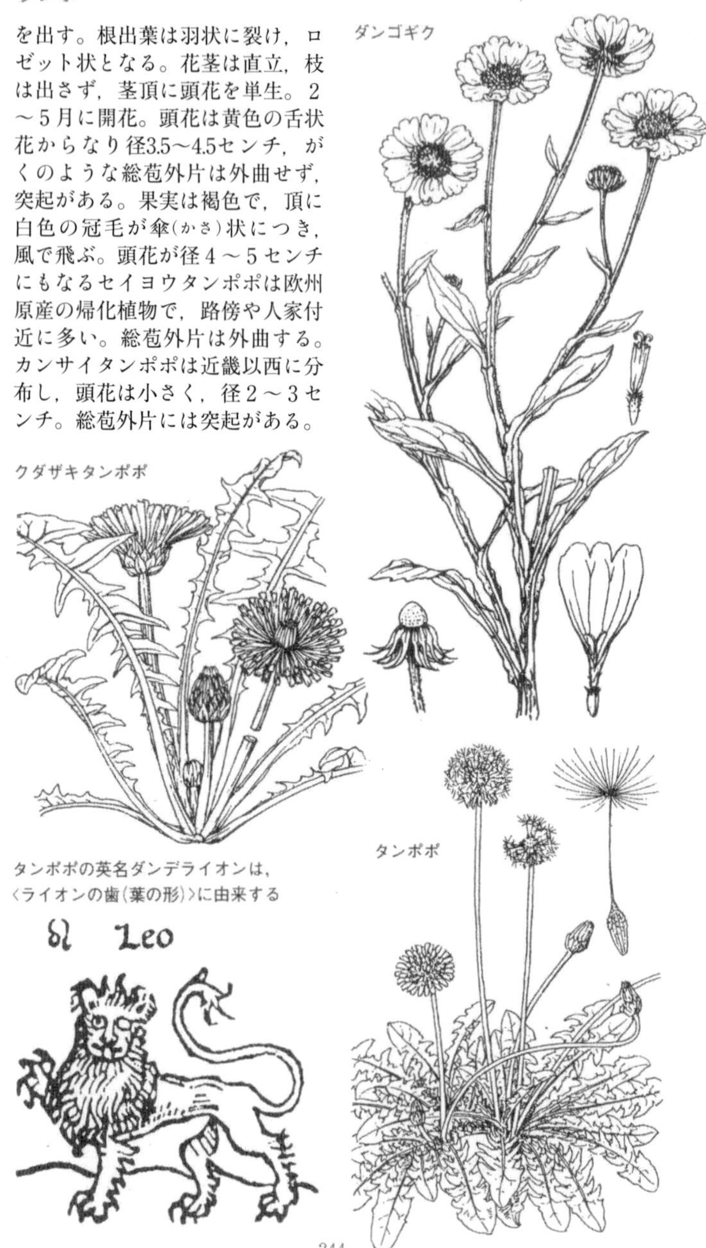

タンポポの英名ダンデライオンは，〈ライオンの歯(葉の形)〉に由来する

チガヤ

チ

【チガヤ】

イネ科の多年草。日本全土の野原や堤防に普通にはえる。長い地下茎から束生する茎は高さ30～70センチで，節には白毛がある。春に開花。花穂は円錐形で，小穂の基部から出た白い長軟毛に包まれる。若い花穂はツバナといい，甘味があり，食べられる。地下茎は茅根(ぼうこん)といい漢方薬(止血・利尿・発汗)にする。

【チカラシバ】

イネ科の多年草。本州～九州の日当りのよい路傍や野原に普通にはえる。葉は根生し長い。高さ30～60センチ。8～9月，茎頂に円柱状の花穂をつける。花穂には小穂の下から出た多数の紫褐～緑色の剛毛が密生する。

セイヨウタンポポ

茅の輪(ちのわ)夏越の祓(なごしのはらえ)にチガヤの輪をくぐり，息災を祈る 《神道論》から

【チゴユリ】

日本全土の丘陵などの林内にはえるイヌサフラン科の多年草。茎は高さ15〜40センチ，長さ５〜７センチの狭長楕円形の葉を数個つける。花は春，茎頂に１〜２個，下向きに咲き，径約３センチ，白色で淡緑色を帯びる。６枚の花被片は先がとがる。果実は球形の液果で黒熟。

【チシマギキョウ】

キキョウ科の多年草。本州中部以北の高山の砂礫(されき)地にはえ，樺太，アラスカにも分布する。茎は株立ちとなり，高さ10センチ内外。根出葉は濃緑色，倒披針形で柄があり，茎には小型の葉が互生する。７〜８月，茎頂に長さ３〜４センチの鮮紫色の鐘形の花が１個咲く。花冠の内面や縁には長軟毛がある。本州中部以北の亜高〜高山帯にはえるイワギキョウは葉が鮮緑色，花冠は長さ２センチ内外で，内面には毛がない。

【チヂミザサ】

イネ科の多年草。日本全土の野原や山地の半陰地にごく普通にはえる。茎の基部は匍匐(ほふく)枝状に横にはい，上部は立ち上がって高さ10〜30センチとなる。葉は披針形で長さ８センチ内外，縁近くの部分が波をうつ。８〜10月に開花。茎，葉に毛の多いものをケチヂミザサという。

【チドメグサ】

ウコギ科の多年草。本州〜九州の平地に普通にはえる。茎は細く，地上をはい，節からひげ根を出す。

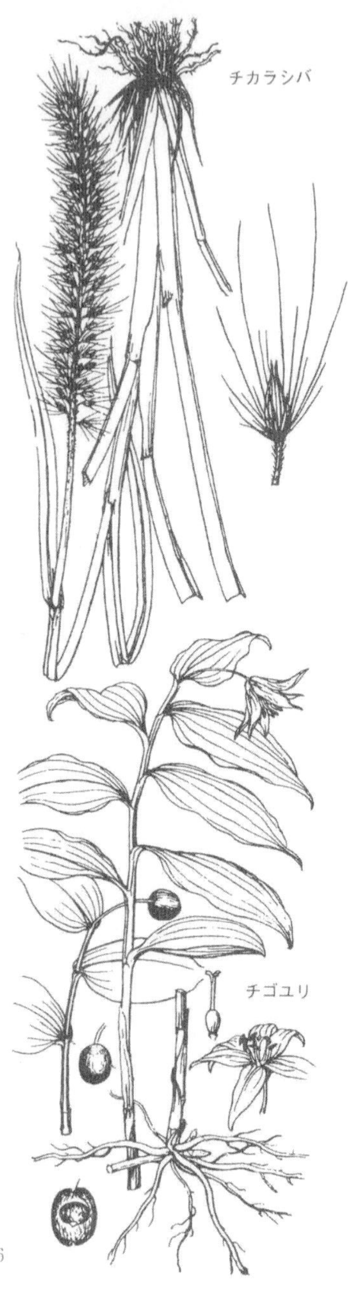

葉は丸く，縁は浅く裂け，上面にはつやがあり，柄は長い。暖地では常緑，寒地ではほとんど枯れる。夏～秋，葉腋から花柄を出し，10個内外の小さな白色花をつける。葉を傷にはり，血止めに用いたので，この名がある。

【チモシー】

オオアワガエリとも。イネ科の多年草。明治初期に牧草として欧州から移入され，現在では日本のいたるところに野生化する。高さ60～90センチ，茎や葉は比較的柔らかく，茎の基部は太くなる。円柱状の花穂をもち，6～8月に開花。小穂は1個の小花のみ。

【チャルメルソウ】

ユキノシタ科の多年草。本州，九州の谷川近くや林下などの湿所にはえる。根出葉は束生し，広卵形で浅い欠刻があり，毛が多い。春，30～60センチの花茎を出し，暗赤色の小花を総状につける。花弁は羽状に裂け，腺点がある。種子をチャルメラにみたててこの名がついた。

【チューベローズ】

ゲッカコウ(月下香)，イエライシャン(夜来香)とも。メキシコ原産のキジカクシ科の球根植物。葉は剣状。夏～秋，高さ1メートル内外の花茎に2花ずつ対生する穂状花序をつける。ギボウシに似た白色の花で，強い芳香があり，香水原料となる。八重咲もあり，春植え。暖地で切花用に栽培される。

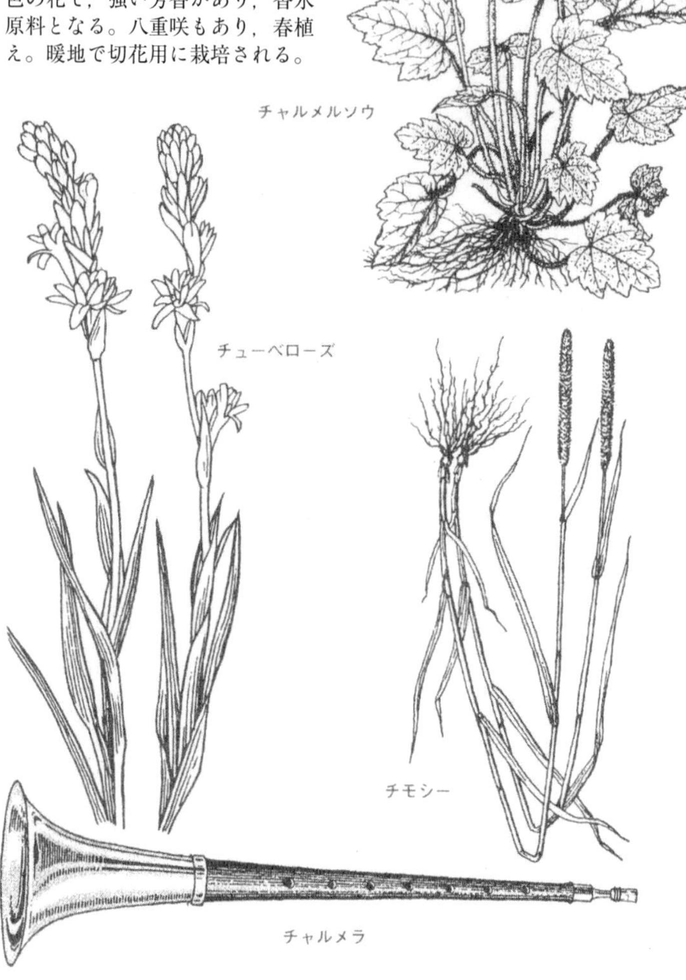

【チューリップ】

ユリ科の球根植物。赤褐色の膜質の皮をかぶった鱗茎をもち，春，広い披針形の葉を2～3枚出し，花茎をのばしてその先に美しい大型の花を上向きに1個つける。花は内外の花被片を各3枚もち，雄しべは6個，柱頭は3裂する。原産地は不明だが，トルコで栽培されていたものが16世紀に欧州に渡り，オランダを中心に品種改良が行なわれ，多数の園芸品種が生まれた。花壇や切花用に向くダーウィン系は花茎が60センチほどになる高性で，4月中～下旬に咲く。早咲系は一重と八重があり，矮(わい)性で鉢植向き。前2系の交配によってできたトライアンフ系は両者の中間性。晩生種としてはコテージ系，ユリ咲系等がある。花被片に切れ込みがあって平開するパロット系はダーウィン系の変種。植付けは9月下旬～10月，砂質壌土がよい。花ののち，葉が黄変したころ球根を掘り上げて陰干しする。日本では新潟県，富山県で球根栽培が盛ん。

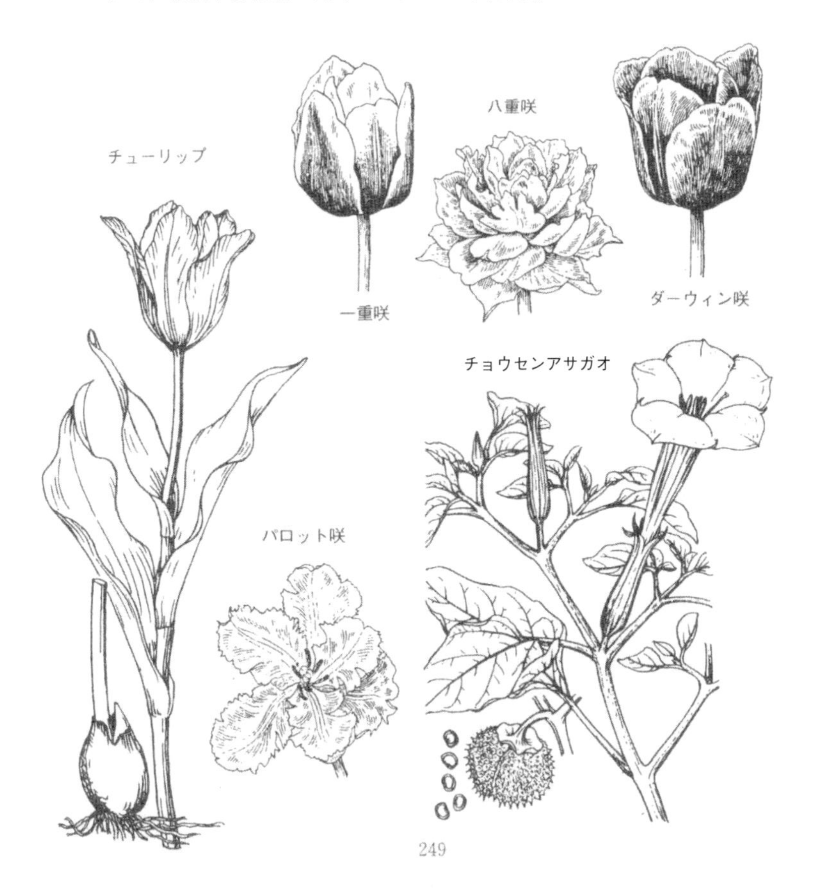

【チョウジソウ】

日本，朝鮮，中国の川岸の草原にはえるキョウチクトウ科の多年草。茎は高さ40〜80センチで直立し，多数の披針形の葉を互生または一部対生する。花は枝頂にやや多数つき，花冠は青色で径約13ミリ。上半は５裂し，下半は細い筒となる。５〜６月，開花。

【チョウセンアサガオ】

マンダラゲとも。熱帯アジア原産のナス科の一年草。毒草。高さ１メートル内外。葉は卵形で先がとがり，縁には欠刻状の歯牙がある。夏〜秋，大型の白花を開く。主として葉および種子をスコポラミンの臭化水素酸塩製造原料とする。ヨウシュチョウセンアサガオは，明治初年日本に渡来した熱帯アメリカ原産の一年草。前種に比べて，葉，葉柄，花冠は紫色をおびる。ともに麻酔薬，鎮静止痛など薬用とする。主成分はヒオスシアミン。

【チョウセンアザミ】

アーティチョークとも。地中海沿岸原産のキク科の宿根草。切花用または野菜として栽培される。高さ２〜３メートルになり，葉は羽状に深裂し，裏面に白い綿毛をつける。初夏，径15センチほどのアザミに似た紫色の頭状花をつける。ゆでて食用にするのは花托と新芽を軟白したもので，味はアスパラガスに似ている。寒さには強く，株分け，実生(みしょう)，根ざし等でふやす。

チョウジソウ

ヨウシュチョウセンアサガオ

チョウセンアザミ

【チョウセンニンジン】
朝鮮人参

オタネニンジンとも。朝鮮・中国原産のウコギ科の多年草。高さ60センチ内外。根は白色の直根で，葉は長柄があり，5枚の小葉からなる掌状複葉。夏，茎頂に散形花序を出し，淡黄色の花を密につける。果実は赤熟する。4～6年生の根をせんじ薬，ニンジンエキスとして強壮薬，強精薬とする。朝鮮が主産地だが，日本では福島・長野・島根県などで栽培。

【チョウマメ】

東南アジア原産のマメ科のつる性の多年草。観賞用に春まき一年草として栽培される。小葉5～9個の奇数羽状複葉。ほとんど無柄で青色の蝶形花が葉腋に1個ずつつく。白色花，八重咲種もある。鉢植で風鈴(ふうりん)仕立てにする。

チョウセンニンジン

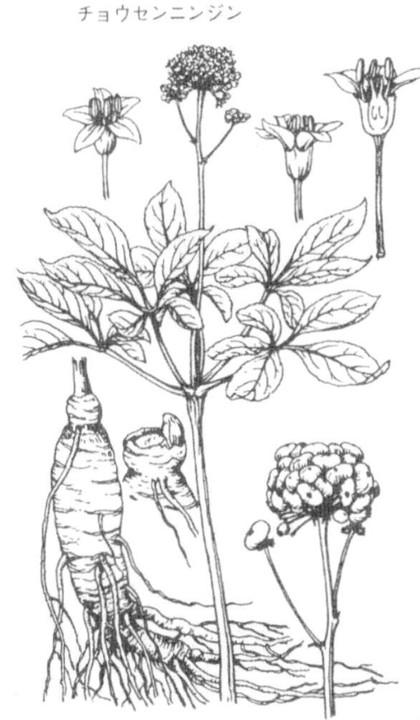

チョウマメ

【チョロギ】

シソ科の多年生野菜。中国原産。茎は方形で高さ30～60センチ，葉は対生し，長円形で黄緑色。秋，淡紅紫色の花が咲き，分枝した地下茎の先端に念珠状のくびれのある塊茎をつける。塊茎はゆでたり梅酢に漬けて正月料理に使う。

ツ

【ツクバネソウ】

日本全土の山地の林中にはえるシュロソウ科の多年草。茎は横走する根茎の先から出て高さ20～40センチ。茎頂に４～５枚の葉を輪生する。５～６月，茎頂に出た花柄上に径２センチ内外の黄緑花を１個つける。がく片４枚，花弁はない。雄しべ８本。近縁のクルマバツクバネソウは葉が約８枚茎頂に輪生し，花には，糸状で目立たない４枚の花弁がある。全体にやや大きい。

ツクバネソウ

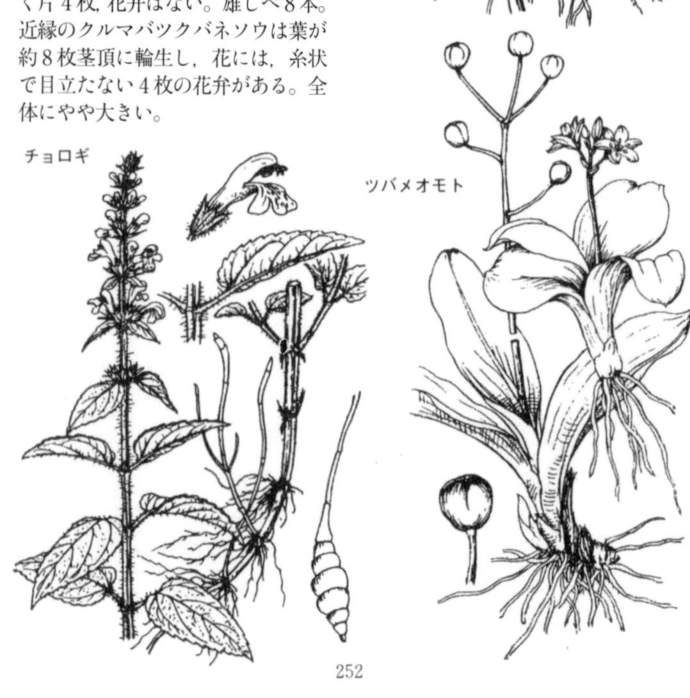

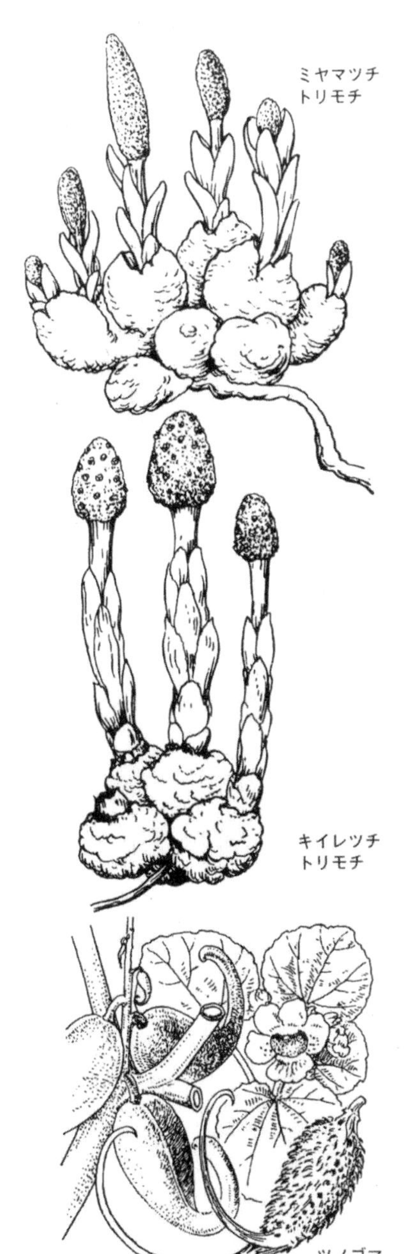

【ツチトリモチ】

ツチトリモチ科の寄生植物。ハイノキ，クロキなど暖地の常緑樹の根に寄生し，全形キノコに似る。血赤色で，葉緑素をもたず，茎は高さ5～10センチ，皮目のある不正球状の塊根から直立し，多肉で分枝せず，数個の鱗片をつける。花穂は1個で頂生し，卵形，長さ3～6センチ，幅2～3センチ，太い中軸の表面に無数の微細な雌花を密生。雄花はまだ知られていない。近縁種にミヤマツチトリモチ，キイレツチトリモチ(鹿児島市の自生地は天然記念物)などがある。

【ツノゴマ】

北米原産のツノゴマ科の一年草。観賞用に栽培。全草に粘毛がありべたつく。茎は横に広がり，葉は厚くキリの葉に似る。夏，淡紫紅色の先の5裂した筒状の花を開く。ともえ形をした果実は，後に木質化し先が二つに分裂しとがった角(つの)状となる。この角が歩行者の裾(すそ)にからまるためタビビトナカセの別名もある。類品のキバナノツノゴマは前種より小柄で，濃黄色の花をつける。両種の交配品もある。

【ツバメオモト】

北海道，本州の深山の樹林内にはえるユリ科の多年草。葉は短い根茎上に数個集まってつき，長楕円形で柔らかく，長さ20センチ内外。5～7月，葉心から高さ20～70センチの花茎を出し，上方に数個の花をまばらにつける。花被片6枚，白色で長さ15ミリ内外。後に球形黒青色の果実を結ぶ。

【ツボスミレ】

スミレ科の有茎性の多年草。日本全土の平地や丘陵地のやや湿ったところにはえる。高さ20センチ内外，葉は互生し卵状腎臓形，托葉は披針形で縁に鋸歯(きょし)がない。春，葉腋に長い花柄のある小花を開く。花は白色で唇弁(しんべん)には紫色のすじがあり，距は短い。ニョイスミレ，コマノツメの名がある。

【ツマトリソウ】

サクラソウ科の多年草。北海道，本州の深山の針葉樹林中にはえる。茎は細長い根茎上に直立し，高さ７～20センチ。葉は茎の上方に数個集まってつき，広披針形で薄く，長さ２～７センチ。初夏，茎頂から細い花柄を出し，径1.5～２センチの花を１個つける。花冠は白色で，ふつう７枚に深裂する。

ツメクサ

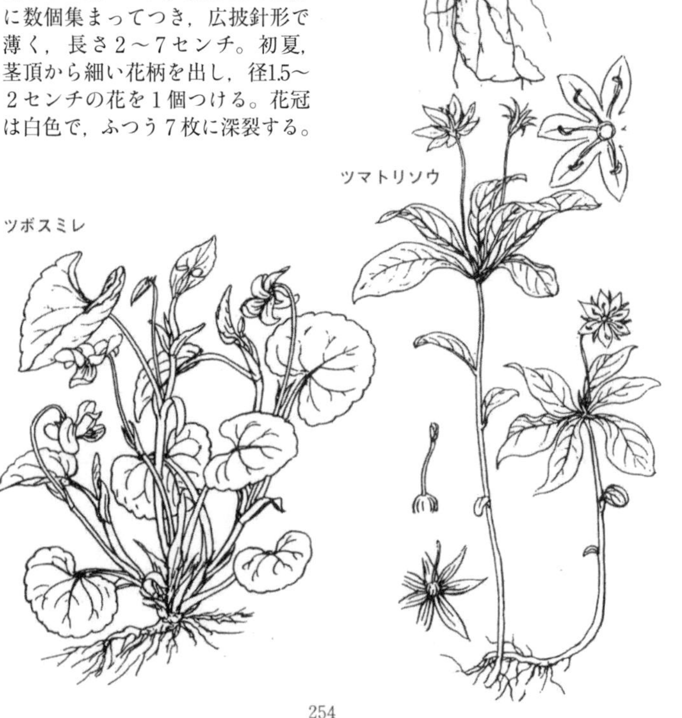

【ツメクサ】

タカノツメとも。ナデシコ科の一～二年草。日本全土，東アジアに分布。平地にはえる。茎は束生し，高さ15センチ内外，枝分れして線形の葉を対生。３～７月に葉腋から長い花柄をのばし，白色の小さな５弁花を開く。果実は広卵形で，熟すと５裂。種子は小型で，小突起が密生。

【ツユクサ】

ボウシバナとも。ツユクサ科の一年草。日本全土，東アジアに分布。平地に群生する。茎は枝分れして地面をはい，長さ30センチ余り。卵状披針形の葉が２列に互生する。６～10月，緑色で二つに折りたたまれた苞葉の間に青色の花を開く。内花被２片は大型。完全雄しべ３本，仮雄しべ３本。

ツメクサはタカノツメとも呼ぶ
下は鷹ノ名處《絵本鷹鑑》から

【ツリガネニンジン】

ツリガネソウ，トトキとも。キキョウ科の多年草。日本全土，東アジアに分布し，日当りのよい山野の草地にはえる。茎は直立し，高さ１メートル内外，切れば白汁が出る。葉は３～６枚ずつ輪生し，縁には細鋸歯(きょし)がある。８～10月青紫色の鐘形花を円錐花序につける。根は白色で肥大し，薬用とされ，また若い茎や葉とともに食用とされる。本州中部～北部の高山にはえるヒメシャジンは高さ50センチ内外，花が大きく長さ約２センチ，がく片に細鋸歯があり，葉は互生する。ミヤマシャジンはヒメシャジンに似ているが，がく片に鋸歯がない。

ツリフネソウ

ヒメシャジン
(*ツリガネニンジン)

キツリフネ

ツルナ

【ツリフネソウ】

日本全土の低い山地や丘などの谷間の湿地にはえるツリフネソウ科の一年草。全体に多汁で柔らかい。茎は太く，高さ40～80センチ，よく分枝し，節に赤みがある。葉は狭い菱(ひし)形，縁には鋸歯(きょし)がある。夏～秋，葉腋から花柄を出し，短い小柄の先に横向きに下垂した花を数個つける。花は紫紅色で紫色の斑点があり，長さ約3センチ，後方には内に巻いた距がある。近縁種に花が淡黄色のキツリフネがある。

【ツルナ】

ハナチシャとも。ハマミズナ科の多年草。日本全土，東南アジア，オーストラリア，南米に分布。海岸の砂地にはえる。全草多肉質。茎は少し枝分れし，長さ50センチ内外，三角状卵形の葉を互生する。4～10月，葉腋に黄色い花を開く。花弁はない。若い茎葉は食べられ，畑にも植えられる。

ツルフジバカマ

【ツルフジバカマ】

日本全土の山野にはえるマメ科の多年草。茎はつる状にのび高さ80～180センチ。葉は長楕円形の小葉10～16枚からなる羽状複葉で，先は巻きひげに終わる。8～10月，葉腋から花穂を出し，長さ15ミリ内外，紅紫色の蝶(ちょう)形花を多数つける。

【ツルボ】

日本全土，東アジアの林の縁や草地などにはえるキジカクシ科の多年草。地下には鱗茎がある。葉は

ツルム

2枚，線形で長さ15～25センチ。夏，葉心から高さ20～40センチの花茎を出し，上半に花穂をつける。花は淡紅紫色で径約6ミリ，花被片6枚。花糸は下半部に短軟毛がある。のちに長さ5ミリ内外の倒卵球形の果実を結ぶ。

【ツルムラサキ】

熱帯アジア原産のツルムラサキ科のつる性の一年草。庭などに植えられる。茎や葉は肉質で，茎は長さ1メートル内外，広卵形の葉を互生する。夏～秋，葉腋から太く長い花茎を出し，花弁のない花を穂状に密につける。がくは白色から紅色に変わり，基部は袋状。

【ツワブキ】

キク科の多年草。本州中部以南の日本，東アジアの暖～亜熱帯に分布し，海岸にはえる。葉は腎臓形で厚く，光沢があり，長い柄があって，根生する。花茎は高さ30～75センチ。頭花は舌状花と筒状花からなり，10～12月に開花。果実には密に毛がある。観賞用に数品種がある。

テ

【デージー】

ヒナギクとも。春の花壇用や鉢植として栽培される欧州原産のキク科の多年草。夏に弱いので，一般には秋まきの一年草として扱われる。葉は根出葉だけで，へら形または倒卵形。10～15センチの花茎に1頭花をつける。花色は紅・桃・白等，また平弁・管弁・ななこ咲・巨大輪等の園芸品種がある。

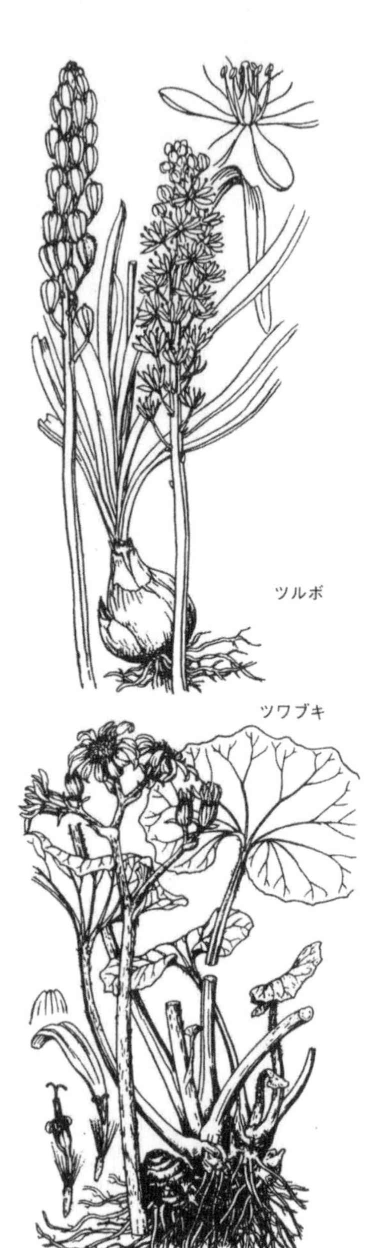
ツルボ
ツワブキ

【テッセン】

中国原産のキンポウゲ科のつる草で，観賞用に栽培。茎は細く，木質で２～３メートルにのび，１～２回３出複葉を対生する。６～７月，葉腋から出た長い柄に，径５～８センチの花を単生。６枚の白色のがく片を花弁状に平開する。紫紅色花や八重咲変種もある。カザグルマとともに，クレマチスの重要な交配親の一つ。

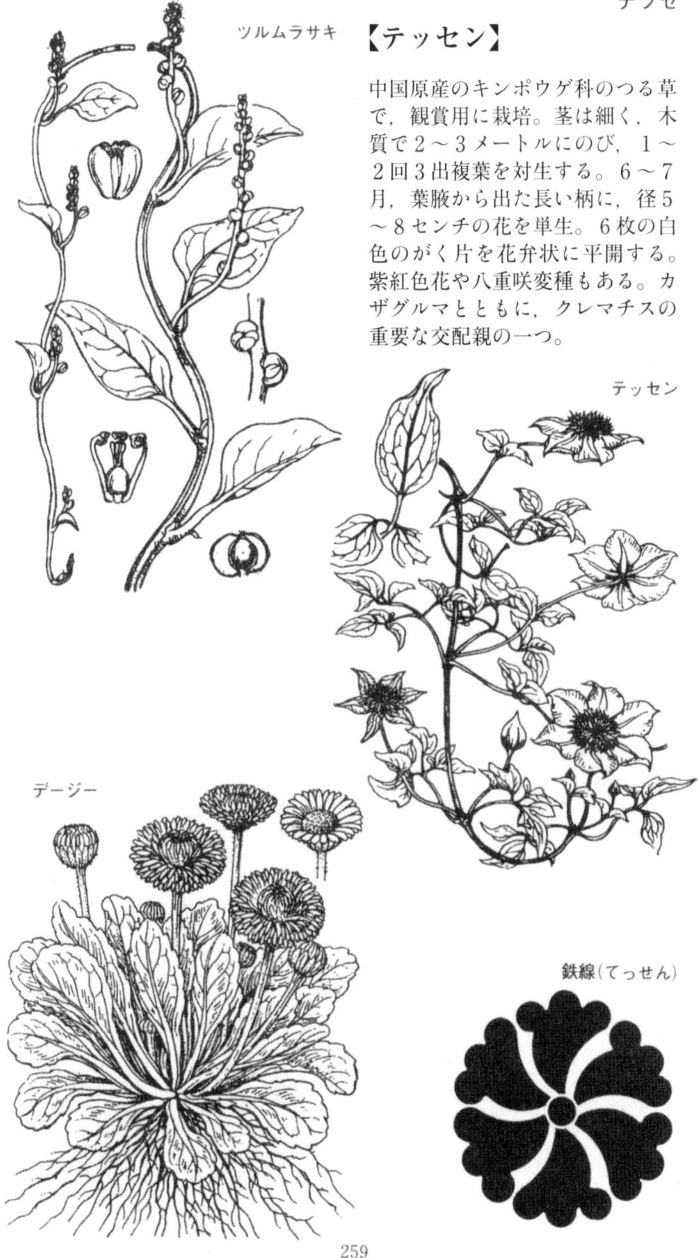

【テンサイ】甜菜

サトウダイコンとも。地中海沿岸から中央アジア原産のヒユ科の二年草。葉柄は長く，葉は楕円形でしわがあり厚い。花は小さく黄緑色。主根は播種後1年目には円錐形に肥大し長さ約30センチ，15～25％の糖分を集積するので，これを圧搾ししぼり汁から砂糖を製造する。また茎葉やしぼりかすは飼料とされる。冷涼な気候を好み，ロシア，米国，フランスなどが主産地。日本へは明治時代に渡来し，北海道が主産地。

デンジソウ

【デンジソウ】

シダ植物デンジソウ科の多年草。本州南部～九州に分布し，池，沼，水田などにはえる。地下茎は泥中を長く走り，葉がハスのようにまばらに立って空気中にのびる。葉は高さ7～20センチの葉柄をもち，田の字状の4小葉からなる。葉柄の下部は分枝して小さい豆形の胞子嚢果をつける。

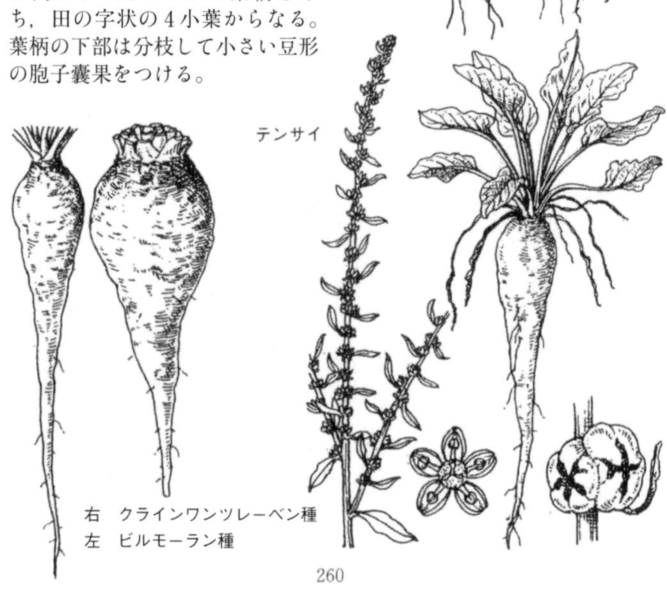

テンサイ

右　クラインワンツレーベン種
左　ビルモーラン種

【テンツキ】

日本全土の日当りのよい草地にはえるカヤツリグサ科の多年草。多少の粗毛がある。葉は線形で根生し，幅2ミリ内外，夏〜秋，上端が分枝した高さ20〜40センチの花茎を出し，長さ5〜8ミリの狭卵形で褐色をおびた小穂をつける。花柱は3裂し，果実は小さくレンズ状で格子紋がある。近縁のアゼテンツキは全体に小さく，葉は幅1ミリ内外，小穂は広披針形で長さ5〜10ミリ，幅狭く，鱗片の先は短い芒(のぎ)となる。花柱は基部に長毛があり，果実には格子紋がない。

【デンドロビウム】

熱帯アジアを主として，オーストラリアから太平洋諸島に分布するラン科の一属で，日本のセッコクも含まれ，約1000種がある。いずれも着生で気根をもち，古い擬茎(バルブ)から花柄をのばす。切花や鉢植用に最も広く栽培されるのはヒマラヤ〜雲南原産のノビレで，加温温室内で真冬に開花させるが，1〜2℃の低温フレームでも越冬し4月に咲く。ノビレ系の改良は日本がいちばん進んでいて，銘花を産出している。また高温多湿の所で年中開花するファレノプシス系統の交配種もある。

右　テンツキ
左　アゼテンツキ

【テンニンギク】

ガイラルディアとも。北米原産のキク科の春まき一年草。高さ40センチ内外で，茎葉ともに軟毛におおわれる。夏～秋，径約５センチの頭花が長い花柄上につく。舌状花は10～20個，先端は黄色で基部は紅または紫色，中心花は暗褐色。八重咲や花色の混合したものも多い。全体に大柄のオオテンニンギクは宿根草で，舌状花は黄色で基部は紫赤色，中心は帯紫色。

テンニンギク

【テンモンドウ】

クサスギカズラとも。日本全土の海辺の草地にはえるクサスギカズラ科の多年草。アスパラガスの一種として，観賞用に栽植もされる。茎はつる性で１～２メートルとなり，葉状枝は緑色線形で長さ１～２センチ。葉は鱗片状に退化。５月，葉腋に淡黄色の小花をつけ，後に球形で汚白色の果実を結ぶ。塊状の根を天門冬といい薬用，砂糖漬とする。

テンモンドウ

デンドロビウム

【トウ】籐

ヤシ科の数属のつる性植物の総称。中国南部から東南アジアに多く産する。幹は他の樹木にからまって長くのび，200メートル以上にも達し，陸上植物中，最も長い。茎は乾燥すると軽くて弾力があり，丈夫なため椅子(いす)などの家具(ラタン・インテリア)や，ステッキなどをつくる。

トウ

【トウガラシ】唐辛子

熱帯アメリカ原産のナス科植物。温帯では一年草。熱帯では多年草。高さ60〜90センチで葉は楕円形，花は白色。果実は球形，長卵形，細長いくちばし形など種々。辛味成分カプサイシンの多少によって辛味種と甘味種とに分ける。辛味種は成熟すると赤色になり，トウガラシとは一般にこれをさす。日本には16世紀に伝来，乾燥粉末にし，香辛料として用いる。甘味種には大果系(ピーマン)と小果系とがある。

トウガラシ

丸に違い鷹の爪唐辛子

【トウガン】冬瓜

トウガとも。熱帯アジア原産のウリ科の一年生野菜。葉は掌状で茎は長くはい，巻きひげがある。花は黄色。果実は円形～楕円形で，径30～50センチ，重さ十数キロにも及ぶ。高温性で，日本へは古く中国から渡来しおもに関東以西の暖地で栽培。夏に果実を収穫し，吸物，煮付などにする。

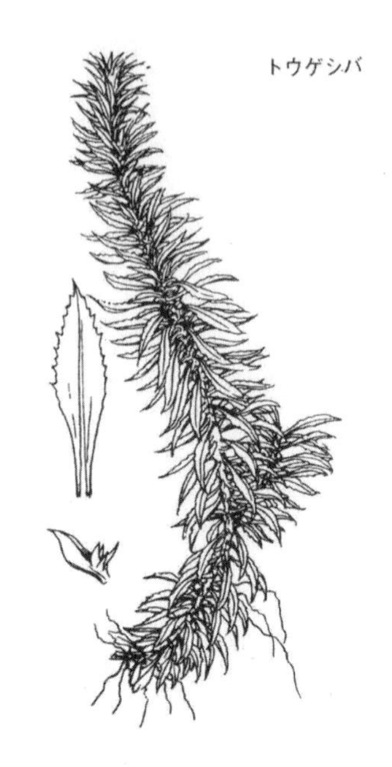

【トウキ】

セリ科の多年草。山地に自生し，また各地に栽培される。高さ40～80センチ。8～9月，複散形花序を出し，多数の白色小花を開く。根を湯通しして乾燥したものを当帰(とうき)といい，鎮静・通経剤とする。奈良県，北海道などで栽培。

【トウゲシバ】

シダ植物ヒカゲノカズラ科の多年草。亜寒帯～熱帯の林下などにはえる。茎はやや直立して高さ10～20センチ，２～３回二叉(にさ)分枝する。葉は茎の周囲に密生，やや開いてつき，長さ１～２センチで披針形，幅はやや広いもの，狭いものなど多様，へりに鋸歯(きょし)がある。特別な胞子葉穂をつくらない。

【トウゴマ】

ヒマ，カラエとも。アフリカ原産のトウダイグサ科の植物。温帯では一年生で高さは２～３メートル，熱帯では多年生で10メートル近くになる。葉は大型の掌状葉。果実はさく果で，とげのあるものとないものとがあり，完熟した種子は蓖麻子(ひまし)と呼ばれ蓖麻子油を製する。４月ころ播種，８～11月収穫。

下右　結び灯台　灯台はトウダイグサの名の由来

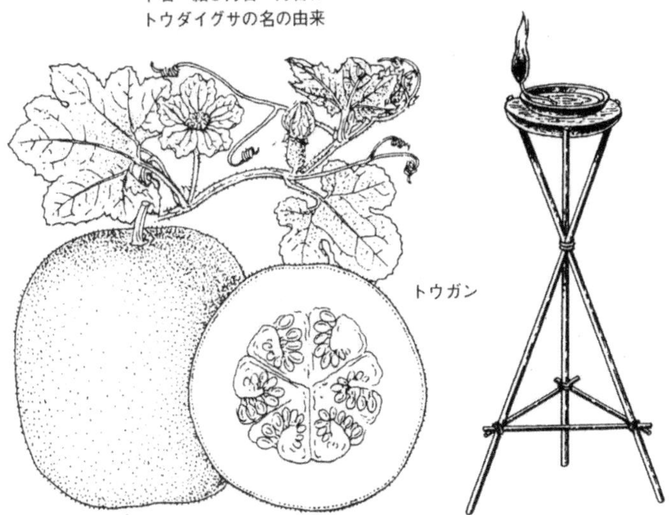

【トウダイグサ】

スズフリバナとも。トウダイグサ科の二年草。アジア～欧州の暖地に分布し，道ばたなどにはえる。茎は高さ20センチ内外，切れば白汁が出る。葉はへら形で互生し，縁には細かい鋸歯(きょし)がある。春に密に咲く花は，この属独特の杯状花序で，黄緑色の総苞が目だつ雌雄花がある。のちに球形の果実を結ぶ。有毒植物。

【トウバナ】

シソ科の多年草。本州～九州の山野に普通にはえ，朝鮮，中国にも分布する。高さ20～30センチ，葉は対生し，卵形で腺点がなく，長さ１～３センチ。６～８月，茎の上部に小さな唇形(しんけい)花を数段に輪生する。花冠は淡紅色で長さ５～６ミリ。近縁のヤマトウバナは本州～九州の山地にはえ，茎にちぢれ毛があり，葉の下面には

腺点がある。花冠は白色で長さ8～9ミリ。

【トウモロコシ】

トウキビとも。南米アンデス山麓原産のイネ科の一年草。高さ2～3メートルで茎は太く円筒形。葉は1メートル内外で幅5～7センチ。7～8月茎の先端に雄花穂，中ほどに1～3個の雌花穂をつける。雌花は絹糸状の長い花柱を出し，受精後，萎縮(いしゅく)褐変する。成熟した種実の色は白，黄～赤，赤褐，濃褐，暗紫など種々あり，中央がくぼんだ歯形や球形のものが多い。品種は馬歯(デントコーン)，硬粒(フリントコーン)，軟粒，甘味，爆裂，糯(もち)などに大別。一般に温暖適雨の地を好む。穀粒はデンプンを多量に含み，生食用のほか，製粉してコーンフレーク，コーンミール，パンや菓子の原料とする。また飼料としても重要。胚からはトウモロコシ油(コーンオイル)がとれ食用，油脂工業用とする。米国，中国，ロシア，ブラジル，メキシコなどが主産地。

【トウヤクリンドウ】

リンドウ科の多年草。本州，北海道の高山にはえ，千島，樺太にも分布。葉は披針形で対生する。8月，高さ10～20センチの花茎の頂に2～5個の花をつける。淡黄色の花冠は緑色の斑点があり，筒形で長さ4～5センチ。薬用となる。

【トウワタ】

熱帯アメリカ原産のキョウチクトウ科の一年草。高さ50～100センチになり，全体に無毛。茎は基部が木質化し，披針形の葉を対生する。

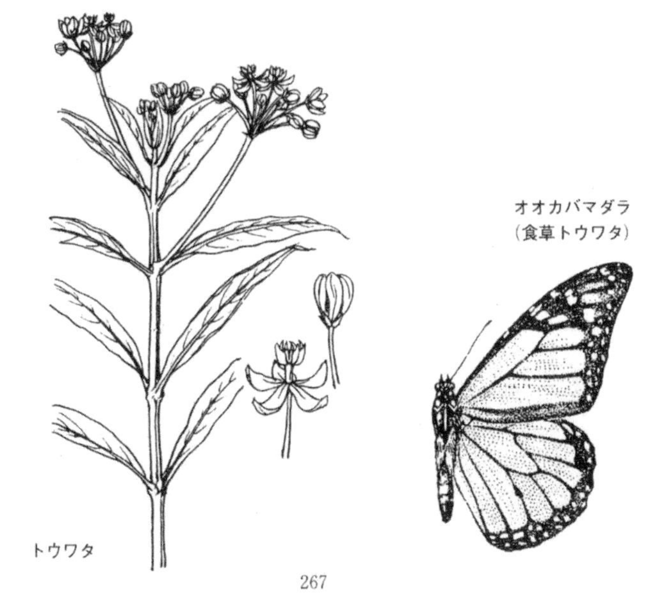

トキソ

4～9月，上部の葉腋から散形に花をつける。花冠は赤黄色で5深裂，黄色の雄しべが冠帽状に集まる。切花，鉢植とするほか，種子についた白い綿毛が詰物になる。

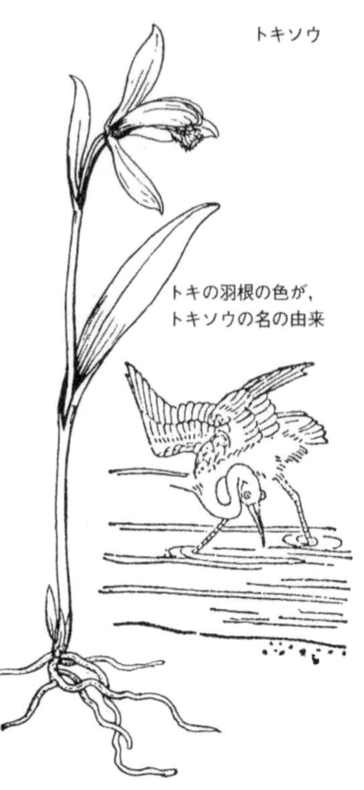

【トキソウ】

日本全土の湿原にはえるラン科の小型の多年草。茎は横走する根茎から直立し，高さ20～40センチ，中央付近に披針形のやや直立する1枚の葉がある。初夏，茎頂に淡紅色で半開する花を1個つける。花冠は長さ2～2.5センチ，狭長楕円形の花被片があり唇弁(しんべん)の内面には肉質の突起がある。

【トキリマメ】

本州～九州の山野にはえるマメ科のつる性多年草。葉は先のとがった卵形の小葉3枚からなり，下面に黄色の腺点がある。夏，葉腋から短い花穂を出し，黄色で長さ約1センチの蝶(ちょう)形花を十数個密につける。豆莢(まめざや)は繭

形の楕円形で長さ約1.5センチ，中に２個の黒色の種子があり，熟すと裂開する。莢(さや)が赤いのでベニカワともいう。近縁のタンキリマメはトキリマメによく似ているが，小葉は少し厚くて，毛が多く，広倒卵形で先はとがらない。

【トキワハゼ】

ハエドクソウ科の一年草で，日本全土，東アジアの路傍や庭などにはえる雑草。高さ10～20センチ，葉はへら形で対生。春～秋開花。花冠は淡紫色で，長さ１センチ内外，下部は筒形，上部は唇(しん)形になり，下唇は先が大きく３裂する。

【トクサ】

シダ植物トクサ科の多年草。本州中部以北の湿地にはえる。地下茎から多数出た濃緑色の地上茎は，枝がなく直立し，径約５ミリ，棒状で，高さ１メートル内外となり，３～４センチごとに節がある。葉はごく小さく，節に輪生。夏，茎頂に長楕円形の胞子嚢穂をつける。茎はケイ酸を含み，表面には溝があって，ざらつくので，細工物などをみがくのに用いた。庭に植え観賞する。

【ドクゼリ】

セリ科の多年草。北海道，本州，九州の湿地や小川にはえる。根茎は緑色でたけのこ状。茎は高さ１メートル内外となり，葉は２回羽状複葉となる。秋，複散形花序を出し，白色の小花を多数開く。猛毒植物で，誤食すると強直けいれんや呼吸困難におちいる。

【ドクダミ】

ジュウヤクとも。ドクダミ科の多年草。本州～九州，東南アジアに分布し，平地にはえる。全草に臭気がある。根茎が地中をはい，茎は高さ30センチ内外，卵状ハート形の葉を互生。6～7月，花弁のような4枚の白い総苞の上に淡黄色の小花を多数穂状につける。花弁はなく，雄しべ3本。全草を煎(せん)じて，利尿，駆虫薬とし，生葉を化膿，創傷などにはる。

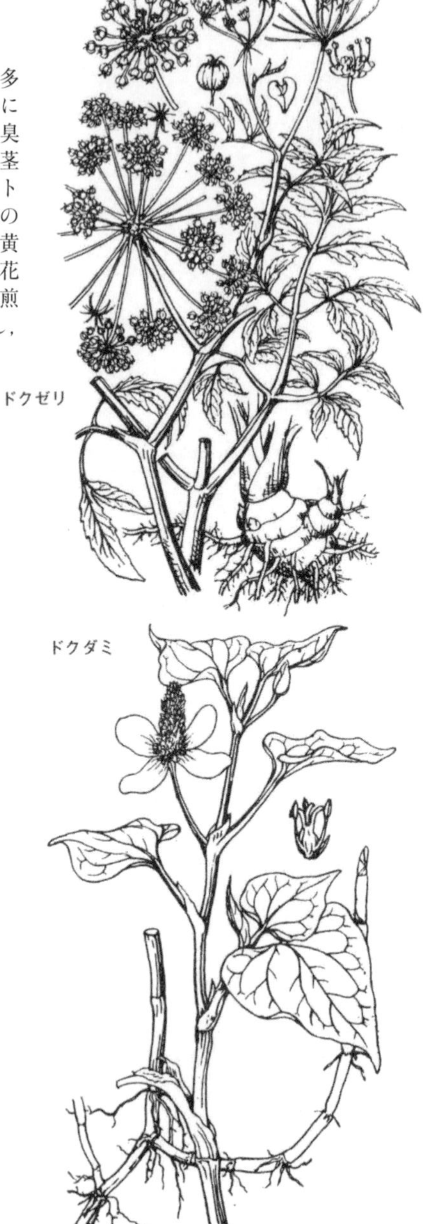

ドクムギ

【ドクムギ】

イネ科の一～二年草。欧州原産の帰化植物で，世界の温～暖帯に広く野生化している。路傍や荒地にはえ，5月ごろ開花。高さ60～90センチになり，細長い直立する穂状花序をつける。小穂は互生し，包穎(ほうえい)は小花よりも長い。種実は有毒。

【トケイソウ】

ブラジル原産のトケイソウ科の多年生のつる草。葉は掌状に5深裂。花は白色まれに淡紅色で平開し，がく片，花弁ともに5枚。中ほどが白く先端と基部が紫色の糸状の副冠が多数並び，花の中央に下部が1本になった5本の雄しべがあり，その上に花柱が3本ある雌しべがある。受難の十字架に似るのでパッションフラワーともいう。花を時計の文字盤に見立てた名。果実は黄熟する。観賞用に温室内で鉢植，地植とするが，暖地では戸外で越冬する。これに似たクダモノトケイソウは果実が卵形で濃紫色に熟す。果肉はだいだい色で芳香強く甘味と酸味があり，生食し，または果汁をパッションジュースとして飲料にする。暖地で栽培。両種とも繁殖はさし木による。

【トコロ】

オニドコロとも。ヤマノイモ科の多年生つる植物。日本全土の山野にはえる。根茎は肥大し，枝分れしてひげ根がはえ，苦味があるが食用にもなる。葉はハート形で互生する。雌雄異株。夏，黄緑色の花が咲く。花被片6枚。果実には3枚の翼がある。

【トダシバ】

イネ科の多年草。日本全土の野原や路傍に普通にはえる。長い地下茎をもち，茎は高さ60～130センチ，葉は広線形となる。花穂は大きい円錐状でまばらに小枝を分かち，8～10月に開花する。小穂は白緑色で，ときに紫色をおび，2小花からなる。

トコロ

【トチカガミ】

トチカガミ科の多年生の水草。本州～九州の池や沼の水面に群落をつくる。葉は柄が長く，丸いハート形，裏面の中央には海綿質の浮袋がある。夏～秋，細い柄の先に白色の3弁の一日花をつける。雄花は雄しべ6～9本，仮雄しべ3～6本，雌しべは柱頭6個。果実は球形となる。

トチカガミ

【トボシガラ】

イネ科の多年草。ほぼ日本全土にみられ，路傍や林下などに普通にはえる。高さ30～60センチになり，葉も茎も繊細。葉は幅1.5～3ミリ。5～6月に小穂のまばらについた円錐花序を出す。小穂中の小花は3～5個で，包穎(ほうえい)は小さく，外穎には芒(のぎ)がある。

【トマト】

南米原産のナス科の野菜。熱帯では多年草。温帯では一年草。茎には短毛があり，葉は5～9枚の小葉からなる羽状複葉で鋸歯(きょし)がある。夏，数個の黄色花を開く。果実は成熟すると赤色になるが，黄色，白色の品種もある。高温を好み，霜には弱い。初めは観賞用で，食用にされたのは18世紀以後といわれる。日本には18世紀初めに渡来し，昭和になって食用として普及。果実にはビタミンA，B_1，B_2，Cが豊富で，生食のほかケチャップ，ピュレー，ソース，ジュースなどにする。

【トモエソウ】

オトギリソウ科の多年草。北海道，本州，東アジア，北米に分布し山野の日当りのよい草地にはえる。茎は方形で枝分れして立ち90センチ内外，披針形の葉が対生する。7～8月，黄色で，5枚の花弁が巴(ともえ)形にねじれた花を開く。一日花で，雄しべ多数。果実は卵形で大きい。

【トラノオシダ】

チャセンシダ科のシダ。アジアの温帯〜暖帯に広く分布。路傍や崖のふちなどに多い。小さい地下茎から葉が集まって立ち，高さ10〜40センチ，葉柄は短く，濃褐色のすじがある。葉は倒披針形の２〜３回羽状複葉で，小羽片には切れ込みが多く，胞子嚢群は曲がった線形となる。

【トリカブト】

カブトギク,ハナトリカブトとも。古くから観賞用に栽培されるキンポウゲ科の多年草。高さ１メートル内外，掌状に深裂した葉を互生する。秋，茎頂に深紫色の高さ３

トモエソウ

シコタントリカブト

トラノオシダ

ハナトリカブト

センチ内外の花を多数円錐状につける。がく片5枚のうち，上側の1枚はかぶと状となる。花弁は2枚あり，蜜腺状となる。後，3～5個の果実を結ぶ。日本の山野に自生する近縁種も多く，ヤマトリカブトは茎がときに屈曲する。トリカブトの類は有毒で，アイヌは矢にこの根の汁を塗ってクマ狩に用いた。また根を干したものを烏頭(うず)，附子(ぶし)などといい漢方薬(強心利尿作用)とする。

【トリトマ】

シャグマユリとも。南アフリカ原産のユリ科の宿根草。性質はきわめて強健で耐寒性もあり，切花，花壇用に向く。6～10月，長い根出葉の間から花茎を50～100センチの高さに伸ばし，先端に黄だいだい色の細い筒状の花を下向きに穂状につける。オオトリトマは草たけが2メートルほどになり，9～10月に開花。矮(わい)性のヒメトリトマは切花向き。栽培は日照が十分であれば土質は特に選ばない。春，株分けでふやす。

ヤマトリカブト

トリカブト(鳥兜)は舞楽に用いる冠　花の形状が似る　下は《青海波》

【トレニア】

ハナウリクサとも。ベトナム原産のゴマノハグサ科の一年草。4月上旬に種をまき，8～10月に開花。秋の花壇に向く。草たけは20～30センチで，葉は卵形。頂生または腋生の花は唇(しん)形で，花筒と上唇は淡藍色，紫青色で3裂した下唇の中裂片の基部に濃黄色の斑紋がある。白色花もある。

トレニア

【トロロアオイ】黄蜀葵

中国原産のアオイ科の一年草。草たけ1～2メートル。葉は掌状複葉で5～9裂し細毛がある。夏，黄色の5弁花を開く。根の外皮を除いて乾燥したものを黄蜀葵(おうしょくき)根と呼び，古くから粘滑剤として用いられたが，現在ではねりと呼ぶ和紙抄造用糊料として重要。島根，広島，岐阜，埼玉などで栽培される。

トロロアオイ

トリトマ

ナ行

【ナガハグサ】

イネ科の多年草。おもに温帯に分布し，路傍や草原にはえる。地下茎は長く地中を走り，茎は高さ15～50センチ，葉は幅２～４ミリで細長い。花穂は円錐状で５～７月に開花。ケンタッキーブルーグラスと呼ばれて，牧草として広く使われ，また耐寒性が強く芝草としても利用。

【ナギナタコウジュ】

シソ科の一年草。日本全土の山野にはえ，東アジアに広く分布する。高さ30～60センチ，全草に強いかおりがある。葉は対生し長卵形で，長さ５～８センチ，縁には鋸歯(きょし)がある。秋，太い花穂を出し，淡紫色の小唇(しん)形花を一方に向けて開く。全草を乾燥させたものを香薷(こうじゅ)といい薬用とする。

【ナゴラン】

ラン科の常緑多年草。本州中部～九州の暖地の樹上や岩上にはえる。葉は短い茎頭に２列につき，狭長楕円形で厚くて硬い。夏，腋生の下垂した花茎に数個の花をつける。花は径1.5～２センチ，基部には前方を向いた袋状の距があり，花被片は淡緑色をおびた白色で，紫紅色の斑点がある。

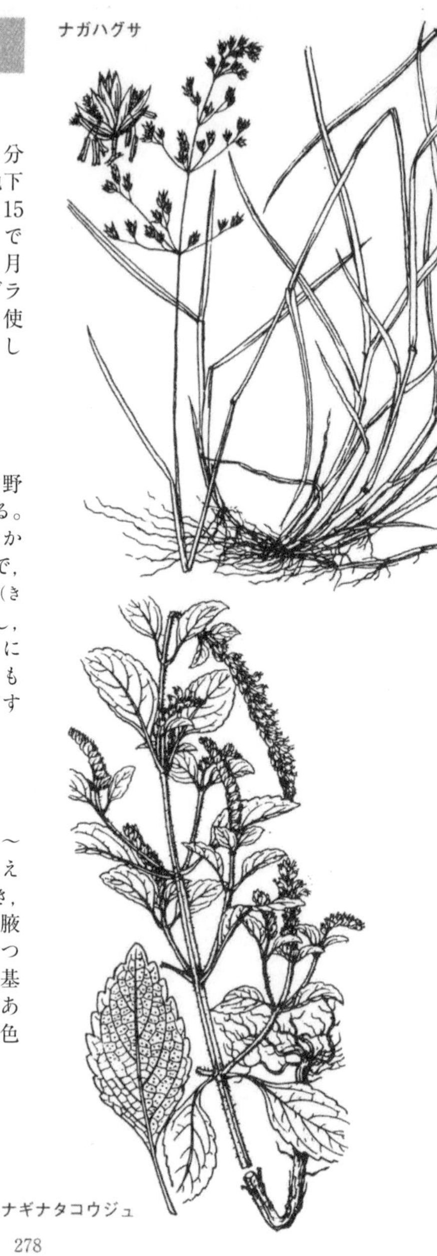

ナガハグサ

ナギナタコウジュ

【ナス】

ナスビとも。インド原産のナス科一年生の野菜。高さ60〜100センチ，葉は楕円形。淡紫色の花を1〜数個つける。果実は長円筒形，球形，卵形など種々あり，色はふつう黒紫色であるが白，黄，緑などもある。高温性で乾燥には弱い。日本へは古く中国を経て渡来し，丸ナス，卵形ナス，長ナスなど地方により多くの品種群に分かれた。一般に温床で3カ月ほど育苗してから定植する。果実は焼いても煮てもよく，特に鴫焼(しぎやき)は美味。塩漬，みそ漬，からし漬にしてもよい。

【ナズナ】

ペンペングサとも。日本全土の日当りのよい路傍や畑に多いアブラナ科の二年草。葉は羽状に深裂する。春，高さ10～40センチの花茎を立て，上方に小さい白色の４弁花を多数開き，のちに倒三角形の果実を結ぶ。春の七草の一つ。

【ナタネ】菜種

アブラナとも。アブラナ科の一～二年生の油料作物の総称。欧州～シベリア原産といわれ，いくつかの種を含む。温暖で肥沃な地を好むが適応性は広い。高さ80～150センチ，１株から数十本の枝を出し葉は厚く広い。春に花茎を出し総状花序に多数の黄色い小花を開く。実は細長く内部は２室に分かれ，中に黒褐色の小型の種子を13～24個含む。種子からナタネ油をとり，油粕(かす)はタンパク質を多く含み，飼料や肥料などにする。

ペンペングサ(ナズナ)は種子が三味線のばちに似る　下左は三さがり三絃の図《律呂三十六声麓の塵》から

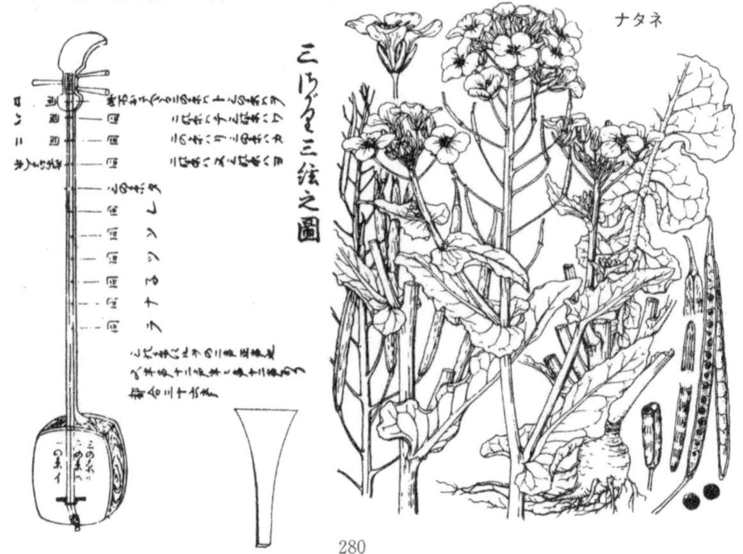

【ナタマメ】

熱帯アジア原産のマメ科のつる植物。葉は大型の3小葉からなり，夏に葉腋に淡紅紫または白色の蝶(ちょう)形花を開く。莢(さや)は20～30センチに発育し成熟すると堅くなって10個ほどの種子を含む。近縁のタチナタマメとともに若莢を福神漬のほか，みそ漬，粕(かす)漬などに利用する。

【ナツシロギク】

マトリカリアとも。東欧～西南アジア原産のキク科の二年草。草たけ30～60センチで，葉は羽状に深裂，径2センチ内外の黄または白色の頭状花をつける。舌状花が1列につくものと多列になるものがあり，また筒状花のみのものもある。秋まきで5～6月に咲き，春花壇と夏花壇の中間に使える。たけの高い種類は切花にもよい。

【ナツズイセン】夏水仙

本州中部以北に自生するヒガンバナ科の球根植物。春，長さ30センチ，幅2センチほどの葉が群出し，夏枯れる。8月ごろ，60センチくらいにのびた花茎の頂に，長さ約8センチのラッパ状の花を4～8個つける。花被片は6枚，淡桃色で青みをおびる。庭園の栽植用，切花とする。植込は開花の前後。

【ナツトウダイ】

トウダイグサ科の多年草，日本全土，東アジアに分布。茎は直立し，高さ約30センチ，細長い楕円形の葉を互生，切れば乳汁が出る。4～7月，卵形の総苞のある，トウ

ナデシ

ダイグサに似た杯状花序を出し，多数の雌雄花をつける。腺体は紅紫色で三日月形。果実には長い柄があり，球形で，熟すと３裂する。有毒植物。

【ナデシコ】

カワラナデシコとも。ナデシコ科の多年草。本州〜九州，東アジアに分布。茎は直立し，高さ50センチ内外，広線形の葉を対生する。７〜９月径３〜４センチ，白〜淡紅色の５弁花を開く。花弁の先は細く切れ込み，がくの筒は長さ３〜４センチ，下方に４〜６片の小苞がある。秋の七草の一つ。近縁のタカネナデシコは高山帯の砂礫(されき)地にはえ，高さ20センチ内外，茎の頂に１〜２個の大きな花が咲く。

【ナミキソウ】

シソ科の多年草。日本全土，東アジアの海岸の砂地にはえる。高さ10〜40センチ，全草に柔らかい毛がある。葉は対生し長楕円形。夏〜秋，葉腋に紫色の唇(しん)形花を１個ずつ対生し，一方を向いて立つ。花冠は長さ２センチ内外，上唇はかぶと形になり，下唇は舌状に開く。

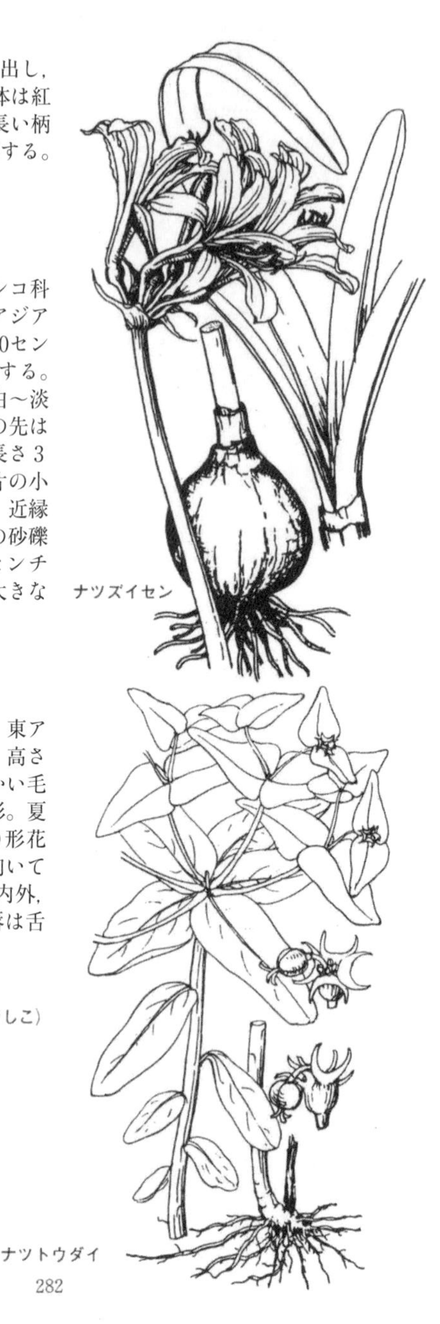
ナツズイセン

ナツトウダイ

江戸撫子(なでしこ)

【ナルコユリ】

日本全土，東アジア山野の草地や林の縁にはえるキジカクシ(クサスギカズラ科)科の多年草。茎は節のある根茎から出て高さ50〜80センチ。左右２列に10個内外，披針形で長さ８〜13センチの葉をつける。５〜６月，葉腋に緑白色の筒形で長さ約２センチの花を数個ずつ下垂して開く。近縁にアマドコロがある。

【ナワシロイチゴ】

日本全土の丘や土手などに多いバラ科の小低木。キイチゴの一種で，茎は高さ30センチ内外，とげがある。葉は先が鈍く鋸歯(きょし)のある３小葉からなり，下面は密綿毛があって白色となる。花は春，数個ずつつき，径約１センチ，花弁は淡紅色で小さく，内向きに立って開く。果実は６月に赤熟，食べられる。

【ナンテンハギ】

フタバハギ，タニワタシとも。マメ科の多年草で，日本全土の山野にはえる。葉は短い柄があり，1対の卵形，まれに広線形の小葉からなる複葉となる。夏～秋，葉腋から出た花柄上に，長さ1.2センチ内外の青紫色の蝶(ちょう)形花を総状につける。

【ナンバンギセル】

オモイグサとも。ハマウツボ科の一年生の寄生植物で，ススキなどの根に寄生する。葉緑体を持たない。本州～九州，東南アジアに分布。葉は鱗片状に退化する。秋，高さ15センチ内外の花茎を出し，頂に淡紅紫色で筒の長い花を横向きにつける。がくは舟形となり花筒の基部を包む。

ナワシロイチゴ

ナルコユリ

ナルコユリは花序が鳴子(なるこ)に似る
鳴子《和漢三才》から

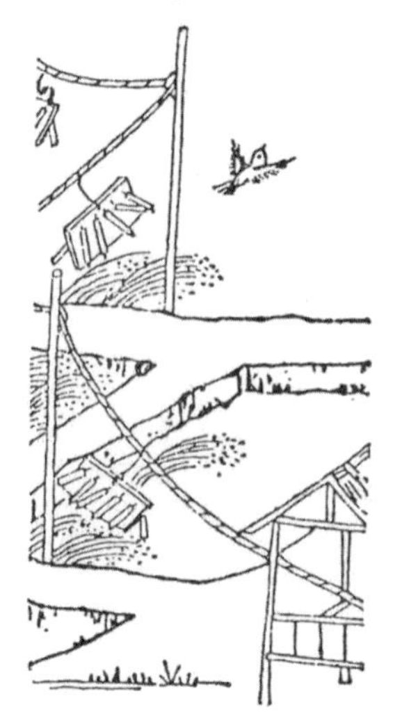

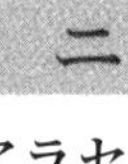

ニ

【ニオイアラセイトウ】

ウォールフラワーとも。欧州原産のアブラナ科の多年草。園芸的には秋まきの一年草として扱われる。高さ30～80センチになり，葉は先のとがった披針形。春～初夏，茎の上部に黄だいだい色の芳香のある４弁花を総状につける。花色が紫紅，赤等のもの，八重咲や矮(わい)性の品種もある。花壇向き。

【ニオイスミレ】

バイオレットとも。南欧～西アジアに分布するスミレ科の多年草。草たけ15センチ内外で，葉は濃緑色でハート形。花は芳香があり紫の濃淡，桃，白色で，八重咲もある。ふつうに見られるラ・フランス種にはほとんどかおりがない。切花，鉢植に向き，株分け，根伏せでふやす。

ナンバンギセル

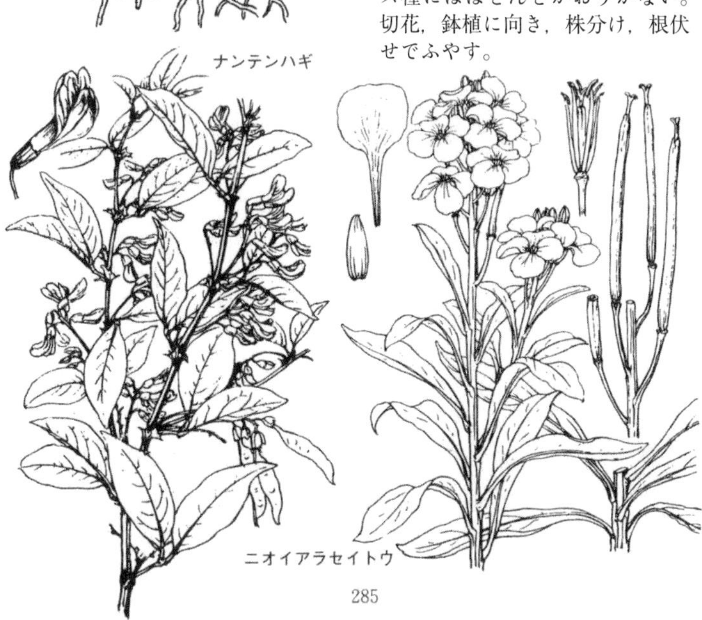

【ニガナ】

キク科の多年草。日本全土，東アジアの温～亜熱帯に分布し，山野にはえる。ちぎると白汁を出す。茎は上部が枝分れし，高さ40～70センチ。根出葉は柄が長く，茎葉は基部が茎を抱く。5～7月，舌状花5～7個からなる黄色の頭花を散状に開く。単為生殖をするものもある。本州，四国，屋久島の高山にはえるタカネニガナは，全体に小型で，茎は高さ7～17センチ，頭花は7～11個の舌状花からなる。ハマニガナは海岸にはえ，茎は長く砂中をはい，葉だけが地上に出る。舌状花は15個内外。

ニオイスミレ

ニガナ

ハマニガナ

【ニガヨモギ】

欧州原産のキク科の多年草。北米，アジア北部，北アフリカに野生。高さ１メートル内外，葉は白絹毛でおおわれた羽状複葉。開花期(７月)に採取した茎葉を苦艾(くがい)と呼び芳香性健胃剤などに用いる。アブサンの香味づけにも使われる。

ニガヨモギ

【ニシキソウ】

トウダイグサ科の一年草。本州〜九州，東アジアに分布し，畑などにはえる。茎はよく分枝して地面をはい，切れば白汁が出る。葉は長楕円形で対生。７〜10月，葉腋に赤紫色の杯状花序を出し，小さな雌花と雄花をつける。口部には４個の楕円形の腺体がある。近縁のコニシキソウは葉の中央に褐色の斑点がある。

ニシキソウ

コニシキソウ

【ニチニチソウ】

ビンカとも。熱帯に広く分布するキョウチクトウ科の小低木で，日本では春まきの一年草。草たけ60センチ前後で，光沢のある長楕円形の葉を対生。夏，葉腋につく花は高坏形で上部は５裂し，径３センチ内外。花色は白～紫紅色で中心に濃い目のあるものもある。

【ニッコウキスゲ】

ゼンテイカとも。日光など，本州中部以北の高原の草地にはえるススキノキ科の多年草。葉は線形で２列に根生する。初夏40～80センチの花茎を出し，オレンジ色で長さ10センチ内外の花を数個つけ日中に開く。花被片６枚。

ニッコウキスゲ

【ニラ】

中国南部～東南アジア原産といわれるヒガンバナ科の多年草。花茎は高さ30～40センチで白色の小花を多数つけ，扁平な線形葉を下部から出す。実生(みしょう)苗か株分けで繁殖。葉は柔らかく特有の強いかおりがあり，栄養価が高く生食，煮食する。また花は塩漬にして食べる。

ニラ

【ニリンソウ】

ガショウソウとも。日本全土，東アジアの林の縁や小川の縁などにはえるキンポウゲ科の多年草。葉は掌状に３裂し柄があって根生する。４～５月，20～30センチの花茎を出し，頂に３枚の総苞葉をつけ，その中心から２本内外の花柄をのばす。花は柄に単生し，径２～2.5センチで白色。５枚のがく片は花弁状，花弁はない。

【ニーレンベルギア】

温帯アメリカに分布するナス科の一属で,30種ほど知られているが,ふつう栽培されているものは次の2種。アマモドキはチリ原産,立ち性で高さ約1メートル,低木状に枝分れし,葉は柳形で長さ2～3センチ,花は淡青色で6月ごろ開花。ギンパイソウ(銀盃草)はラプラタ川河口地方原産,匍匐(ほふく)性で高さ20センチ内外,鉢物として吊鉢(つりばち)に向く。花は6月に咲き,芳香があり,径約3センチの広鐘形で乳白色。株を群生させると美しい。ともに秋,株分けをするが,耐寒性が強いので,中部以南では戸外で越冬できる。

【ニワホコリ】

イネ科の一年草。ほぼ日本全土に分布し,畑地や半陰地に普通にはえる。茎は繊細で,高さ10～30センチ,葉は狭い線形となる。8～10月に開花。花穂は狭楕円形で,長さ6～10センチ。小穂は淡紫色で4～8個の小花をつける。

【ニンジン】人参

欧州，北アフリカ～中央アジアの原産といわれるセリ科の一～二年草。羽状複葉の根出葉を出し，根はふつう倒円錐形で肥大し長さ10～100センチ，カロチンを含み黄～赤色。夏，100センチ前後の花茎を出し多数の小型白花を開く。品種は東洋系と西洋系とに大別され，また長根種と短根種にも分けられる。一般に表土の深い砂質壌土を好む。根はビタミンAが特に豊富で，生食，煮食のほか各種料理のつけ合せ，みそ漬，粕(かす)漬とする。また葉もビタミンAを多く含み，浸し物やパセリの代用ともされる。

ニワホコリ

【ニンニク】

ガーリックとも。西アジア原産といわれるヒガンバナ科の多年草。オオニンニクとヒメニンニクとがあり，ふつう前者をさす。花茎は高さ60センチ以上で，下部が鞘(さや)状になった扁平な葉を2～3枚出す。夏，白紫色の散形花を開く。鱗茎は5～6個の小鱗茎からなり，すりつぶすと強烈な刺激臭を発する。5～6月に収穫。古くから香辛料，強壮剤として知られ，特に中国，朝鮮，西洋の肉料理では多く使用される。粉末にしたものをガーリックパウダーという。

ニンジン

ニンジンの品種

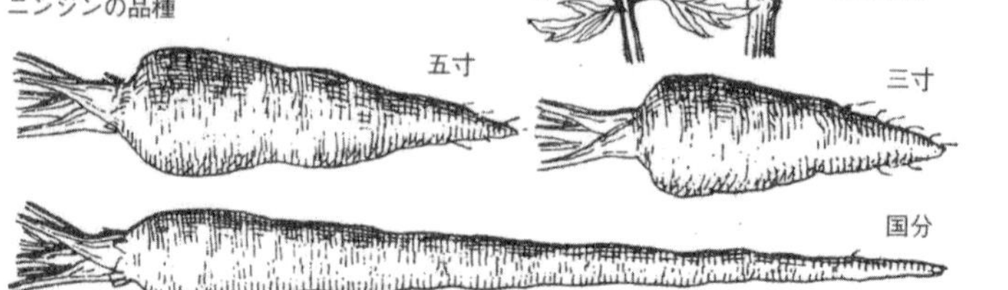

ヌ

【ヌカボ】

イネ科の多年草。日本全土にみられ，田の畔(あぜ)や多少湿った野原などに普通にはえる。高さ40～80センチ，5～6月開花。花穂は細長い円錐形で，多数の小穂がつく。小穂は小さく長さ2～3.5ミリ，のぎはない。近縁のコヌカグサは欧州から牧草として輸入された帰化植物で，高さ40～90センチ。花穂は円錐状で斜上枝が出る。春～初夏に開花。

【ヌスビトハギ】

日本全土のやや日陰の藪(やぶ)や草原にはえるマメ科の多年草。葉は長さ4～8センチの卵形の小葉3枚からなる。夏～秋，枝先に長い総状花序を出し，長さ3～4ミ

ヌスビ

リで淡紅色の蝶(ちょう)形花をまばらにつける。豆莢(さや)は平らで，2～4個の深いくびれがあり，両面に曲がった細毛があって，熟すとくびれでちぎれ，衣服などにつく。近縁のヤブハギは葉が茎の中央付近に集まってつく。

ヤグラネギ

ネギ

ヌスビトハギ

ヌスビトハギの豆果は盗人の忍び足の足跡に似る〈牧野〉という

盗人
《和漢三才》から

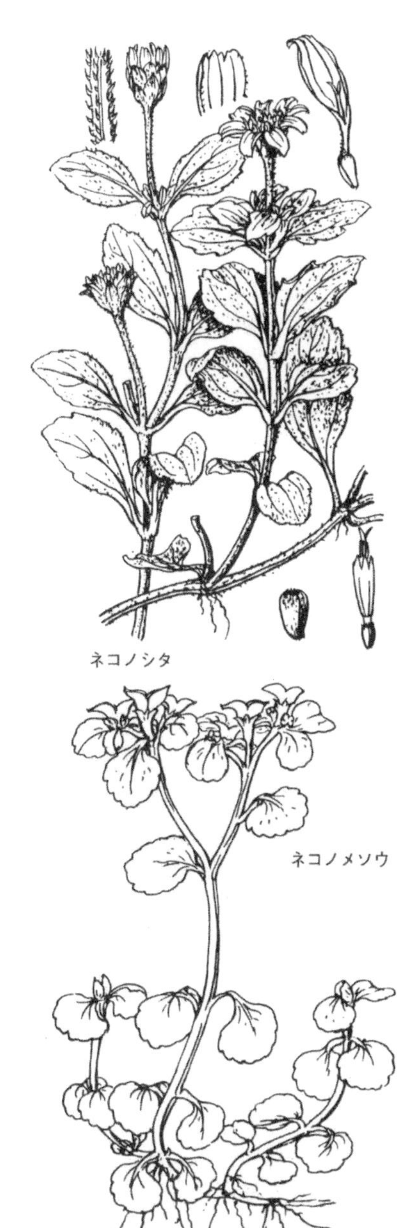

【ネギ】

中国西部原産といわれるヒガンバナ科の野菜。本来は宿根草であるが一～二年草として栽培。葉は中空の円筒状で表面は平滑，葉鞘は茎状をなし大半が地中にあり白色でやわらかい。春，円筒状で，高さ30～60センチの花茎を出し，夏季，頂部に散形の小花をつける。温暖地を好むが耐寒性は強い。近似種にワケギ，ヤグラネギなどがある。品種は，地中の軟白部を食べる根深ネギと，やわらかい緑葉を食べる葉ネギに大別。前者は関東に，後者は関西に多く，栽培法は多少異なる。ふつう移植を行なう。独特の香味をもち，鍋(なべ)物，あえ物，薬味などに広く用いる。

【ネコノシタ】

ハマグルマとも。キク科の多年草。本州中部～九州，東南アジアの暖～熱帯に分布し，海岸の砂地にはえる。茎は地をはい，節から根を出す。葉は卵形で厚く，短毛があり，ざらつく。7～10月，斜上した茎の先に舌状花と筒状花からなる黄色の頭花を単生。果実は長さ約2ミリ，先端に密に剛毛がある。

【ネコノメソウ】

ユキノシタ科の多年草で，日本全土の山地の湿地にはえる。匍匐(ほふく)枝が地上をはい，茎は高さ5～20センチ。葉は対生し卵円形で，縁には低い鋸歯(きょし)がある。3～5月，茎頂に黄色の小花を開く。がく片は淡黄緑色で，花弁はなく，雄しべは４本でがく片より短い。本州～九州の山地にはえるミヤマネコノメソウ(イワボタン)は葉が大きく，脈に沿って白斑があり，雄しべは８本で，がく片より長い。ハナネコノメは本州に分布し，がく片が白色で全草に軟毛がある。ヤマネコノメソウは日本全土，朝鮮，中国東北に分布し，葉は互生する。

【ネジバナ】

モジズリとも。日本全土の芝生など日当りのよい草地にはえるラン科の多年草。太い根があり，茎は高さ10～40センチ，下半分に広線形の葉を数個つける。花穂は長さ５～15センチ,晩春～夏,茎頂に出,長さ５ミリ内外で淡紅色の多数の花を１列にらせん状につける。

【ネナシカズラ】

ヒルガオ科の一年生の寄生植物。北海道～九州,東アジアに分布し,山野にはえる。地下の根は発芽の時だけで,のちに寄主にまつわり,吸根を出し,養分を吸収して生長。茎は赤色をおびた黄色で，葉は退化し鱗片状となる。８～９月淡黄白色の小花を穂状に密に開く。花冠は鐘形で，浅く５裂。果実は卵形で熟すと上部のふたがとれて種子を散らす。近縁のマメダオシは茎が細く，花も小さく，果実は平たい球形となる。

上　ミヤマネコノメソウ
下　ネナシカズラ

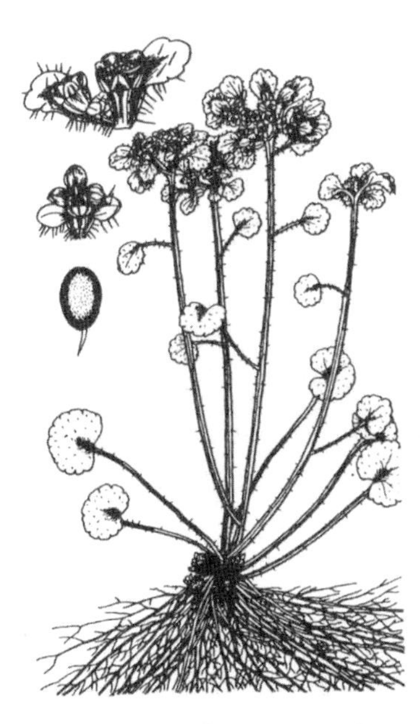
ヤマネコノメソウ

【ネモフィラ】

ルリカラクサとも。北米原産のムラサキ科の一年草。高さ20センチ内外，全草に粗毛がある。分枝性に富み，株が広がる。小葉は７〜９深裂する。花は径２センチ内外の杯形で青色。園芸種には斑紋のある花や白色花もある。陽地を好み，花壇向き。春秋いずれにも種子をまける。

ネジバナ

ネモフィラ

ノ

【ノウゼンハレン】

キンレンカ(金蓮花)，ナスタチウムとも。南米原産のノウゼンハレン科の一年草。茎はつる性で，葉は楯(たて)形。夏～秋，葉腋から長い柄を出し径４～７センチの５弁花を横向きにつける。花色は黄，赤等。がくの下部は長い距になる。箱か鉢に３月にまき，のちに鉢植または花壇に定植する。

【ノウルシ】

トウダイグサ科の多年草。北海道，本州，九州の河岸などの日当りのよい湿った草地に群生する。茎は直立し，上部は分枝して高さ30センチ内外，細長い楕円形の葉を互生する。４月黄色い卵形の苞葉の上に杯状花序をつける。腺体は黄色。果実は球形で表面にいぼがある。有毒植物。

【ノガリヤス】

サイトウガヤとも。イネ科の多年草。日本全土にみられ，野原や丘陵地の林などにはえる。高さ50～160センチ。初秋に開花する。花穂は円錐状で直立し，１小花からなる小穂を多数つける。近縁のヒメノガリヤスは山地にはえ，高さ30～60センチ。夏に開花。花穂は小型で卵形。ふつう葉鞘(ようしょう)の上端に短毛がある。

【ノキシノブ】

ウラボシ科のシダ。本州中部以西に分布。木の幹，岩の上，軒先な

ノウゼンハレン

ノウルシ

どに着生。葉は非常に短く小さい茎から接近して出，長さ10～30センチ,厚い線形で両端は細くなり，中脈が目立ち，葉脈は見えない。胞子嚢群は円形で，葉の中脈の両側に並ぶ。

【ノゲシ】

ハルノノゲシとも。キク科の二年草。日本全土，ユーラシア大陸の熱～温帯に分布し，路傍や畑にはえる。茎は高さ50～100センチ。アザミに似るが全体に軟らかく，ちぎれば白汁が出る。葉は羽状に裂け基部はとがった耳状となる。頭花は黄色の舌状花からなり，4～7月開花。果実は長さ３センチ，褐色に熟す。茎や葉は食べられる。本種に比し全体に大型のオニノゲシは，葉が厚くて硬く，基部はまるい耳状となる。

ノキシノブ

ヒメノガリヤス

ノガリヤス

【ノコギリソウ】

キク科の多年草。本州北部〜北海道，アジア北東部，北米の温〜寒帯に分布し，山地の草原にはえる。茎は高さ50〜100センチ。葉は基部が茎を抱き，長さ８センチ内外で，くしの歯状に裂け裂片には鋭い鋸歯(きょし)がある。頭花は白色で，舌状花と筒状花からなり，７〜９月茎頂に散房状に密につく。園芸品種もある。

【ノコンギク】

キク科の多年草。本州〜九州の山野にはえる。茎は分枝し，高さ50〜100センチ。葉は長円形で両面には小剛毛があり，ややざらつく。８〜11月，茎頂に黄色の筒状花と淡青紫色の舌状花からなる頭花を

多数つける。関西の日当りのよい山地に多いヤマシロギクは舌状花が白く，ときにわずかに紫色をおびることもある。ノコンギクの亜種と考えられている。

【ノジギク】

キク科の多年草。四国・九州の海岸近くの山や崖などにはえる。茎の基部は倒れ，上部は斜上して多くの枝を出す。葉は羽状に裂け，下面には灰白色の密毛がある。頭花は白，ときに淡黄色の舌状花と黄色の筒状花からなり，10〜11月ごろ開花。栽培ギクの一部の原種ともいわれる。

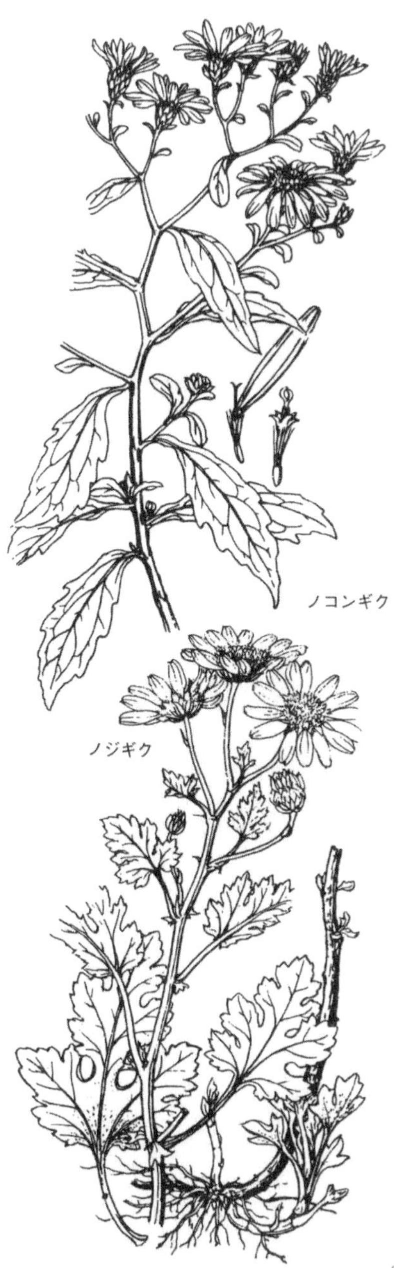

【ノダケ】

セリ科の多年草。本州～九州の山野に普通にはえる。高さ１～２メートル。葉は互生し，卵形の小葉からなる羽状複葉で，葉柄は鞘(さや)状になって茎を抱き，茎の上部ではよく発達し紫色になる。秋，茎頂に複散形花序をつけ，紫黒色で５弁の小花を多数開く。

【ノビル】

日本全土の林地草原にはえるヒガンバナ科の多年草。地下に白色球形の鱗茎をつける。茎は高さ40～60センチ，下方に線形で粉緑色をおびた長い葉が少数つき，その断面は三角形。５～６月茎頂に散形花序を出し，淡紅色で６弁の小花を多数つける。ふつう大部分の花は柄のないむかごになる。鱗茎はネギのようなかおりがあり，若いものは食用。

【ノブドウ】

ブドウ科の落葉つる植物。日本全土，東アジアの山野にはえる。葉は長い柄があって互生し，ハート形で３～５裂し，幅６～10センチ。７～８月淡緑色の小花を開く。果実は球形で，ふつう昆虫が入った虫こぶとなり，白・紫・青色となる。食べられない。

【ノボロギク】

キク科の一～二年草。欧州原産だが今では全世界の暖～温帯に帰化しており，日本には明治初年に渡来。多く道ばたや畑にはえる。茎は柔らかく，分枝して高さ20～40センチ，葉は羽状に裂ける。頭花

ノブドウ

ノビル

は黄色の筒状花からなり，ふつう春〜夏に開くが，一年中開花することもある。近縁のサワギク(ボロギク)は日本特産の野生種で，多年生，山地の林内にはえる。頭花は黄色で，舌状花と筒状花からなり，6〜8月開花。

【ノミノフスマ】

ナデシコ科の二年草。北海道〜九州，東アジアの温帯に広く分布し平地にはえる。茎は分枝して束生し，高さ15センチ内外，長楕円形の葉を対生する。春〜初夏，茎頂に白色の5弁花を開く。花弁は基部まで深く2裂するため，10弁のように見える。

ノミノフスマ

ノボロギク

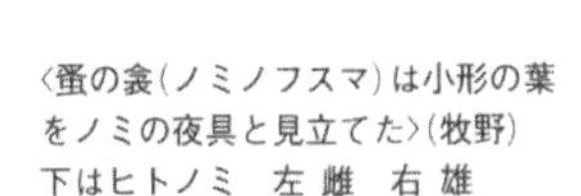

〈蚤の衾(ノミノフスマ)は小形の葉をノミの夜具と見立てた〉(牧野)
下はヒトノミ　左 雌　右 雄

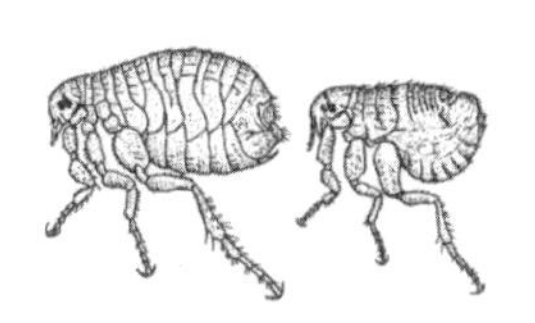

サワギク
(*ボロギク)

ハ行

ハ

【バイカモ】

ウメバチモとも。北海道，本州の水中にはえるキンポウゲ科の多年草。葉は数回糸状に裂け，茎に互生する。花は夏，葉腋から出た花柄上に1個つき，水上に浮かび，径1～1.5センチ，白色5弁で，ウメに似る。本州中部の水中にはえるイチョウバイカモは，ときに掌状に裂けた水上葉をつける。

【パイナップル】

熱帯アメリカ原産のパイナップル科の二年草。古くから熱帯各地に栽培され，日本でも沖縄や奄美諸

バイカモ

バイモ

パイナップル

島で栽培される。葉は剣状で厚い革質，ロゼット状に束生し，その中から抜き出た花茎に肉穂花序をなして淡紫青〜淡紫紅色の花が咲く。果実は楕円体状の集合果で食用部分は花托の肥大したもの。さし芽で繁殖。果汁が多く甘味と酸味が適和し，生食のほか，かん詰用となる。また葉から硬質繊維を取り織物原料とする。

【バイモ】

中国原産で，庭などに植えられ，ときに野生化するユリ科の多年草。茎は高さ30〜80センチ。葉は2〜3枚ずつ数段になってつき，線状披針形で長さ7〜15センチ。葉の先は長くとがり，上部の葉では巻きひげ状に巻く。4〜5月，茎頂に径4センチ内外，鐘形の花を数個，下向きにつける。6枚の淡緑色の花被片には内面に紫色の網紋があるためアミガサユリともいう。鱗茎は2枚の鱗片が相対して貝殻状，薬用となる。近縁のコバイモは全体に小さく，巻きひげはない。

【ハエジゴク】

ハエトリソウとも。北米東部原産のモウセンゴケ科の食虫植物。葉は根生で放射状に広がり，翼のある柄の先に，縁にとげ状の長い毛が並び，二枚貝を半ば開いたような葉をつける。葉面の左右に3本ずつはえた感覚毛に虫がきてふれると，急速に貝殻を閉じるような運動を起こし，虫を捕え，葉面で消化吸収する。初夏，直立させた花茎の頂端に白色の5弁花を数個つける。

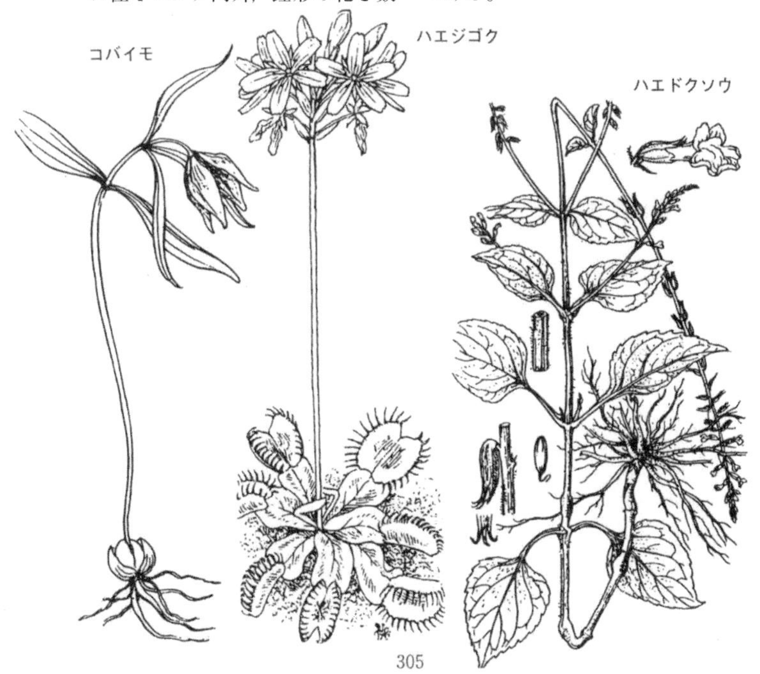

【ハエドクソウ】

ハエドクソウ科の多年草。日本全土，東アジアの林にはえる。高さ30～70センチ，葉は対生し，卵形～長楕円形で縁には鋸歯(きょし)があり，柄は細い。夏，葉腋に花穂を出し，多数の小花をつける。花冠は淡紅色で唇(しん)形，初め上向きであるが，花後下を向く。果実には1個の種子がある。根のしぼり汁に紙を浸してハエ取紙としたのでこの名がある。

ハクサンイチゲ

【ハクサイ】白菜

アブラナ科の一～二年生の野菜。冷涼な気候を好む。中国で古くから栽培・改良され，日本へは明治以後導入された。淡黄緑色，倒卵形の大型根出葉を多数出す。春，花茎を出し先端に淡黄色の小花をつける。葉には結球性，半結球性，不結球性のものがあるが，ふつう結球性のものをハクサイと呼ぶ。葉は繊維が少なく，冬の漬物に重用されるほか生食，煮食する。

ハクサイ
右は花と果実

エゾコザクラ（＊ハクサンコザクラ）

【ハクサンイチゲ】

本州中部以北の高山の草地にはえるキンポウゲ科の多年草。全体に白毛を疎生する。根出葉は柄があって掌状に裂ける。夏，高さ20〜40センチの花茎を出し，頂の総苞葉の中心から，小柄のある数個の白い花を開く。がく片は５〜６枚で，長さ12〜15ミリ，花弁状となり，花弁はない。

【ハクサンコザクラ】

ナンキンコザクラとも。本州の高山の湿った草地に群生するサクラソウ科の多年草。葉は少し多肉で長さ３〜８センチ，上半に鋭鋸歯(きょし)がある。夏，高さ５〜20センチの花茎を出し上端に１〜10個の花をつける。花は淡紅色で径２センチ，花冠は５裂し，裂片は２裂する。北海道にはえるエゾコザクラは全体に小型で葉の鋸歯も少ない。ヒナザクラは東北地方にはえ，小型で花は白い。

ヒナザクラ（＊ハクサンコザクラ）

ハクサンコザクラ

【ハクサンチドリ】

本州中部以北の高山の草原にはえるラン科の多年草。茎は高さ10〜40センチ，3〜6個の披針形の葉をつける。初夏,茎頂に紅紫色で,径約1.5センチの花を数個穂状に開く。花被片は広披針形で長さ約12ミリ，先はとがり，唇(しん)弁は3裂し,後方に筒形の距がある。

【ハクサンフウロ】

本州中北部の高山の草地にはえるフウロソウ科の多年草。全体に白毛があり,茎は高さ50センチ内外。葉は掌状に裂け，根出葉には長い柄がある。夏,茎頂に花柄を出し,径2.5センチ内外の淡紅色の5弁花を1〜3個つける。

ハクサンチドリ

ハクサンフウロ

ハクチョウソウ

【ハクチョウソウ】

ヤマモモソウとも。北米原産のアカバナ科の宿根草。草たけ１メートル内外，葉は披針形で縁に波形のあらい鋸歯(きょし)があり，柄がない。冬は根出葉だけが残る。６～７月，白または淡桃色の４弁の花を長い穂状につけ，群生して咲くと美しい。株分けは春がよく，実生(みしょう)も容易。

【ハゲイトウ】葉鶏頭

熱帯アジア原産のヒユ科の一年草。春じきまきして，秋の花壇で美しく着色した葉を観賞する。茎は直立し，1.5メートルほどになり，夏～秋，葉腋に淡緑または淡紅色の細かい花を密につける。葉の形は幅の広いものや細長くよじれたものなど変化が多い。葉色は紅・紫，黄・緑の２色種，紅・黄・緑の３色種，紅・黄・緑・紫の４色種の別がある。高温多湿を好む。

【ハコネシダ】

ハコネソウとも。ホウライシダ科のシダ。本州中部～九州に分布し，岩の間などにはえる。葉は長さ30～60センチ，まばらに二叉(ふたまた)状の複葉となり，葉柄・中軸などは細い針金状，紫色で光沢がある。小羽片は倒卵状扇形で，先端の中央部は折れ返り，胞子嚢群を隠す。茎，枝を玉箒(たまぼうき)とする。

【ハコベ】

ナデシコ科の一～二年草。日本全土，アジア～欧州に分布し，平地にはえる。茎は分枝して束生し，高さ20センチ内外，卵形の柔らかい葉を対生する。春～秋，枝先に白色の小さな５弁花を多数開く。花弁は基部近くまで深く２裂し，10弁花のように見える。雌しべは花柱３本。果実は卵形で，熟すと裂けて，種子をとばす。春の七草の一つ。近縁のウシハコベは葉が大型で，上部の葉の基部は茎を抱く。雌しべは花柱５本。

【バショウ】

バショウ科の大型多年草。中国原産で古く日本に渡来し，関東以南の暖地に観葉植物として広く栽培されている。根茎は大型塊状。葉は大きく広楕円形で，基部の鞘(さや)は互いに抱き合い茎のようになる。夏，葉心から花穂を出し，大きな苞葉の内部に15個内外の花をつけ，上部に雄花，下部に雌花を開く。花冠は黄白色で，先が唇(しん)形。果実はバナナ状となるが，食べられない。なお漢名の芭蕉はこの類の総称。

芭蕉庵の松尾芭蕉　窓の外にバショウが見える《江戸名所図会》から

ハコベ

バショウ

ハシリドコロ

【ハシリドコロ】

ナス科の多年草。本州～九州の湿った谷間にはえる。地下には太い塊茎があり，茎は高さ30～60センチ，葉は互生し楕円形で柔らかい。春，葉腋に暗紫色の花を単生。花冠は鐘形で長さ約2センチ，先は5裂する。塊茎，葉には猛毒があるが，かわかしたものをロート葉，ロート根といい，ロートエキスを作り，鎮痙(ちんけい)・鎮痛剤，アトロピンの原料などとする。

【ハス】蓮

熱帯アジア原産のハス科の多年生水生植物。水底の泥の中をはう地下茎の節から長い柄をのばし，径50センチ内外のほぼ丸く楯(たて)形をした葉を水面上に出す。夏の朝，水の上につき出る太い花茎上に1花を開く。花は径10～25センチで，芳香があり，花弁は20数枚，花色は淡紅，紅，白。花托はハチの巣状をなし，その穴の中にできた果実は堅い暗黒色の果皮で種子を包んでいる。種子の寿命はきわめて長く，泥炭層にあって，1000年以上発芽力を失わないといわれる。種子は食用になる。また秋の末に地下茎の先端の肥大したものが蓮根(れんこん)で，これを野菜として収穫するために各地の池や沼，水田で栽培される。蓮根の主成分はデンプンで，酢の物，あえ物，すし種，煮物，精進揚の種などにする。

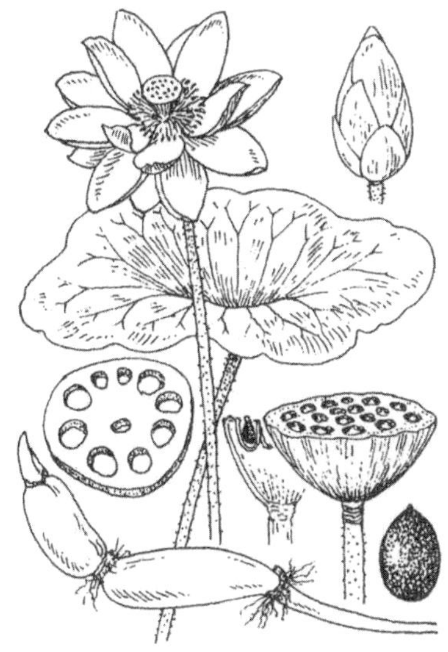
ハス

【パセリ】

オランダセリとも。地中海沿岸原産のセリ科の二年草。葉は束生，長い柄を有し３出複葉で小葉は細かくちぢれる。花茎は高さ50センチほどで黄緑色の散形花を多数つける。全草に芳香があり，鉄分，ビタミンA，Cが豊富で西洋料理の添え物やスープの香味料などにする。

【ハタザオ】

日本全土の日当りのよい草地にはえるアブラナ科の二年草。全体に粉白色をおび，下半部には毛がある。茎は直立して，あまり分枝せず，茎葉は広披針形で，基部には耳があって茎を抱く。晩春，茎頂に花穂を出し，微黄白色で４弁の小花を多数開く。花穂は下から開花するに従ってのび，30センチ内外に達する。果実は熟すと２裂し，小種子を散らす。近縁のヤマハタザオは全体に星状毛があり，花弁

パセリ

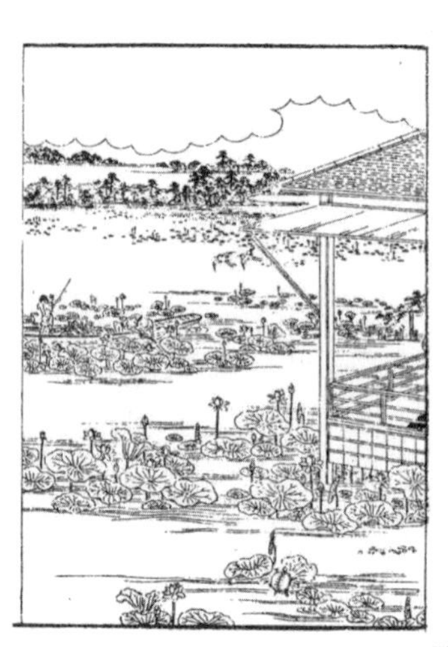

不忍池（しのばずのいけ）蓮見
《江戸名所図会》から

は白い。ハマハタザオは海岸にはえ，花穂が短く，花弁はやや大きい。深山にはえるミヤマハタザオは多年生で，全体に繊細，葉の基部は耳形にならない。

【ハッカ】薄荷

広く日本に野生し，また栽培されるシソ科の多年草。葉は楕円形，対生し鋸歯(きょし)があり，特有の香気をもつ。夏〜秋のころ，葉腋に淡紫色の小花を群生する。乾草を水蒸気蒸留しハッカ油を得，これからメントールを製造。セイヨウハッカ(ペパーミントとも)はこれに似るが，花は穂状に頂生する。メントール原料としては劣るが甘い香気があり，菓子などの香料に用いる。またミドリハッカ(スペアミントとも)は，メントールを含まないが強い香気があり，チューインガムなどの香料に用いる。

ハッカ

ミヤマハタザオ

ヤマハタザオ

【ハツカダイコン】

ラディッシュとも。欧州から導入されたアブラナ科ダイコン属の植物。季節，品種により早いものは播種後20日ほどで収穫できるためこの名がある。ふつうは40日前後かかる。根茎は小型の球形で表面は鮮紅色が多いが，白，黄，紫などもある。おもにサラダや酢の物とされる。

【ハナイカリ】

リンドウ科の一〜二年草。日本全土，東アジアの日当りのよい高原や湿原にはえる。茎は高さ10〜60センチ，葉は対生し，長卵形で，長さ2〜6センチ。8〜9月，葉腋に数個の淡黄色の花を開く。花冠は4裂し，各裂片の基部には長い距があって，船のいかりに似る。

【ハナイバナ】

ムラサキ科の一〜二年草。日本全土の平地にはえる。茎は高さ10〜20センチで，長さ2〜3センチの長楕円形の葉を互生する。夏〜秋，茎の上部の葉腋に径2〜3ミリ，淡青色で柄のある花をつける。花冠は5裂。果実は4個の小分果からなり，小さいこぶ状突起を密生する。

ハナウド

【ハナウド】

セリ科の多年草。本州〜九州の山野にはえる。茎は高さ1〜2メートル，円柱形で中空となる。葉は互生し，3回羽状複葉で，葉面には柔らかい毛がある。夏，茎頂に大型の複散形花序を出し，多数の白い小花をつける。若い葉は食べられる。

【ハナカタバミ】

南アフリカ原産のカタバミ科の多年草。地下に鱗茎があり，葉は丸いハート形の小葉3枚からなる。夏〜秋，高さ約30センチの花茎の先に6〜12花を散状につける。花径は2〜3センチ，花色は光沢ある濃桃，または紫紅色。鉢植，花壇用に向く。

【ハナシノブ】

九州の山地草原にはえるハナシノブ科の多年草。花壇にも植えられ

ハナシノブ

ハナカタバミ

る。高さ70～100センチ内外の直立した茎に奇数羽状複葉をつける。夏，茎頂に円錐状につく花は青紫色で径2センチ内外，花弁は深く5裂する。がくは鐘状で，花弁が落ちてもあとに残る。種子は秋まきするが，株分けでもよい。

【ハナショウブ】花菖蒲

アヤメ科の多年草で，日本の代表的な初夏の園芸植物。日本各地，東アジアの山地草原に自生し，6～7月に赤紫色の花を開くノハナショウブを栽培改良したもの。アヤメ，カキツバタとは剣状葉の中脈が著しく隆起している点で異なる。品種が多数つくられたのは主として江戸時代以後で，江戸郊外堀切の菖蒲園でつくられた江戸(東京)ハナショウブと，これを移植して作出された花弁の幅が広く豪華な肥後(熊本)ハナショウブ，花弁が優美にたれ下がる伊勢ハナショウブの3系統がある。いずれも野生種に比べると大輪で，花色も紫，白，淡紅，それらの絞り，覆輪があり，花型にも八重咲，獅子(しし)咲等がある。鉢植，菖蒲田で観賞栽培され，株分けでふやす。

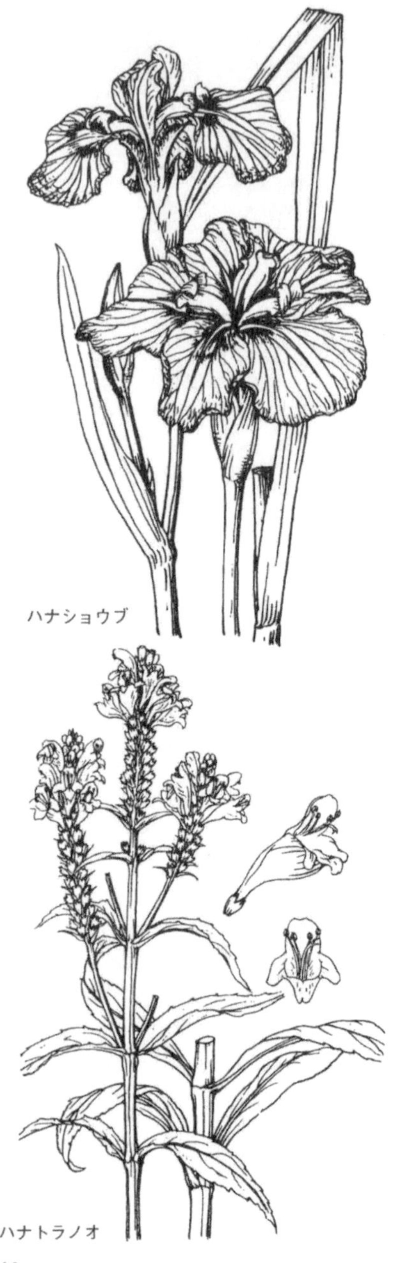

ハナショウブ

ハナトラノオ

【ハナトラノオ】

カクトラノオとも。北米原産のシソ科の多年草。切花用が主で，花壇にも植栽。高さ60～100センチになり，茎は四角で節がある。縁に鋸歯(きょし)のある披針形の葉を十字対生する。夏～秋，茎頂に淡紅，紫紅，紅色の唇(しん)形花を穂状に密につける。丈夫で，株分けでふやす。

バナナ

【バナナ】

東南アジア原産のバショウ科多年草。茎は多数の葉の葉鞘が互いに抱き合ってできた偽茎で円柱状，直径10センチ以上，高さ２～５メートルになる。葉束の中心から花茎をのばし，その先端に花序を出して，20数個の赤紫色の苞葉に包まれた淡黄色の花をつける。果軸には７～10段ほどの果段があり，各段に十数個の果実がつく。果実はふつう３室で野生種では硬い種子を生ずるが，改良種では室の区分は不明瞭で種子も生じない。塊茎芽で繁殖。熱帯各地に栽培され，原地では生食のほか種々に調理される。日本ではおもに台湾，エクアドルから青いものを輸入し追熟させて食べるほかジュース，乾燥バナナなどにする。

ハナニラ

【ハナニラ】

アルゼンチン原産のヒガンバナ科の球根植物で，鉢植，花壇に群植するのに向く。ニラやネギのようなにおいがある。草たけは15～30センチ，扁平な線形の葉を鱗茎の先から数本出す。３～４月，葉間から花茎を出し，径３センチほどの１花，まれに２花をつける。花被片は６枚で白色。紫色花をつける変種もある。実生(みしょう)，分球でふやす。

【ハナビシソウ】

北米原産のケシ科の多年草。５～６月の花壇用に，日本では秋まきの二年草として扱われる。全草粉白色を帯び，高さ50センチほどになる。葉は細かく糸状に裂ける。花は径約５センチの黄～だいだい色の4弁花で，花弁の基部は濃だいだい色。花色が白，淡紅，また八重咲の品種もある。

【パナマソウ】

熱帯アメリカ原産のパナマソウ科の多年草。地上茎は発達せず，葉は地ぎわから叢生(そうせい)する。葉は長さ2メートル前後の柄を有し，葉身は長さ1メートル内外の扇形で掌状に深裂する。若葉をひも状に細く裂いて漂白し，パナマ帽や籠(かご)などを編む。

【バニラ】

中米原産のラン科のつる性多年草。茎は棒状で白色の気根を生じ，これで他物にからまる。葉は多肉で長楕円形。花は黄緑色で，総状をなして咲く。果実は円柱状三稜形で，特有な香気を有し，乾燥後，発酵させて香料バニラエッセンスを製する。

【ハハコグサ】

ホウコグサとも。キク科の二年草。日本全土，東アジアの熱～温帯に分布し，路傍や家の近くにはえる。茎は高さ15～40センチ，葉は両面密に綿毛におおわれる。黄色の頭花は糸状の雌花と筒状の両性花からなり，4～6月に開花。総苞片は淡黄色となる。ゴギョウ(オギョウ)ともいわれ，春の七草の一つ。葉を餅(もち)などに入れて食べる。総苞片が暗褐色を帯びるチチコグサは多年生で，茎は分枝しない。

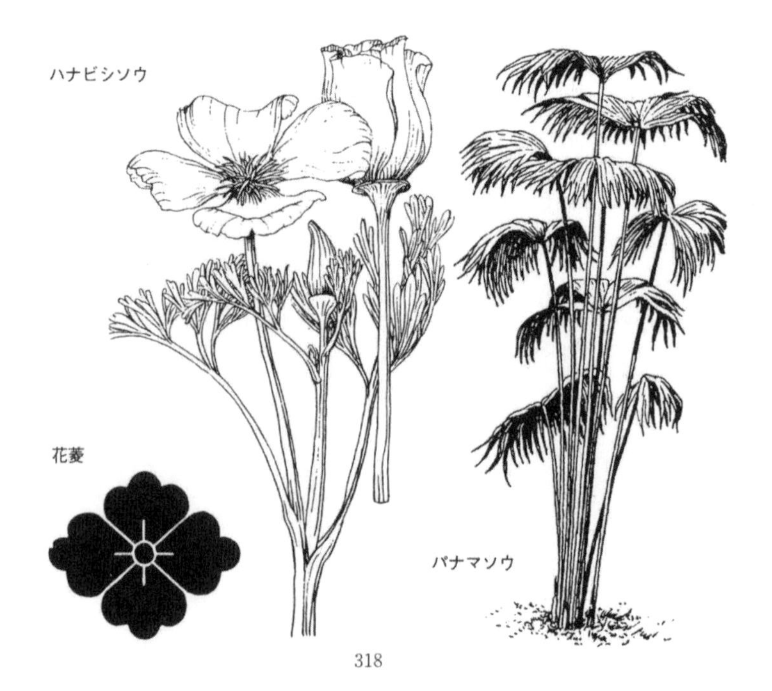

バニラ

【バーバスカム】

おもに地中海沿岸に分布するゴマノハグサ科の一属で250種ほどあるが，日本で花壇，切花用に栽培されるのは数種で，秋まきの二年草として扱われる。普通にみられるビロードモウズイカは全株に軟毛を密生し，茎は直立して高さは2メートルに達する。夏，茎頂に花冠の5裂した黄色花を穂状につけ，下から咲いていく。これより小型でほとんど毛のないモウズイカや，花色に変化のある交配種もある。

【パピルス】

カミガヤツリとも。ナイル川上流，パレスティナ，南欧原産のカヤツリグサ科の大型の多年草。高さ2メートル以上になり，茎は緑色で太く，鈍い3稜がある。古代エジプトから筆写材料として用いられ，紙が普及する8～9世紀まで湿地や浅水地で盛んに栽培された。現在では日本でも観賞用として温室

下　ハハコグサ
右下は近縁のチチコグサ

内で栽培されている。筆写材料としてのパピルスは，茎の中の髄をとり出して縦に裂いて並べ，茎の細片で24センチ×15センチほどの大きさに編んだもの。エジプトでは第5王朝(前25世紀)から後10世紀まで使用され，パピルス文書は古代エジプト学の貴重な資料となっている。またプトレマイオス朝，ローマ帝国，ビザンティン帝国時代にはギリシア文字で書かれたパピルス文書があり，ヘレニズム世界の研究に役立っている。

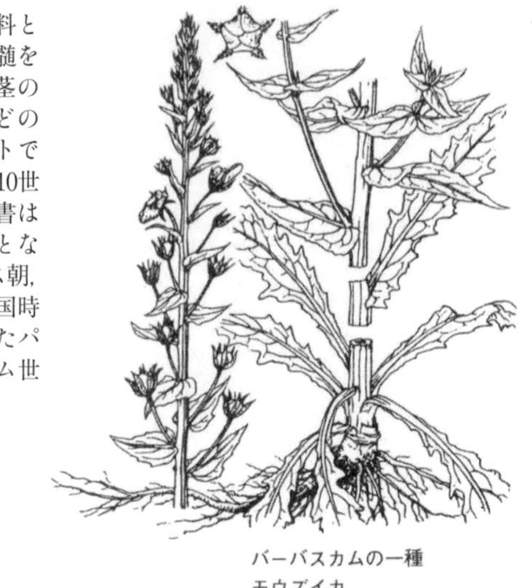

バーバスカムの一種
モウズイカ

パピルス

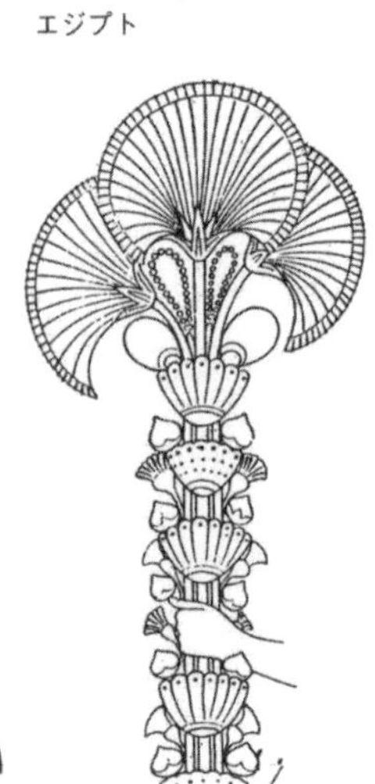

パピルス文様
エジプト

ビロード
モウズイカ

【ハブソウ】

アジア南部原産のマメ科の一年草。草たけ1メートル内外，葉は偶数羽状複葉で，小葉は先のとがった長楕円形。夏季黄色花を開き，10センチ前後の豆果をつける。種子を乾燥したものを望江南子(ぼうこうなんじ)と称し，緩下剤，強壮剤とし，また，はぶ茶とする。

【バーベナ】

ビジョザクラ(美女桜)とも。原種は南米原産のクマツヅラ科の多年草で，普通にみられるのは交配種である。茎は横に広がり，のち起き上がって30センチ内外の高さになる。葉は対生し，縁にあらい鋸歯(きょし)がある。春～秋，茎頂に散形花序をつけ，サクラソウに似た花を多数開く。花色は赤，白

ハブソウ

バーベナ

紫等，多くの品種がある。花壇，鉢植に向き，実生(みしょう)，さし芽でふやす。東京以北ではフレーム内で越冬。ほかに，草たけ1メートル以上になるサンジャクバーベナ，葉が線形羽状に裂け，全体に小型のヒメビジョザクラ等がある。

ハボタン

【ハボタン】葉牡丹

原種は欧州原産のアブラナ科の植物で，キャベツと母種を同じくするが別の変種。江戸時代に渡来し，日本で改良されて多くの品種ができた。葉の色に紅紫色系と白色系があり，波状にひだのある葉が細かくちぢれるちりめんハボタン(名古屋ハボタン)と，葉縁が丸くひだのない丸葉ハボタン(東京ハボタン)に大別される。前者は鉢植や花壇用に適し，後者は切花用。両者の中間種もある。7月に播種，葉が着色する12～1月に観賞。

【ハマエンドウ】

日本全土の海岸の砂地にはえるマメ科の多年草。全体に粉白色をおび，茎は高さ50センチ内外，基部は倒伏し，長い根茎に連なる。葉は8～12枚の楕円形の小葉からなり，先は巻きひげとなる。春～夏，葉腋から出た花柄上に長さ2.5～3センチで紫紅色のエンドウに似た蝶(ちょう)形花を数個つける。

ハマエンドウ

【ハマギク】

キク科の多年草。関東～東北地方の太平洋側の海岸にはえ，庭にも植えられる。茎は低木状で太く，高さ50～100センチ。葉は対生し肉質で光沢がある。頭花は白色の

舌状花と黄色の筒状花からなり，9～11月開花。後に，長さ３ミリ内外で冠毛のある果実を結ぶ。

【ハマサジ】

イソマツ科の二年草。本州～九州の海岸の砂地にはえる。葉は根生してロゼット状となり，へら形で長さ８～15センチ，硬くて厚い。花茎は高さ20～50センチ，よく分枝し，秋，茎頂に穂状花序を出し，小さな花を密につける。花の基部には膜質の苞葉があり，がくは赤みをおびた白色，花冠は小さく，黄色で５裂する。

【ハマダイコン】

アブラナ科の二年草。ダイコンが野生化したもので，特に海岸地方に多い。全体にダイコンに似てい

るがやせ，根は長くのびて，肥厚しない。茎は高さ40～80センチ，葉は羽状に裂ける。4～5月，総状花序を出し，長さ約2センチの紅紫色をおびた4弁花をつける。

ハマヒルガオ

【ハマヒルガオ】

ヒルガオ科の多年草。日本全土，アジア，欧州，太平洋諸島に分布し，海岸の砂地に群生する。地下茎は砂中をはい，茎はつる性となる。葉は長柄があって互生し，腎臓形で，厚く，光沢がある。5～6月に淡紅色のヒルガオに似た花を開く。果実は球形で，種子は黒い。

【ハマボウフウ】

セリ科の多年草。日本全土，東アジアの海岸の砂地にはえる。根は黄色で深くのび，茎は短くて，高さ5～10センチ。葉は砂上に広がり，2回3出複葉で，厚く，光沢がある。夏，茎頂に複散形花序を出し，小さな白花を開く。花茎，花柄には白毛が密生。若い葉の葉柄は紫紅色で刺身のつまにされる。

ハマボウフウ

【ハマボッス】

日本全土の海岸にはえるサクラソウ科の二年草。全体に多肉で毛がなく，多少赤みをおびる。茎は高さ10～40センチ，葉は光沢があって長さ2～5センチ，中脈はくぼむ。初夏，茎頂に花穂を出し，白色で径1センチ内外の花をつける。花冠は5裂。花穂は初め短く，のち長くのびる。

【ハヤトウリ】

熱帯アメリカ原産のウリ科のつる性多年草。初め鹿児島県に導入されたのでこの名がある。葉は広卵形でつるは棚にはわせると10メートルにも達する。花は雌雄同株で淡緑白色。果実は倒卵形で1株に数十～数百個着生する。生食のほか薄く切って漬物などにする。

【ハラン】葉蘭

中国原産のキジカクシ科の常緑多年草。観葉植物として庭園に植えられ，生花用ともされる。地下をはう根茎のところどころから，長さ40センチ，幅12センチ内外の長楕円形で長い柄のある葉を立てる。春，筒状釣鐘形で紫褐色を帯びた，やや肉質の花を1本の花柄に1個，地表すれすれにつける。葉に縞斑(しまふ)や星斑などの斑入品種もあり，果実と根茎は薬用にされる。

上　ハマボッス
下　ハラン

ハヤトウリ

【ハルジオン】

ハルジョオンとも。キク科の二年草。北米原産の帰化植物で，大正年間に渡来。茎は高さ30～100センチでやわらかく，4～6月黄色の筒状花と白色の舌状花からなる頭花を散房状に開く。全体にヒメジョオンによく似るが，葉の基部は茎を抱き，つぼみはうなだれ，舌状花は紅色をおびる。

ハルジオン

【ハルシャギク】

クジャクソウ，ジャノメソウとも。北米原産のキク科の一年草で，庭や花壇に栽植。草たけ1メートル以上の高性種，30センチほどの矮(わい)性種がある。葉は2回羽状に切れ込み，裂片は線形。夏，細長い花柄の先に径3センチ内外の頭花を開く。舌状花は7～8個，鮮黄色で基部に濃赤褐色の斑紋がある。花色に変化のある園芸種もある。

春の七草

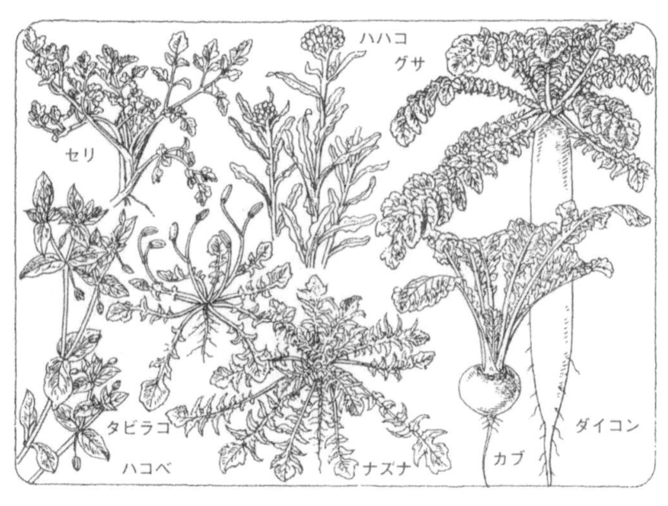

ハルシャギク

【春の七草】はるのななくさ

春の若菜の中で代表的な７種を選んだもの。古歌に〈芹(せり)なずな御形(ごぎょう)はこべら仏の座，すずなすずしろこれぞ七草〉とよまれる。御形はハハコグサ，はこべらはハコベ，仏の座はタビラコ，すずなはカブ，すずしろはダイコンをさす。

【ハンカイソウ】

キク科の多年草。本州(静岡以西)〜九州，東アジアの温〜暖帯に分布し，山地のやや湿った所にはえる。茎は高さ60〜100センチ，普通紫の斑点がある。根出葉は長い柄があって掌状に裂ける。７〜８月，茎頂に散房状の花序を出し，舌状花と筒状花からなる黄色の頭花を開く。近縁のマルバダケブキは静岡以北の本州に多く，四国にもまれに産し，葉は腎臓形で切れ込まない。

ハンカイソウ

七草の行事《絵本江戸風俗往来》から

【ハンゲショウ】

カタシログサとも。ドクダミ科の多年草。本州～九州，東アジアの平地の水辺にはえる。茎は直立し，高さ80センチ内外，長卵形の葉を互生する。６～８月，白色の小花を多数穂状につける。花被はない。半夏生(はんげしょう)のころ茎の上部の葉が白くなるのでこの名がある。

【ハンゴンソウ】

キク科の多年草。本州中部～北海道，東アジアの温～寒帯に分布し，深山にはえる。茎は直立し，高さ１～２メートル。葉は羽状に裂け，やや掌状を呈する。７～９月，茎頂に大型の散房花序をつけ，舌状花と筒状花からなる黄色の頭花を開く。

【パンジー】

サンシキスミレとも。欧州原産のスミレ科の多年草。夏の暑さに弱いので，日本では秋まき二年草として扱う。春の代表的な花壇用草花となっている園芸種は，19世紀

夏至から11日目を半夏(生)という
下は絵暦　半夏(禿頭の人物)が
6月5日であることを示している

パンジー

以来交雑によって改良されたもの。花径が10センチ以上にもなる大輪のスイスジャイアント系は花色が豊富で，紫・青・黄・赤・白・濃褐色等，斑紋や覆輪もあり，鉢植にも向き，切花に適した長茎種もある。花径２センチ前後の小輪種は多花性で強健，花壇用。

【ハンショウヅル】

本州の山地にはえるキンポウゲ科のつる性多年草。葉は鋸歯(きょし)のある卵形の小葉３枚からなる。初夏，若枝の基部付近から細い花柄を出し，鐘形で，長さ2.5～３センチの花を１個下垂して開く。４枚のがく片は紫色，花弁状でやや厚く，花弁はない。近縁のミヤマハンショウヅルは高山にはえ，小葉は１～２回３出複葉で，花柄の基部には１対の葉がある。がく片は大きく，上方が次第にとがり，花弁は小さい仮雄しべとなる。

ハンショウヅル

ヒ

【ヒアシンス】

ギリシア，小アジア原産のキジカクシ科の球根植物。現在，春の花壇，鉢植で観賞されている園芸種はおもにオランダで改良された系統である。地下の鱗茎から，厚くて細長い葉を数個叢生(そうせい)し，10～30センチにのびた花茎の先に総状に花をつける。花被片は６個で基部は合一する。花色は白・黄・紅・紫・青などで，八重咲もある。分球でふやし，植付けは秋。水栽培にも向く。

【ヒエ】稗

アジア原産のイネ科の一年草。高さ1～2メートル，穂は総状で長さ15センチ前後。種実は短楕円形で小さい。灰色のものが多いが褐色，赤褐色のものもある。春にまき，秋に収穫。強健で病虫害に強いので以前は救荒作物として広く栽培された。種実をかゆ，もち，菓子などや小鳥の餌にし，青刈りの茎葉を飼料とする。

ヒアシンス

【ヒオウギ】

日本南部～台湾に自生するアヤメ科の多年草で，庭園や切花用に植栽。長さ30～50センチの広剣状の葉は左右交互に扇形に並び，茎は枝を分けて1メートル内外の高さになる。夏，枝頂につく花は径約

ヒエ

ヒオウギ

5センチ，花被片6個で黄赤色，内面に赤色の斑点がある。蒴(さく)果は秋に裂け，光沢のある黒い丸い種子を現わす。変種のダルマヒオウギは矮(わい)性で葉の幅が広く，切花用に多く栽培されている。

ビカクシダ

【ビカクシダ】

コウモリランとも。オーストラリア原産のウラボシ科の着生シダ。観葉植物として温室内で栽培。2種の葉があり，裸葉は皿状で樹幹に重なり合って密着し，そこからシカの角状に先の分岐した，胞子をつける実葉を出す。ジャワ原産のナガバビカクシダは長さ1メートルにもなる実葉を下垂する。

【ヒカゲノカズラ】

シダ植物ヒカゲノカズラ科の多年草。亜寒帯〜熱帯の崖，山腹などに多い。茎は紐(ひも)状で長くのび，まばらに二叉(ふたまた)に分かれて地面をはう。葉は堅いとげ状で小さく，茎の周囲に密生。夏，2〜4叉に分枝する細い枝が立ち，頭に胞子嚢穂をつける。胞子は石松子(せきしょうし)といい，丸薬の衣などとする。

ヒカゲノカズラ

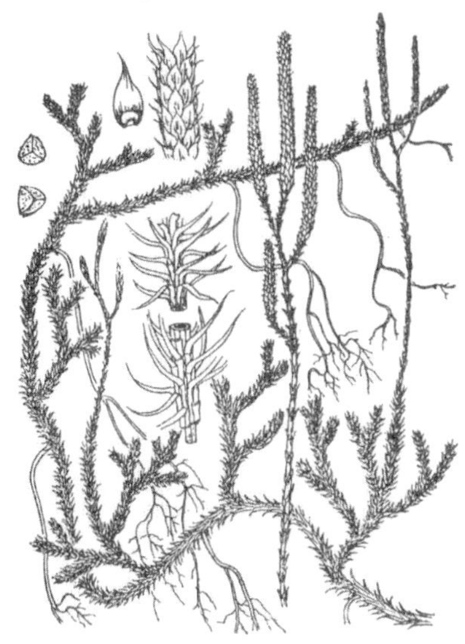

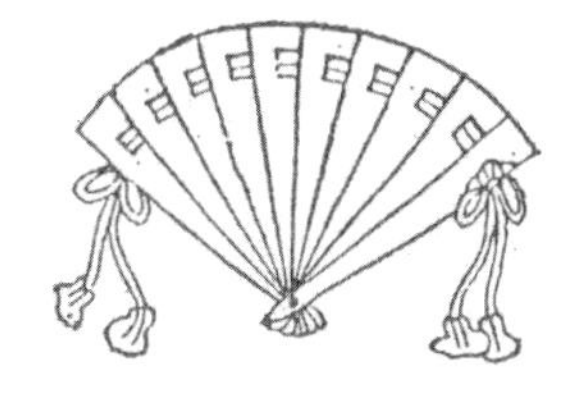

檜扇（ひおうぎ）
《和漢三才図会》から

【ヒガンバナ】

マンジュシャゲとも。ヒガンバナ科の多年草。古く中国から渡来したといわれ，本州～九州の，田の畔(あぜ)，堤などにはえる。鱗茎は広卵形で黒い外皮がある。葉は初冬に出，4月に枯れ，9月(秋の彼岸)ごろ高さ30～50センチの花茎を立て，数個の朱紅色の花を開く。6枚の花被片は細く，強くそり，6枚の雄しべは長く突出する。結実しない。全草にリコリンなどのアルカロイドを含み有毒。近縁のシロバナマンジュシャゲは九州に産し，花が白い。

【ヒキオコシ】

シソ科の多年草。北海道～九州の山野にはえる。茎は高さ1メートル内外。葉は対生し，卵形で長さ6～15センチ，縁にはあらい鋸歯(きょし)がある。秋，多数の淡紫色で小さな唇(しん)形花を円錐状につける。全草を乾燥したものを延命草といい，健胃剤とする。

【ヒシ】菱

ミソハギ科の一年生水草。日本全土，東アジアに分布。泥中に根があり，茎は長く，先端に葉が車座に集まってつく。葉柄は長く，一部が太くなって空気を入れ，浮袋の役をする。葉は菱形で鋸歯(きょし)があり，光沢がある。7～9月，葉間から細長い柄をのばし水面に白色4弁の小花を開く。果実は扁平で，両端にはとげがあり，食用となる。近縁のヒメビシは日本特産で，葉や果実は小さく，果実には4本のとげがある。

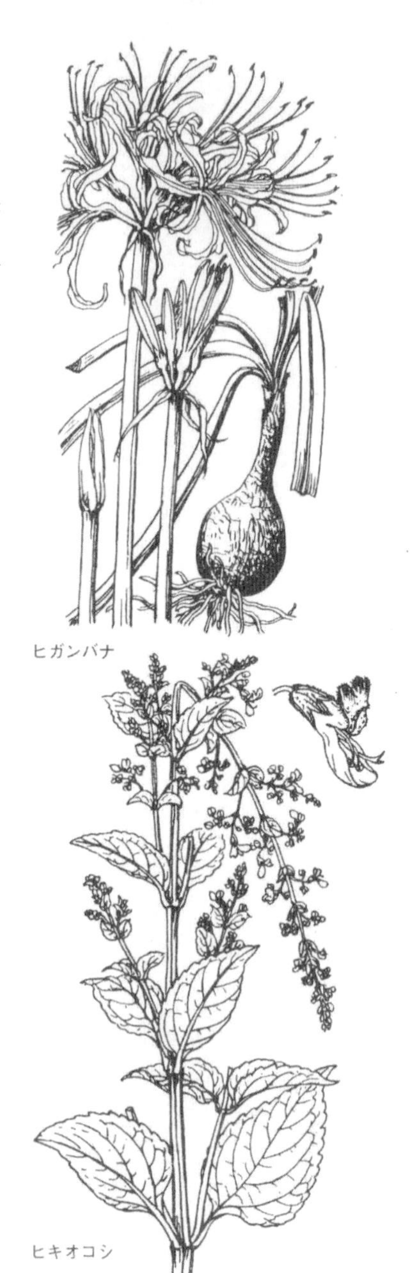

ヒガンバナ

ヒキオコシ

【ヒデリコ】

本州～九州の田の畔(あぜ)など湿りのある草地にはえるカヤツリグサ科の一年草または多年草。葉は剣状線形で幅2ミリ内外，2列に根生する。夏～秋，高さ10～60センチで分枝する花茎を出し，頂に卵円形で3ミリ内外の褐色の小穂を多数つける。果実は小さく白色。

ヒシ

ヒデリコ

ヒメビシ

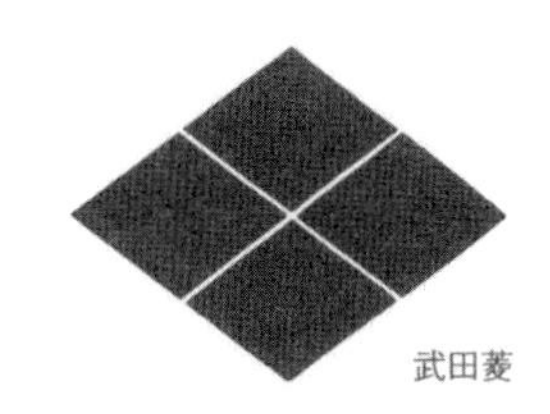
武田菱

【ヒトツバ】

ウラボシ科の多年草。本州中部～九州に分布し乾燥した岩上や崖などにはえる。針金状の硬い茎が長くのび，まばらに葉が立つ。葉は単葉で長さ25～45センチ，革質で厚く，星状毛が密生し白褐色をおびる。点状の胞子嚢群が葉面に密につく。

【ヒトリシズカ】

ヨシノシズカとも。センリョウ科の多年草。日本全土，東アジアの山地の林内にはえる。茎は直立し，高さ20センチ内外，頂に4枚の葉を輪生状に対生する。早春，茎の頂に1本の花穂を直立し，多数の白色の小花を開く。花被がなく，雄しべは3本の線形の花糸に分かれる。

【ヒナゲシ】

グビジンソウとも。欧州原産のケシ科の二年草。高さ約60センチになり，茎葉にあらい毛があり，葉は不規則に羽状に裂ける。5月ごろ，薄くてしわのある花弁が4枚の径7センチほどの花を開く。つぼみは下を向く。花色は緋紅(ひこう)色のほか白，ピンク，絞り等で，八重咲の品種もある。花壇にじきまきする。アジア北東部原産のシベリアヒナゲシ(アイスランドポピーとも)も園芸種が多く，葉はすべて根出葉で，3～5月長い花茎の先に黄・だいだい・濃朱紅色等の花をつける。秋まきで移植ができ，切花用に暖地栽培される。

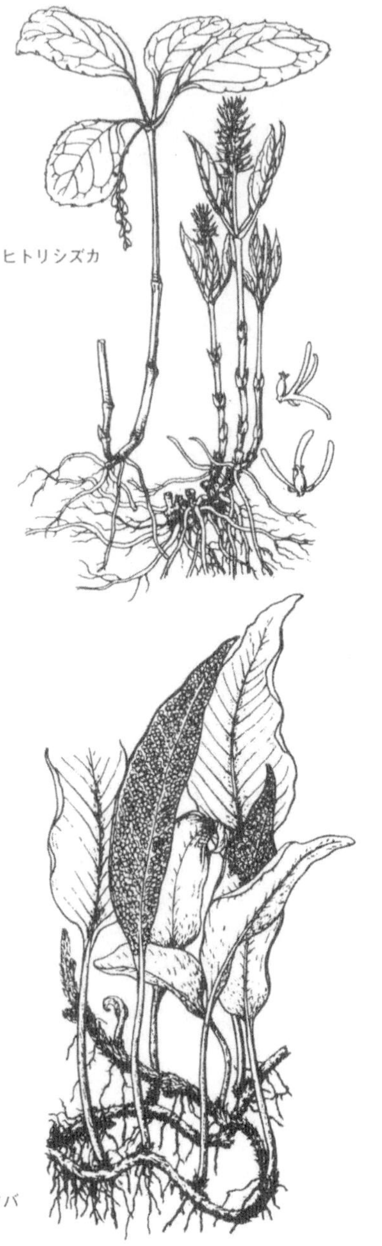

ヒトリシズカ

ヒトツバ

ヒマワリ

【ヒマワリ】向日葵

北米原産のキク科の一年草。長柄のあるハート形の大きな葉を互生し，高さ２～３メートルになった茎の上部に，盛夏，花径10～30センチの大型の頭花をつける。舌状花は黄色，中心部の筒状花は黄または紫褐色。種子は灰白色で，長さ１センチ内外になり，20～30%の油を含む。品種には観賞用と油料用があり，油は食用，石鹼原料，潤滑油に用いられる。性強健で，日当りのよい土地に，春，じきまきする。八重咲，矮(わい)性の園芸種もある。

【ピーマン】

ナス科の一年草、およびその果実。トウガラシのうち甘味種大果系のものをさす。トウガラシのフランス名に由来。果実は短楕円形で大きく，縦の溝があり，淡緑～濃緑色で成熟すると赤みをおびる。いため物，揚げ物，肉詰などにする。近縁のピメントの赤熟果はソースなどにする。

ヒナゲシ

ピーマン

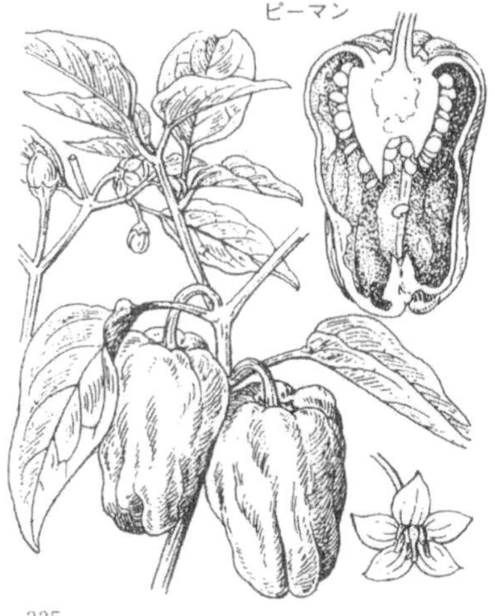

【ヒメジョオン】

キク科の二年草。北米原産の帰化植物で路傍にはえる。全体に毛があり，茎はやや硬く直立し，高さ30～100センチ。葉は膜質となる。6～10月，白色の舌状花と黄色の筒状花からなる，直径2センチ内外の頭花を散房状に開く。全体にハルジオンに似るが，葉の基部は茎を抱かず，つぼみはうなだれない。

【ヒメハギ】

ヒメハギ科の常緑多年草。日本全土の山野にはえる。茎は根元から束生し，高さ10センチ内外，卵形の葉をまばらに互生する。4～7月，紫色の蝶(ちょう)形の花を数個，総状に開く。がく片は5枚，左右の花弁状のものは特に大きい。果実は平たく，翼がある。

ヒメジョオン

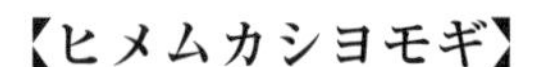

【ヒメムカシヨモギ】

ヒメハギ

キク科の一～二年草。北米原産で明治初期に渡来した帰化植物。路傍や荒地にふつうにはえる。全体に粗毛があり，茎は直立して，高さ50～150センチ，披針形の葉を互生する。8～10月，筒状花と舌状花からなる白色の頭花を多数，円錐状につける。ゴイッシングサ，テツドウグサの名もある。

【ヒャクニチソウ】

メキシコ原産のキク科の春まきの一年草。花期の長いところから百日草，浦島草の名がついた。高さ40～60センチ，全株に粗毛があり，柄のない葉を対生。枝先につく頭状花は径約2.5センチ。園芸品は巨大輪～小輪，ダリア咲，ポンポン咲，カクタス咲等花型に変化多く，花色も豊富で，夏の花壇や切花用。

【ヒユ】

ヒョウとも。ヒユ科の一年草。インド原産といわれ，若葉を食べるため，まれに暖地の畑に植えられる。茎は直立し，少し分枝して，高さ1メートル内外，柄の長い，菱形(ひしがた)状卵形の葉を互生する。葉が紅色，暗紫色，紫斑のあるものなどもある。8～9月茎頂や葉腋から花穂が出，緑色の小花が球形に集まって，だんご状に咲く。

ヒユ

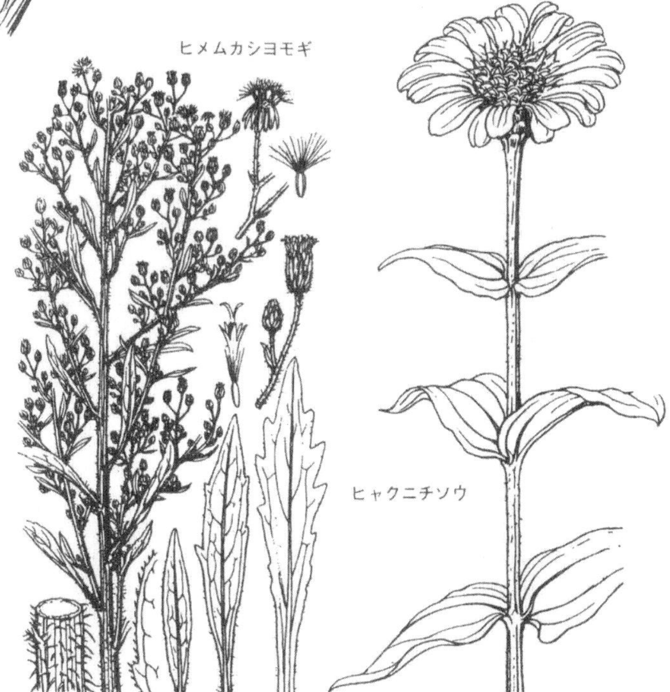
ヒメムカシヨモギ
ヒャクニチソウ

【ヒョウタン】瓢簞

ウリ科のつる性一年草で，ユウガオの一変種。全株に毛が多く，二叉(ふたまた)に分かれた巻きひげで他物にからみついてのびる。夏，白色の花が咲く。雌雄同株。果実は中間がくびれ，成熟すると果皮は毛が落ちて硬くなるが，10日ほど水につけてから，苦くて食べられぬ果肉をとり去って酒器とする。5月上旬にじきまきし，日よけ棚用に栽培。

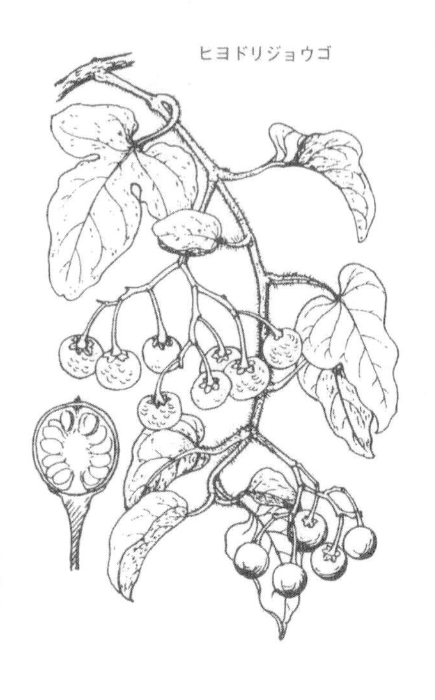
ヒヨドリジョウゴ

【ヒヨドリジョウゴ】

ナス科の多年草。日本全土，東アジアの山野にはえる。新枝はつる状になり他物にからむ。葉は互生し，卵形，下部の葉では2～3裂する。夏～秋，葉に対生して花茎が出，白色の小花を開く。花冠は5裂し，裂片はそり返る。果実は球形で径8ミリ内外，赤熟する。

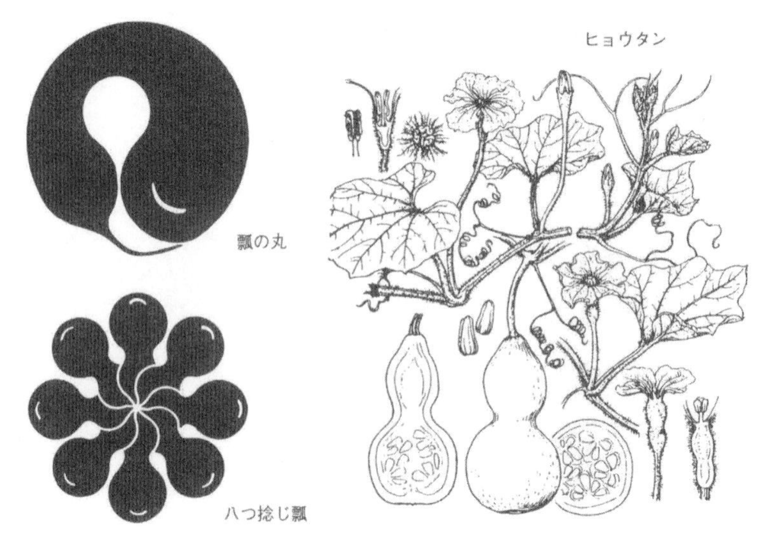
瓢の丸

八つ捻じ瓢

ヒョウタン

【ヒヨドリバナ】

キク科の多年草。日本全土，東アジアの暖～温帯に分布し，山地にはえる。茎は高さ1～2メートル。葉は対生し，広披針形で薄く，毛があり，下面には腺点がある。8～10月，茎の上部に筒状花からなる白色の頭花をまばらな散房状につける。近縁のヤマヒヨドリは葉が無毛で腺点もなく，頭花は9～11月，密な散房状につく。日当りの湿地にはえるサワヒヨドリは葉の3脈が目立ち，ときに葉が3裂する。

【ビランジ】

ナデシコ科の多年草。本州の深山の岩場にはえる。茎は分枝して，高さ30センチ内外，披針形の葉を対生。葉，葉柄には軟毛がある。7～8月，茎頂に淡紅色5弁の花を集散状に開く。花弁は先端が2裂。果実は長楕円形で，熟すと6裂する。近縁のオオビランジは，葉や葉柄に毛がない。

【ヒルガオ】

ヒルガオ科の多年草。日本全土，東アジアの日当りのよい平地にはえる。茎はつる性となる。葉は長楕円形で互生し，長い柄がある。7～8月，葉腋から長い柄をのばし，頂に淡紅色で漏斗形の花を1個つける。花は日中に開き夕方しぼむ。まれに結実。近縁のコヒルガオは花が小型で，花柄の上部にちぢれた狭い翼があって，5月ごろから開花する。

ルリシジミ春型　右 雄　左 雌
幼虫の食草はヒルガオなど

【ヒルムシロ】

ヒルムシロ科の多年草。日本全土，東アジアに分布し水中にはえる。茎は泥中の根茎から出て長さ60センチ内外，沈水葉は細長く，浮葉は長楕円形で細長い柄がある。6～9月黄褐色の小花を穂状に密に開く。花被はなく，果実は広卵形となる。

ヒルムシロ

フ

【ファレノプシス】

東南アジアに分布するラン科の一属で，約50種が知られている。アマビリス，シレリアナ等花の美しいものが温室で栽培される。着生ランで，仮球茎はなく，多くは厚い革質の葉を左右に数枚つけ，長い花茎の先に蝶(ちょう)形花を多数開く。

ファレノプシスの一種　コチョウラン

ヒルガオ

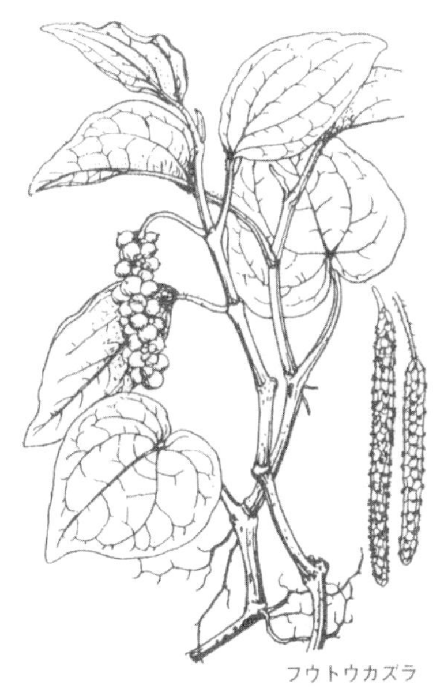
フウトウカズラ

【フウトウカズラ】

コショウ科の常緑木性つる植物。本州(関東以西)～九州，東アジアの海に近い林内にはえる。茎は樹幹や岩上をはい節から根をおろす。葉は卵形で対生。雌雄異株。5～6月茎の先から花穂を下垂し，黄色の小花を密につける。花被はない。果実は球形で赤熟する。

【フウラン】

本州中部～九州，東アジアの暖地の樹上，岩上などにはえるラン科の常緑多年草(着生ラン)。葉は密に短い茎につき，広線形で長さ5～10センチ，硬くて厚く内側に折れる。7月，葉腋から花柄を出し3～5個の花をつける。花は白色で径1.5センチ内外，細長い距がある。園芸品種も多い。

フウラン

【フウリンソウ】

カンパニュラとも。南欧原産のキキョウ科の二年草。茎は直立して1メートル内外になり，葉は広披針形で，まばらな鋸歯(きょし)がある。5～6月，径約2.5センチの鐘形の紫色の花が咲く。花色が白・桃色の園芸種もある。花壇，切花用に栽培される。春まきして秋定植，翌年夏に開花する。

【フウロソウ】

一般にはゲンノショウコのことをいう。フウロソウ属は日本に十数種あって，ときに山草として栽培される。グンナイフウロは深山にはえ，花は茎頂に散房状に密につき，花柱は長く小柄は果実時にもそり返らない。チシマフウロは北海道，アジア北東部に分布。全体に逆毛があり，葉は細かく裂ける。タチフウロはハクサンフウロに似ているが山地の草原にはえ，花はやや小さい。ミツバフウロはゲンノショウコに似るが葉が3深裂。ヒメフウロ(シオヤキフウロとも)は一年生で，西日本の山地にはえ，花は小さく，葉は細かく裂ける。

フウリンソウ

【フキ】

キク科の多年草。本州～九州，東アジアの暖帯に分布し，山地の路傍にはえる。葉は長い葉柄があり，やや円形で幅15～30センチ，花後地下茎の先に出る。雌雄異株。早春，多くの鱗片状の苞葉をつけた花茎を出す。雌株の頭花は糸状の白い小花からなり実を結び，雄株の頭花は黄白色の筒状花からなり，両性ではあるが不稔(ふねん)となる。葉柄とふきのとうと呼ばれる若い花茎は食用または薬用とする。本州北部以北に分布するアキタブキは全体が非常に壮大で，葉柄は約2メートル，葉はややかたく，径1.5メートルにもなる。

グンナイフウロ

【フクジュソウ】福寿草

北海道，本州，九州に自生し，東アジア北部に分布するキンポウゲ科の多年草。早春，高さ10センチ内外の茎の頂部に，径約3センチの黄色花を日を受けて開く。花弁数20～30。花後20～40センチの高さまでのび，羽状に細裂した葉を広げる。江戸時代以来園芸品種が多数つくられ，花色が赤だいだい・白・緑のものや，変わった花型のものもある。移植，株分けは秋にして，フレームで促成栽培すると，正月に観賞できる。根は強心剤にする。

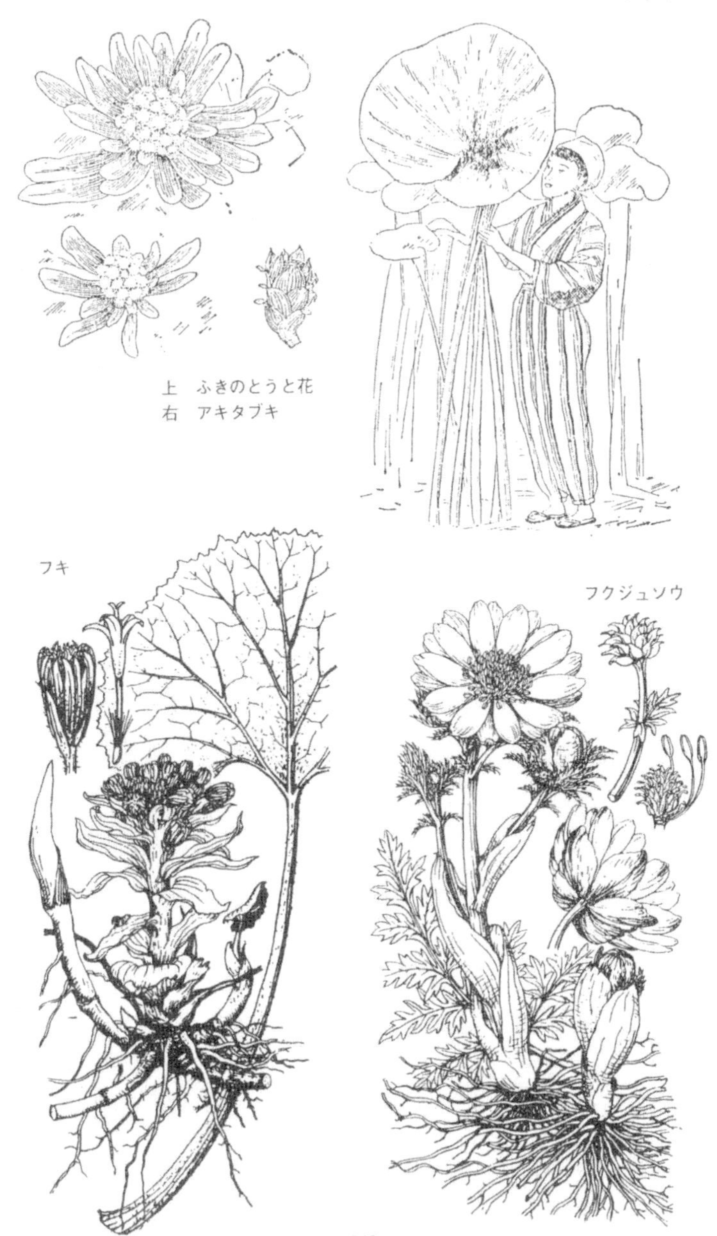

上　ふきのとうと花
右　アキタブキ

【フサモ】

アリノトウグサ科の多年生水草。北海道〜九州，北半球の温帯に分布し，池などにはえる。茎は泥中から出て分枝し，長さ約50センチ。葉は羽状に細く裂け，４枚ずつ輪生する。５〜７月，水面上の葉腋に花穂を出し，多数の白い小花を開く。花穂の上部には雄花，下部には雌花がつく。

【フジアザミ】

キク科の多年草。関東，中部地方の山中の川原やがれ場にはえる。茎は高さ50〜100センチ。葉は茎の基部に集まり，羽状に裂けて長さ50〜70センチ，縁にはとげがある。８〜10月，茎頂に径10センチ内外の頭花をつけ，下向きに開く。頭花は紫色で，筒状花のみからなる。根は食用となる。

フジアザミ

【フジナデシコ】

ハマナデシコとも。ナデシコ科の多年草。本州～九州，中国大陸の海岸にはえる。茎は太く高さ30センチ内外。葉は短柄があって対生し，卵形で厚く，光沢がある。7～9月，茎頂に紅紫色の5弁花を密に集散状に開く。花弁は倒卵形で，先端に細歯がある。

【フジバカマ】藤袴

キク科の多年草。関東～九州，東アジアの暖帯の川岸の土手などにはえる。地下茎は横にはい，茎は多く集まって直立し，高さ1～1.5メートル。葉は対生し，ふつう3裂し，やや硬い。8～9月，茎頂に5個の筒状花からなる淡紅紫色の頭花を多数，散房状に開く。秋の七草の一つ。

ブタクサ

フジバカマ

フジマメ

【フジマメ】

熱帯アジア・アフリカ原産といわれるマメ科の一年草。茎はつる性で葉は3小葉からなる複葉。葉腋から花穂を出し，紅紫色または白色の蝶(ちょう)形花を多数つける。豆果は鎌形で幅2センチ，長さは6センチ以上，中に数個の豆を含む。若い豆果を煮付，汁の実などにし，豆を煮豆として食べる。関西ではこれをインゲンマメと呼ぶ。

フタバアオイ

【ブタクサ】

キク科の一年草。北米原産の帰化植物で各地の路傍などにはえる。茎は高さ30～100センチ。葉は2～3回羽状に裂ける。雌雄同株。8～9月，小さな黄色の頭花を開く。雄花は茎頂に長い穂状につき，雌花は雄花穂の下部に腋生するが少数で目立たない。果実には毛がない。第二次大戦後急速に分布。開花期にブタクサ花粉症(枯草熱)の被害を起こす。

【フタバアオイ】

本州～九州の山中の林内にはえるウマノスズクサ科の多年草。葉は横走する根茎の先に2枚つき，ハート形で径5～10センチ。春，2葉の間から1本の花柄を出し，半球形で赤みのある花を下向きに開く。京都上賀茂神社の祭に用いるのでカモアオイ(賀茂葵)の名もある。徳川家の葵の紋章はこの葉を図案化したもの。

上 裏葵(あおい) 下 尾州三つ葵

【フタバムグラ】

アカネ科の一年草。本州〜九州，東アジア〜熱帯アジアに分布し，やや湿った平地にはえる。茎は細く，分枝して高さ15センチ内外，線形の葉を対生する。9〜10月，葉腋に白色で花冠が4裂した小花を開く。果実は球形で，中に多数の種子がある。

【フタリシズカ】

センリョウ科の多年草。日本全土，東アジアの山野の林中にはえる。茎は直立し，高さ30センチ内外，上部に接近して4枚の楕円形の葉を対生する。4〜5月，茎頂にふつう2本の花穂を直立し，白色で花被のない花を開く。

【フダンソウ】

欧州原産のアカザ科の一〜二年草。卵形で厚い根出葉を群出し，茎は高さ1メートルほどで，先端に円錐花序を出し，黄緑色の小花をつける。ビートに近縁であるが根は肥大せず，葉をゆでてサラダなどにする。夏野菜として利用。

【フッキソウ】

ツゲ科の常緑多年草。日本全土の山地樹下にはえ，庭にも植えられる。茎は高さ30センチ内外，葉は互生するが2〜3カ所に集まる。春〜夏，茎頂に短い花穂を出し，多数の雄花と少数の雌花をつける。がく片は4枚，花弁はない。果実は卵形で白熟。

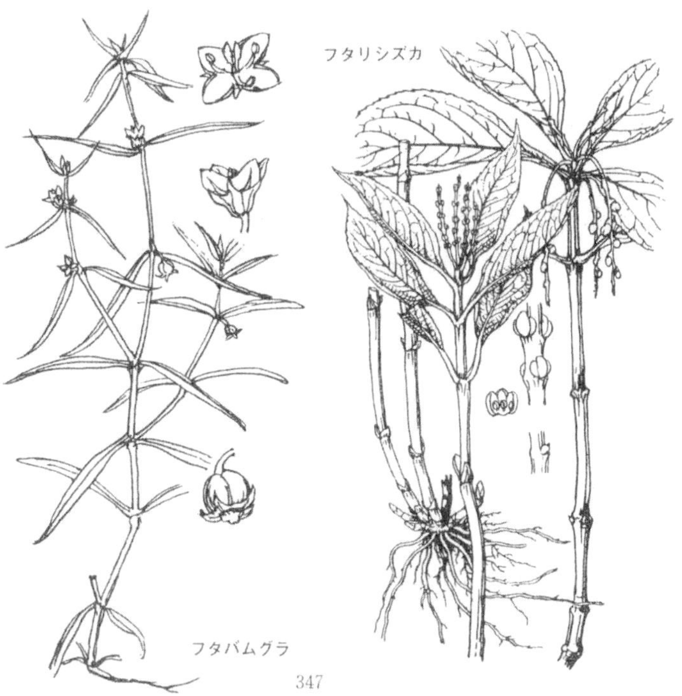

【フデリンドウ】

リンドウ科の二年草。日本全土，東アジアの山野の日当りのよいところにはえる。茎は高さ５～10センチ，根出葉はなく，茎葉は卵円形で接近して対生する。春，茎頂に数個の花を開く。花冠は青紫色，筒状で先は５裂し，各裂片の間に小副片がある。果実は花冠から長く突き出し，２片に裂けて多数の種子を出す。近縁のハルリンドウは本種に似るが，大型の根出葉があり，数個の花茎を出してその上に１個の花を開く。コケリンドウは根出葉の間から多数の茎を束生。葉も，花も小型。本州，北海道の高山帯にはえるミヤマリンドウは多年生で，根出葉がなく，夏，濃紫色の花を開く。

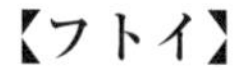

【フトイ】

日本全土の池などの浅水中にはえるカヤツリグサ科の多年草。茎はまるくて太く，粉緑色で高さ１～２メートル。葉は退化して鱗片状となり，茎の基部に数個つく。夏～秋，数回分枝する花穂を出し，長さ８～10ミリの赤褐色楕円形の小穂を多数つける。花穂の基部には短い苞葉が１枚つく。茎でむしろ，敷物を編む。

【フランスギク】

欧州原産のキク科の多年草。根ぎわでよく分枝し群出する。根出葉は冬を越し，長柄のあるへら形で縁にあらい鋸歯(きょし)がある。高さ50～90センチになり，上部の葉には柄がない。４～５月，長い柄の先に径約５センチの頭花を開く。舌状花で，白色。株分けでふやす。

ミヤマリンドウ（＊フデリンドウ）

フデリンドウ

フトイ

コケリンドウ（＊フデリンドウ）

【フリージア】

アサギズイセンとも。南アフリカ原産のアヤメ科の球根植物。葉は剣状で根ぎわから群出し，草たけ30～80センチになる。2～3月，花茎の上部でほぼ直角に曲がった花序に花を1列につける。花は漏斗状で上部は6裂して水平に開き，芳香がある。園芸種が多く，黄・白・赤だいだい・紫等花色も豊富で大輪種もある。鉢植，切花に向き，温室，フレームで栽培。繁殖はおもに分球による。

【プリムラ】

サクラソウ科の一属で，全世界に約550種ある。おもに中国西部～ヒマラヤに分布し，日本にもサクラソウ，クリンソウ，ハクサンコザクラ等20種が自生。根茎のある多年草で，根生する葉の中から花茎をのばし，上部に散状または輪状に花をつける。花冠は漏斗状または高盆状で5裂する。一般に鉢植，花壇で栽培されている代表的な外国種を以下にあげる。ポリアンサ(クリンザクラとも)は数種の交雑でつくられた園芸種。1茎多花で花色多く，3～4月に開花。露地で越冬できて，株分けでふやせ，花壇に向く。シネンシス(カンザクラとも)は中国原産。全体に白毛を密生し，葉は掌状で，花色は豊富。7月に種子をまき，2～3月にフレームで開花。鉢物向き。オブコニカ(トキワザクラとも)は中国湖北省原産。大輪で花色も多い。不耐寒性。5～6月にまき，鉢植にして，フレーム内で2～4月に開花させる。葉や花柄の腺毛に毒素(プリミン)があるので，かぶれる人がある。マラコイ

フランスギク

プリムラ・オブコニカ

デス(ケショウザクラ)は中国雲南省原産。細い花茎を多数のばし，散形花序を数段につける。白･桃･紅色等の大～小輪がある。5～6月まきでフレーム内で栽培し，1～3月の鉢物とする。アコーリスは欧州原産。ポリアンサに似るが，1茎1花。花色は黄・白・紅・青紫色等で，3～4月に咲く。

【フロックス】

北米原産のハナシノブ科の一属で約50種あり，日本でふつうにみられるのは以下の3種。ドラモンディ(和名キキョウナデシコ)は半耐寒性の一～二年草で，秋まきは4～5月，早春まきは6～7月に開花する。草たけ30センチ内外でよく分枝し，径2.5センチほどの花を多数，集散状につける。花冠は高盆状で5裂し，紅・白・紫など変化多く，裂片が細裂した星咲のものや矮(わい)性種もある。花壇向き。パニクラタ(和名クサキョウチクトウ，オイランソウとも)は高さ60～120センチになる耐寒性の宿根草。花は夏，茎の上部に円錐状に多数つく。花色は淡紅・

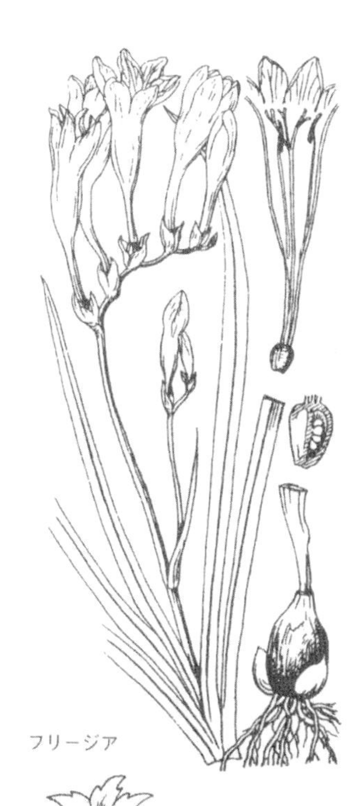

フリージア

フロックスの一種
ドラモンディ

ブロッコリー

ブロツ
白・サーモンピンク色など豊富。花壇，切花に向く。なおシバザクラもフロックスの一種である。

【ブロッコリー】

南欧原産のアブラナ科の野菜。カリフラワーと起原は同じもので，イタリアなどでは両者を区別しない。日本ではふつう緑色，小型の花蕾(からい)をつけるものをさし，カリフラワーと同様に利用する。

へ

【ヘクソカズラ】

ヤイトバナとも。アカネ科のつる性多年草。日本全土，東アジアの平地にふつうにはえる。茎は左巻に他物にからみ，基部は木化，葉は長卵形で対生する。8～9月，葉腋に鐘形，灰白色で内面が紅紫色の小花を開く。果実は球形で，黄色に熟す。

ヘクソカズラ

ヤイトは灸(きゅう)のこと
下は灸《和漢三才》から

ベゴニアの種類　左からシキザキベゴニア，キュウコンベゴニア，レックスベゴニア

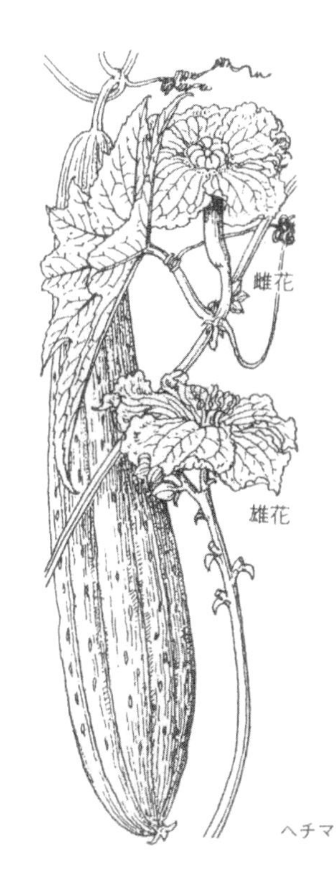

ヘチマ

【ベゴニア】

亜熱帯に広く分布するシュウカイドウ科の多年草または小低木。400種以上知られているが，花や葉を観賞するため，多数の園芸種もつくられ，多くは鉢植にして温室で栽培される。ブラジル原産の四季咲ベゴニアは多汁質の茎に広卵形の光沢のある葉をつけ，白・赤・桃色の小花を多くつける。花壇植込の需要も多く，ふつう春秋２回種子をまいて育てる。八重咲もある。プレジダン・カルノーは交配種で，葉腋からのびた花柄が数回二叉(ふたまた)に分かれ，その先に赤色の大型の雌花をつける。球根ベゴニアも高度の交配種で，大・中・小輪がある。大輪種では茎は直立し，葉は心臓状卵形で先が鋭くとがり，上部の葉腋からのばした総柄に，径５センチ以上の花をつける。花色は赤･白･桃･黄，二重咲，八重咲もある。レックスベゴニアはアッサム地方原産。葉は長さ30センチに達する大型の卵

円形で，表面には金属光沢と白っぽい斑紋があり，裏面は赤色を帯びる。アイアンクロスは中国南部～マレーの原産で，葉面には毛がはえた細かい突起があり，黄緑色地に紫色の鉄十字を思わせる模様がある。レックスと同様，さし芽，葉ざしでふやす。

ヤブヘビイチゴ

【ヘチマ】糸瓜

熱帯アジア原産のウリ科の一年生つる草。全草無毛。葉は掌状に浅裂。花は黄色で，夏～秋に咲く。雌雄同株。雄花は総状に，雌花は葉腋に１個つく。果実は長さ30～60センチの円筒形の液果で，表面は光沢のない深緑色。果実を水に浸して発酵させ，果肉を分離してとりだした繊維は洗浄用などに使われる。若い果実は料理用にも使われる。３～４月じきまきし，または５月末に苗を移植して棚仕立で育てる。

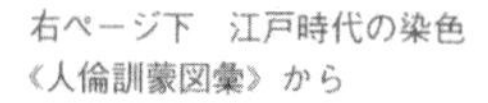
右ページ下　江戸時代の染色
《人倫訓蒙図彙》から

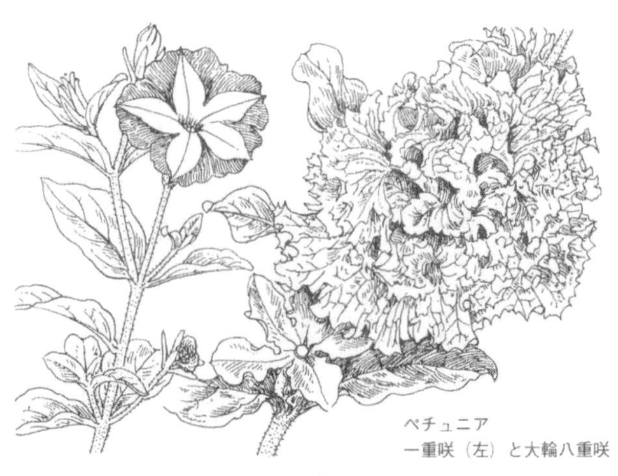
ペチュニア
一重咲（左）と大輪八重咲

ヘビイチゴ

【ペチュニア】

ツクバネアサガオとも。原種はアルゼンチン原産のナス科の多年草で，現在一般に栽培されているのはそれらの交配種である。春まきでは夏〜秋，秋まきではフレームで越冬させ春開花，花壇，鉢植とする。花冠は漏斗状のものが多いが，改良が進んでいて変化が多く，花型も一重・八重の大・小輪，花色も濃淡の紫・紅・赤・白の単色あるいは複色の咲分けや絞りがある。さし芽でもふやす。

【ベニバナ】紅花

中近東原産のキク科の一〜二年草。高さ1メートル内外。葉は互生し，楕円形で葉縁にはとげがある。夏，大型の頭状花をつけ，花は初めは黄色，のち次第に紅色に変わる。花を採集して乾燥したものを紅花(こうか)といい染料，薬用とする。

ベニバナ

種子の油は紅花油といい，塗料，食用，薬用などになる。日本では山形県に昔から栽培されている。

【ヘビイチゴ】

日本全土，東アジアの低地の路傍や田の畔(あぜ)などに多いバラ科の多年草。茎はつる状にのびて地をはい，卵円形の小葉3枚からなる葉を互生する。4～6月，葉腋から1本の花柄を出し，頂に黄色5弁で径約1.5センチの花を1個つける。花後，イチゴのように花托が肥大し，球状の径約1センチの果実をつくり，表面に小分果多数を散生する。花托は，海綿質で甘味がなく，無毒であるが食用にならない。近縁のヤブヘビイチゴは全体に少し大きく，藪(やぶ)や山中の草原にはえる。

【ヘビノネゴザ】

イワデンダ科のシダ。温帯～寒帯に広く分布し，山の岩場や路傍などにはえ，特に銅山によくはえるので，鉱山の指標植物の一つともいわれ，カナヤマシダの名もある。小さい地下茎の上に2回羽状に裂けた長さ20～50センチの葉が集まってつく。葉の形や切れ方には変化が多い。

【ヘラシダ】

イワデンダ科のシダ。本州～九州の暖地の谷川の斜面などに大群落をつくる。葉は長さ30～70センチの単葉で長い柄があり，針金状の地下茎からまばらに出てたれ下がる。胞子嚢群は線状で，葉縁と中軸の間に平行して並ぶ。

ヘビノネゴザ

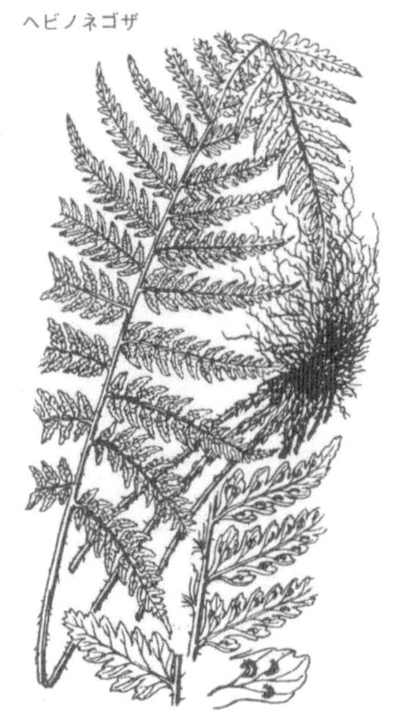

ヘラシダ

モンテンジクアオイ
(*ペラルゴニウム)

ベンケイソウ

【ペラルゴニウム】

植物学上は，おもに南アフリカ原産のフウロソウ科の一属をさし，約250種がある。園芸的にはその中のグランディフロルム等4種の原種を19世紀にヨーロッパで交配改良してできた園芸品種の総称であり，和名はナツザキテンジクアオイと称する。茎が木質化した多年草で，高さ約50センチになる。葉は長い柄をもち，縁に鋭い鋸歯(きょし)のある円形～腎臓形。茎の上部の葉腋からのびた太い柄の先に，径5センチほどの5弁花を数個散形につける。花色は白，淡紅，濃赤等で，上部の2弁は幅広く濃い斑紋がある。一季咲で，花期は晩春～初夏。ふつう鉢植にされるが，切花用にも栽培される。さし木でふやし，冬は温室またはフレームで保護する。またこの属の中には園芸上ゼラニウムといわれるものもあり，これには葉面に馬蹄(ばてい)形の褐色の斑紋があって四季咲性のゾナーレ(和名モンテンジクアオイ)とその系統の雑種ホルトルムのほか，つた葉つる性のものも含まれる。モンテンジクアオイは江戸末期に渡来し，単に〈アオイ〉とも略称され，その葉変り品が数百種もつくられるほどの大流行をしたこともあった。

【ベンケイソウ】

ベンケイソウ科の多年草。北海道，本州の山地に自生するが，観賞用に植栽もされる。高さ30～60センチ，葉は楕円形多肉で，粉白色をおびる。夏～秋，茎頂に集散花序を出し多数の花を密生する。花は両性，緑白色で，花弁，がく片ともに5枚。近縁のイワベンケイは

ヘンル
高山の日当りのよい岩地にはえ，高さ10〜20センチ，葉は長さ1〜3センチで柄がなく，花は茎頂に密生。花弁，がく片ともに4枚。

【ヘンルーダ】

南欧原産のミカン科の常緑多年草。高さ50センチ内外，全株に強臭がある。明治初年に渡来し，現在では所々に植えられている。葉は互生，羽状複葉。6月ごろ集散花序をなして黄色の小花を開く。全草を風乾したものを芸香(うんこう)と呼び，茶剤として駆風，通経に用いる。繁殖は実生(みしょう)または株分けによる。

ホ

【ホウキギ】

ユーラシア大陸原産のヒユ科の一年草。各地に野生化し栽植もされる。茎は高さ1メートル内外。多数分枝し，全体が球形となる。葉は互生し，倒披針形。8〜9月葉腋に花穂を出し，淡緑色の小花を多数つける。若い葉や果実は食べられ，茎はかわかして箒(ほうき)とされる。

【ホウセンカ】鳳仙花

インド，マレー原産のツリフネソウ科の一年草。普通，庭園に栽植。茎は多汁で，草たけ60センチに達し，葉は縁に細かい鋸歯(きょし)のある披針形。夏〜秋，細い柄のある花を葉腋に横向きにつける。花の後方には下に曲がる細長い距がある。花色は紅・桃・白・絞り等，八重咲もある。紡錘形の蒴(さく)果は，熟するとわずかな刺激

イワベンケイ

ヘンルーダ

で５片に裂開して，種子を散らす。なお，花は古く爪(つめ)を染める(爪紅)のに用いられた。

【ホウチャクソウ】

日本全土の丘などの林地にはえるイヌサフラン科の多年草。茎は斜上し高さ30～60センチ，ときに１～２回分枝する。葉は数個つき，長楕円形で長さ10センチ内外。春，枝先に長さ３センチ内外の筒形の花を１～３個下垂してつける。花被片は６枚，白色で上半部は緑色をおびる。果実は球形で径約１センチ，黒熟する。

【ホウレンソウ】

西南アジア原産のヒユ科一～二年草の野菜。葉は有柄で長三角形あるいは卵形。茎は中空で直立し，高さ50センチ内外になり分枝す

ホウキギ

ホウチャクソウ

ホウセンカ

る。雌雄異株で，雄株は茎頂に円錐または穂状の花序を生じて黄緑色の小花を多数つけ，雌株は葉腋に３～５個の小花をつける。葉柄が細長く淡泊な味の東洋種と，広葉大型で多少泥臭い西洋種とがあり，前者は江戸，後者は明治になって日本に渡来。葉は鉄分，ビタミンA，Cが多い。

ホウレンソウ

【ホオズキ】

自生もしているが多くは栽培されるナス科の多年草。地下に根茎があり，葉は先のとがった卵形で縁にあらい鋸歯(きょし)がある。初夏，葉腋にナスに似た淡黄色の花を１個つける。花がすむと球形の果実になるが，初め小さかったがくが増大して果実を包み，熟すと

ホオズキ

センナリホオズキ

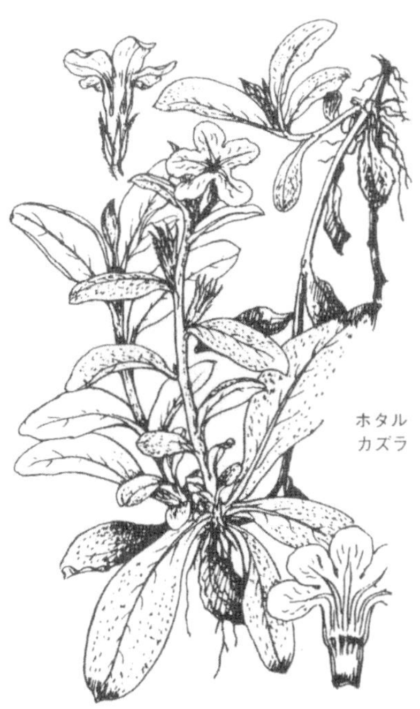

赤くなる。株分け，さし芽，実生(みしょう)などでふやす。根，果実は薬用になり，また果実は中身を抜き，口に含んで鳴らすおもちゃとなる。近縁のセンナリホオズキは熱帯アメリカ原産で，果実は小さく，熟しても緑色で赤くならない。なお海産巻貝の卵嚢もホオズキ(ウミホオズキ)といわれる。

【ホタルカズラ】

日本全土の日当りのよい山地の草原にはえるムラサキ科の多年草。全体に剛毛がある。前年枝はつる状にのびて地をはい，ところどころから根が出る。新枝は根の腋から直立し高さ20センチ内外，葉は長楕円形で互生する。春，新枝の葉腋に径約1.5センチのるり色の花を開く。花冠は5裂。

【ホタルサイコ】

ホタルソウとも。セリ科の多年草。日本全土，サハリンの山地の日当りのよいところにはえる。高さ100センチ内外。葉は互生し，単葉で披針状へら形，基部は茎を抱き，下面は白っぽい。秋，小型の複散形花序を出し，多数の淡黄色の小花を開く。根は柴胡(さいこ)(ミシマサイコの漢方名)の代用とされるが品質は悪い。

【ホタルブクロ】

キキョウ科の多年草。日本全土，東アジアの山野にはえる。茎は直立し，高さ50センチ内外。葉は互生し，長卵形で茎とともに毛がある。6～7月，白～淡紫色の鐘形の花を下向きに開く。

【ボタンヅル】

本州～九州，東アジアの山野にはえるキンポウゲ科のつる性多年草。葉は3出複葉で小葉は卵形，ときに3裂し，縁には鋸歯(きょし)がある。夏，葉腋から集散花序を出し，径15～20ミリの白花を上向きに開く。雄しべ多数。がく片は4枚，花弁状で平開し，花弁はない。

ボタンヅル

【ボタンボウフウ】

セリ科の多年草。本州～九州の海岸にはえる。高さ80センチ内外。葉はボタンに似，2回羽状複葉，小葉は緑白色で厚い。夏，枝先に複散形花序を出し，多数の白色の小花を開く。花弁5枚。昔，公許を得てチョウセンニンジンの代用にしたのでゴシャメン(御赦免)ニンジンの名もある。

【ホップ】

アサ科のつる性多年草。アジア，欧州に広く分布。茎はつる性で長さ10メートル以上にも達する。葉は対生し，3～5裂した掌状あるいは心臓形。雌雄異株で雄花は穂状をなし黄緑色。雌花は球状に集合し，成熟した球果の外包，内包の表面に花粉状の苦味質ルプリンを多数つける。これを収穫し，ビール醸造の香気と苦味づけ，健胃・鎮静剤として用いる。日本ではふつう棚仕立で栽培する。

【ホテイアオイ】

南米原産のミズアオイ科の多年生水草。池や水槽などに観賞用として栽培されるが，暖地では野生化している所もある。長い根をおろ

ホタルブクロ

し，また枝を横に出してふえる。葉は光沢のある円形で，柄の下半分がふくれ，うきの用をなす。夏，葉間から20〜30センチの花茎を出し，径3センチほどの淡青紫色の花を穂状につける。

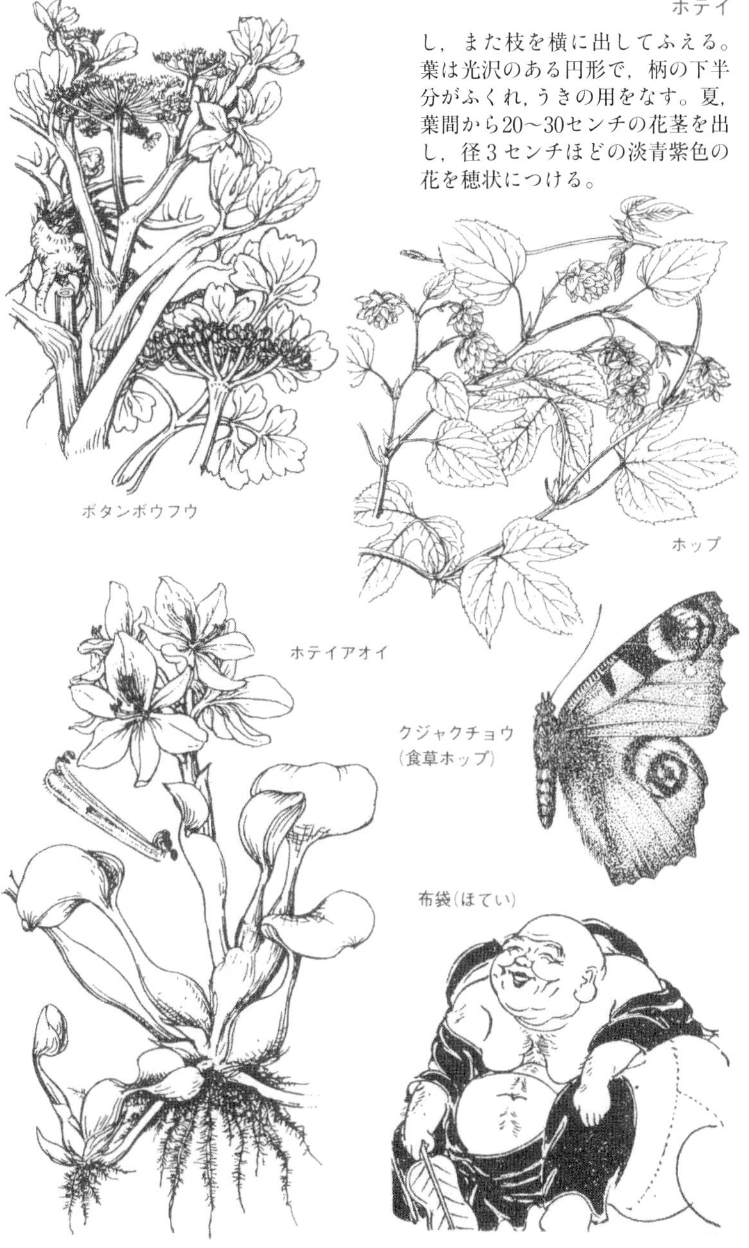

【ホテイラン】

本州中～北部の深山の針葉樹中にまれにはえるラン科の多年草。地下の浅いところに小さい仮球があり，先端に1本の花茎と1枚の葉をつける。葉は楕円形で縦ひだがあり，裏面は紫色をおびる。花は長さ3～4センチ，淡紅色で，5～6月，10センチ内外の花茎の頂に横向きに咲く。花被片は狭披針形で先がとがり唇弁(しんべん)は袋状となる。

【ホド】

ホドイモとも。日本全土の山野にはえるマメ科のつる性多年草。地下に塊根があり，茎は細く，葉は長卵形の小葉3～5枚からなる羽状複葉。夏，葉腋から長い花穂を出し，長さ約7ミリの緑黄色の蝶(ちょう)形花をつける。塊根は食用となる。近縁の北米産のアメリカホドは花がチョコレート色で観賞用に植えられる。

【ホトケノザ】

シソ科の一～二年草。日本全土，ユーラシア大陸に広く分布し，路傍や畑地にはえる。茎は高さ10～30センチ，葉は対生し円形で，下部の葉は柄が長いが，上部の葉は無柄で互いに茎を抱く。4～5月，上部の葉腋に，筒部の長い紫紅色の唇(しん)形花を開く。なお，春の七草のホトケノザはタビラコのこと。

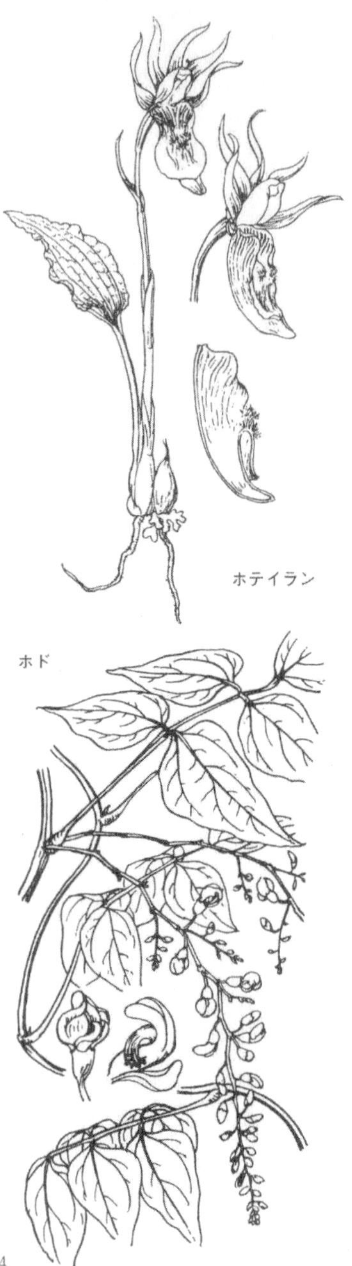

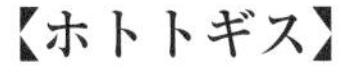

【ホトトギス】

本州～九州の山中の藪(やぶ)などにはえるユリ科の多年草。茎は高さ80センチ内外，長い粗毛がある。葉は狭長楕円形で長さ８～15センチ，基部は柄がなくて茎を抱く。夏～秋，葉腋に径３～４センチの花を少数束生，上向きに開く。６枚の花被片は白色で，濃紫色の斑(ふ)があり，ホトトギス(鳥)の胸

ホトケノザ

ホトトギス

タマガワホトトギス

ホトトギス

毛の斑点に似るのでこの名がある。花柱は三つに分かれ，先が2裂する。近縁のヤマジノホトトギスは茎に下を向く毛があり，花は茎の上方にだけ数個つく。ヤマホトトギスは茎に短毛がはえ，花は茎頂および上部の葉腋の花柄上に数個ずつつき，花被片は下半部が急に開く。キバナノホトトギスは暖地の林内にはえ，花は葉腋に少数ずつつき，黄色で濃紫斑がある。チャボホトトギスは前種に似るが，高さ15センチ以内，葉には濃緑色の斑紋がある。山中の林にはえるタマガワホトトギスは花が茎頂および上部の葉腋から出る花柄に少数つき，花色は黄色。ジョウロウホトトギスは茎が強く曲がってたれ下がり，黄色の花を下向きに半開する。ともに山草として植えられる。

ヤマホトトギス

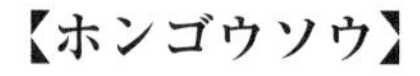

【ホンゴウソウ】

ホンゴウソウ科の多年生腐生植物。本州中部以南の樹陰の枯葉の間にはえる。全体に葉緑素はなく，紫色。茎は白色の根茎から出て長さ約5センチ，まばらに小鱗片を互生する。雌雄同株。夏〜秋，茎頂に紫色の小花を4〜15個総状に開く。近縁のウエマツソウはやや大きく，高さ5〜10センチ，3〜8個の暗紫色の小花を開く。

チャボホトトギス

ホンゴウソウ

マ行

マ

【マイヅルソウ】

日本全土，東アジアの深山の針葉樹林にはえるキジカクシ(クサスギカズラ科)科の多年草。茎は横走する根茎から出て高さ10～25センチ，卵状ハート形で柄のある長さ３～10センチの葉を２枚互生する。５～６月,茎頂に花穂を出し，白色で径５ミリ内外の花を十数個つける。花被片４枚。近縁のヒメマイヅルソウは全体がやや小さく，葉などに毛状の突起がある。

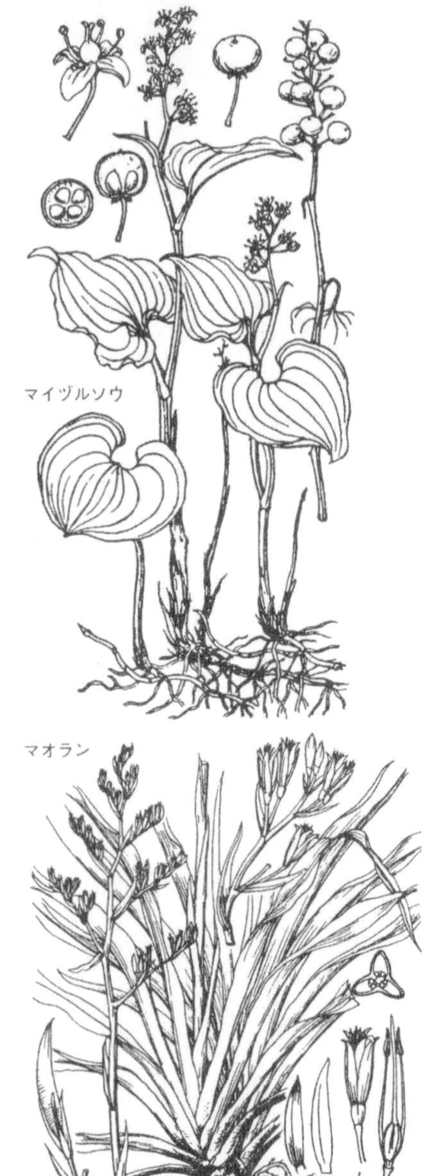

【マオラン】

ニュージーランドアサ，ニューサイランとも。ニュージーランド原産のススキノキ科の多年草。根株から葉を束生し，葉は長さ1.5～2.5メートル，幅12～15センチ。株の中央から花柄を出し，ユリに似た黄色の穂状花を開く。種子または株分けにより繁殖。葉には硬膜細胞が発達し,繊維として利用。敷物，綱，紐(ひも)，網，帆布，袋類のほか，製紙原料にもする。

【マーガレット】

モクシュンギクとも。カナリア諸島原産のキク科の多年草。草たけ30～100センチになり，茎の下部は木質化し，葉はシュンギクに似る。冬～夏，径５センチ内外の頭花を多数つける。舌状花は白色，筒状花は黄色。冬～春の切花・鉢物用に，耐寒性が弱いので温室・フレーム内で，または暖地の露地で栽培される。さし芽でふやす。

【マクワウリ】

インド〜中央アジア原産といわれるウリ科の一年草。高温乾燥を好み，栽培は容易，日本でも古くから栽培されていた。茎はつる性で巻きひげがあり，葉は互生しハート形で浅い切れ込みがある。花はふつう雌雄異花で黄色。雄花は花柄上に２〜５集合してつき，雌花は孫づるの１〜２節目に着生。液果は球形または長円形で表皮は平滑。夏，淡緑色，黄緑色，白色などに熟す。果実を生食。

【マコモ】

イネ科の多年草。日本全土の沼地や川辺など湿地にはえる。茎は太く高さ１〜２メートル，葉も花穂も大型となる。８〜10月，円錐状の花穂を出し，上部に雌小穂，下部に雄小穂をつける。小穂は１小花のみからなる。葉を仏事に用い，また編んで菓子などを包む。黒穂病にかかった幼苗は肥厚軟化し，中国では広く食用とする。また，その時期を過ぎて黒粉の出たものをマコモ墨といい，まゆ墨などとする。

【マツカゼソウ】

ミカン科の多年草。本州(関東以南)〜九州の山地にはえる。茎は直立して分枝し，高さ60センチ内外，葉は３出状に２〜３回裂け，小葉は倒卵形で柔らかく，油点があって一種のかおりがある。８〜９月，枝先に白色の小さな４弁花を多数開き，のち４個に分かれた果実を結ぶ。

【マツバギク】

南アフリカ原産のハマミズナ科の常緑多年草。茎は下部が木質でよく分枝して横に広がり，多肉質で3稜のある線形の葉を対生。夏，直立する長い柄の頂にキクに似た径4～5センチの鮮紅紫色の花を日中に開く。花壇や鉢植用に栽培されるが，暖地以外では冬，フレーム，低温室で保護が必要。さし芽でふやす。白花の変種もある。

【マツバボタン】

ブラジル原産のスベリヒユ科の春まき一年草。草たけ10～20センチになり，茎は赤褐色で円柱形。葉は肉質円柱状で，長さ1～2センチ。夏～秋，径約3センチの5弁花を晴れた日中だけ開く。花色は赤・桃・黄・白色，八重咲もある。果実は径4ミリほどの球形で，熟すと上半分がとれ細かい種子がこぼれる。乾燥に強く，栽培は容易。

【マツバラン】

マツバラン科の多年草。本州南部～亜熱帯・熱帯の樹上や岩上に着生，地上にもはえる。高さ10～30センチ，茎は緑色で何回も二叉(ふたまた)に分枝し，草箒(くさぼうき)をさかさに立てたような形となり，ごく小さい葉がまばらにつく。胞子嚢は黄色で大きい。原始的なシダ植物。日本では昔から園芸品種が多い。

マツムシソウ
マツバラン
胞子嚢
マツバギク
マツバボタン

【マツムシソウ】

マツムシソウ科の多年草。日本全土の日当りのよい高原草地にはえる。高さ30～80センチ，葉は対生し羽状複葉となる。夏～秋，葉腋から長い花茎を出し頂に頭花を開く。花冠は紫青色で，中心花は筒状で先が４裂，周辺花は先が５裂し，外側の裂片が大きく発達。セイヨウマツムシソウなどの近縁種もあり，観賞用ともされる。

【マツヨイグサ】

アカバナ科の多年草。南米原産の帰化植物で，嘉永年間に渡来。川原や土手などにはえる。茎は直立し，高さ70センチ内外，線形の葉を互生する。５～７月葉腋に鮮黄色の柄のない花を１個つけ，夕方開いて翌朝しぼみ黄赤色に変わる。花弁は４枚，径約５センチ。近縁のオオマツヨイグサは明治初期に帰化したが，原産地は不明。川原や海岸の砂地などにはえる。二年生で茎は太く，高さ約１メートル，長楕円状披針形の葉を互生する。根出葉はロゼットをつくって越冬。花は黄色で径約８センチ，６～７月の夕方に開く。一般にマツヨイグサ，オオマツヨイグサをツキミソウとも呼ぶが，本来のツキミソウはこれに近縁で白い花が夕方に咲く北米原産の二年草。江戸時代には栽培されたが現在は見られなくなった。

【ママコナ】

ハマウツボ科の一年草。日本全土，東アジアのかわいた山地にはえる半寄生植物。ひなたのものには全体に紫赤色をおびるものがある。

マツヨイグサ

ママコナ

オオマツヨイグサ

高さ30～50センチ，長卵形の葉を対生する。夏,枝先に花穂を出し，毛状の鋸歯(きょし)のある苞葉の腋に赤紫色の花を開く。花冠は唇(しん)形で，上唇はかぶと形，下唇は3裂。

【ママコノシリヌグイ】

タデ科の一年草。日本全土，東アジアの山野にはえる。茎はつる状で4稜があり，長さ2メートル内外。葉は三角形で，葉柄は長く，茎とともに下向きのとげがある。6～9月，淡紅色の小花を，枝先に頭状に密に開く。果実は卵状球形で，黒熟。

ツキミソウ
(＊マツヨイグサ)

ママコノシリヌグイ

【マムシグサ】

サトイモ科の多年草。本州～九州の山地の樹下にはえる。葉は２枚，鳥足状の複葉で，７～13枚の小葉からなる。雌雄異株。春，開花。肉穂花序は長さ約６～８センチ，仏炎苞に包まれ，付属体は棍棒(こんぼう)状となる。仏炎苞は淡紫～淡緑色で，白色の条線があり，先は尾状になる。近縁にオオマムシグサ，ホソバテンナンショウなどがあるが，見分け方はむずかしい。この仲間はふつうテンナンショウといわれるが，特にきまった種類をさすわけではない。

マメヅタ

【マメヅタ】

ウラボシ科のシダ。本州南部～九州などに分布し木の幹，岩上などに着生。糸のような非常に長い茎がのび，長さ１～1.5センチで厚い肉質楕円形の葉がまばらに出て横たわる。胞子葉は長さ４～５センチ，倒披針形で直立し，縦に長い２条の胞子嚢群がつく。

カントウマムシグサ

マムシグサ

アフリカンマリゴールド

【マリゴールド】

メキシコ原産のキク科の一年草。園芸上は，草たけ50～80センチの高性大輪で葉に臭気のあるアフリカンマリゴールド(センジュギクとも)と，高さ30～40センチの矮(わい)性小輪のフレンチマリゴールド(クジャクソウとも)の２種がある。葉は羽状に全裂。花色は黄・だいだい・赤褐色等で，一重咲・八重咲があり，花期は長く，初夏～秋で，花壇，鉢植，切花用。繁殖は実生(みしょう)，さし芽も容易。

【マンネングサ】

オノマンネングサとも。ベンケイソウ科の多年草で，本州～九州の山地にはえ，また観賞用に庭にも植えられる。花茎は高さ10～20センチ，基部から横走する無花枝を出して繁殖。葉は線形，緑色で，３枚ずつ輪生し，長さ２～2.5センチ。晩春，花茎の先にまばらに多数の黄色５弁花を開く。全草多

フレンチ
マリゴールド

マンネングサ

肉でなかなか枯死しないのでこの名がある。近縁のメノマンネングサは前種よりも小さく，葉は互生し，円柱形で短い。コモチマンネングサは平地の林内にはえ，無花枝は出さないが，葉腋にむかごをつけて繁殖する。

【マンネンスギ】

シダ植物ヒカゲノカズラ科の多年草。日本全土，東アジアの亜高山帯以上の林中にはえる。全体にヒカゲノカズラが立ち上がったような形で高さ約20センチ，密に分枝し，とげ状の細かい葉を密生する。胞子葉穂は柄がなく，上部の枝先につく。全草をいけ花の根じめなどとする。

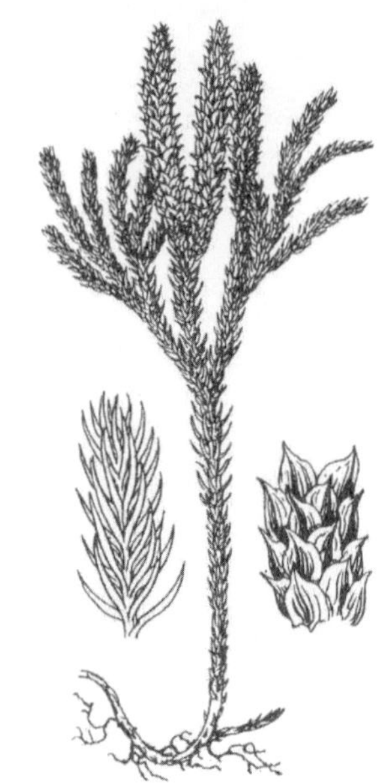

マンネンスギ

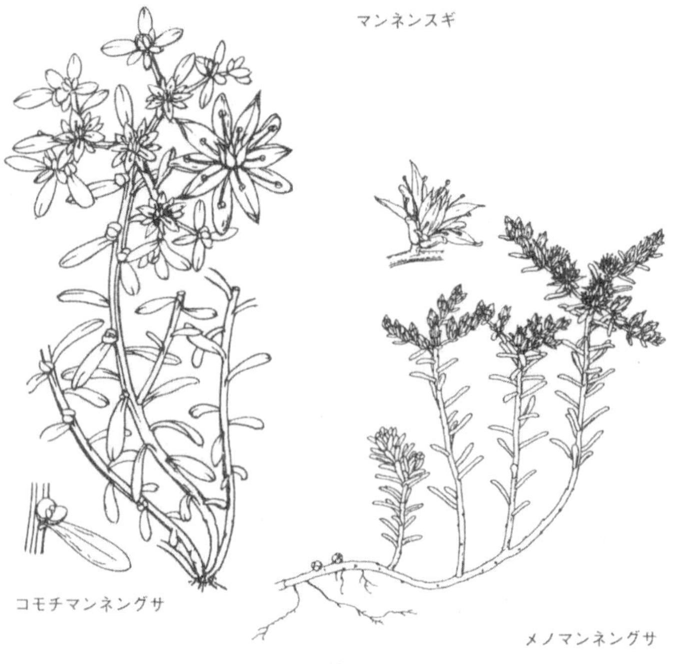

コモチマンネングサ

メノマンネングサ

ミ

ミシマサイコ

ミズオオバコ

【ミシマサイコ】

セリ科の多年草。本州～九州の山野にはえる。高さ50～60センチ。葉は互生し，線形で堅く，平行脈がある。秋，茎頂に複散形花序を出し，黄色の小花を開く。薬用植物で根を乾燥したものを柴胡(さいこ)といい，解熱・鎮痛・強壮剤。

【ミズオオバコ】

トチカガミ科の一年生水草。本州～九州，インド，豪州に分布し，水中にはえ，水の深浅により大小の差が大きい。葉は束生し，柄が長く，卵状楕円形。夏～秋，葉間から花茎を出し，水面に淡紅紫色の3弁花を単生する。果実は長楕円形で熟すと縦裂して，種子を水中に散らす。

【ミズバショウ】

サトイモ科の多年草。本州，北海道，アジア北東部の山地の湿原にはえる。根茎は太く，5～7月，開花。仏炎苞は楕円形白色で，黄色の肉穂花序を抱く。花は両性。花が終わってから長楕円形の大きな葉をつける。

【ミズヒキ】

タデ科の多年草。日本全土の山野にはえる。茎は直立し，高さ60センチ内外。葉は互生し，楕円形で，ときに葉面に黒い斑紋ができる。8～10月，枝先に細長い花軸をのばし，赤色の小花を穂状にまばらに開く。果実は卵形でレンズ状。

【ミズワラビ】

ホウライシダ科の一年生シダ。本州中部〜九州，東南アジアに広く分布し，溝，水田，沼などの水中にはえる。根茎は小さく，葉は集まって出て，水中および水上に立ち，高さ30〜60センチ，不規則に3〜4回深裂し，水上のものは裂片が細かい。葉は柔らかく食用となり，熱帯魚の水槽にも入れられる。

【ミセバヤ】

ベンケイソウ科の宿根草。ふつう鉢植にて観賞されるが，小豆島には自生品がある。全株粉白色をおびており，茎は20〜30センチにのび，丸い多肉質の葉が3枚ずつ輪生。秋，茎頂に淡紅色の小さな5弁花が球状に集まって咲く。耐寒性があり，用土を選ばず，栽培は容易。株分け，さし木でふやす。

水引師《人倫訓蒙図彙》から

ミズヒキ

ミズバショウ

【ミゾソバ】

ウシノヒタイとも。タデ科の一年草。日本全土，東アジアの山野の水辺に群生する。茎は下部が地をはい，上部は立ち上がって高さ60センチ内外，ほこ形の葉を互生する。8～10月，枝先に淡紅色の小花を15個内外，頭状に密に開く。

【ミソハギ】

ミソハギ科の多年草。本州〜九州，朝鮮の野原の日当りのよい湿地にはえる。茎は分枝して直立し，高さ1メートル内外，披針形の葉を対生する。夏，枝の上部の葉腋に紅紫色6弁の花を数個，やや穂状に開く。雄しべは12本，6本ずつ長短があり，雌しべの長さとの関係から花は三つの型に区別される。盂蘭盆(うらぼん)に墓前に供えるのでボンバナともいう。近縁のヒメミソハギは高さ約20センチ，秋に目立たない小花を開く。

ミソハギ

【ミゾホオズキ】

ハエドクソウ科の多年草。日本全土の水湿地にはえる。全草無毛で柔らかい。茎は下部で分枝し，高さ10〜30センチ，卵形で長さ2〜4センチの葉を対生する。夏〜秋，葉腋に1個の花を開く。花冠は黄色，筒形で，先が5裂。果実はがくにつつまれてホオズキに似る。

ミゾホオズキ

ミツデウラボシ

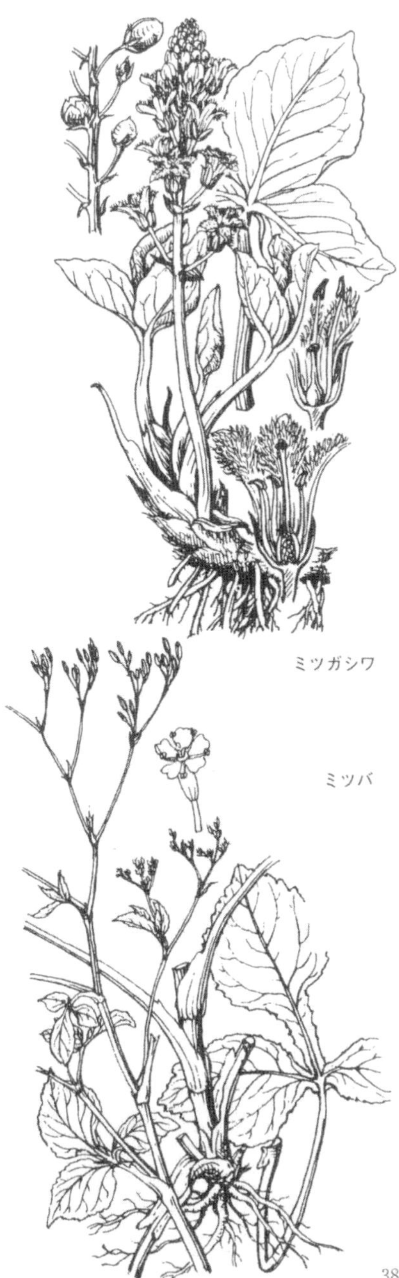

【ミツガシワ】

ミツガシワ科の多年草。北海道，本州，九州の山地の沼や池のはたにはえ，北半球の亜寒帯に分布する。根茎は太く，根出葉は3小葉からなり，小葉は卵形で厚くつやがある。夏，葉間から高さ30センチ内外の花茎を出し，白花を総状に開く。花冠は5裂し，裂片の内面には白毛が密生する。

【ミツデウラボシ】

ウラボシ科のシダ。温帯～亜熱帯に広く分布し，道ばたや崖地などにはえる。葉は柄が針金状で細く，ごく小さい地下茎から接近して出て高さ5～30センチ。葉身は多くは3出状になるが片側だけのものや単葉のものもある。葉裏はやや白色で，胞子嚢群は点状となり，中脈の両側に1列ずつ並ぶ。

【ミツバ】

東アジアに分布するセリ科の多年生の野菜。高さ30～60センチで，葉は鋸歯(きょし)のあるとがった卵形の3小葉からなり，互生する。夏，白色の小花からなる複散形花序をつける。全草に強い芳香があり，ふつう軟化栽培した茎葉を食用。

【ミミカキグサ】

タヌキモ科の小型の多年草。本州～九州の湿地にはえる食虫植物で，東アジア，豪州にも分布。地下茎は糸状で長く，浅く地中をはい，まばらに小型の捕虫袋とへら形の葉を出す。夏～秋，高さ10センチ内外の花茎を出し，上方にまばらに数個の花をつける。花は黄色で径約4ミリ，仮面状，短い柄があって横向きに咲き，花後に耳かきの頭のような果実を結ぶ。近縁に花が淡紫色のムラサキミミカキグサがある。

【ミミナグサ】

ナデシコ科の二年草。日本全土，東アジアの平地にはえる。茎は分枝して，高さ20センチ内外，卵形の葉を対生する。5～6月に茎の先が分枝し，白色の5弁花を開く。花弁は先が深く2裂。果実は円筒形となる。

ミミカキグサ

ミヤコグサ

ミミナグサ

ミヤコワスレ

【ミヤコグサ】

日本全土の日当りのよい草地にはえるマメ科の多年草。茎は細く地をはい，長さ30～50センチ。葉はまばらに互生し，長さ1センチ内外の倒卵形の小葉3枚からなり，葉柄の基部には小葉に似た1対の托葉がある。晩春，葉腋から花柄を出し，頂に，長さ15ミリ内外の濃黄色の蝶(ちょう)形花を少数開く。

【ミヤコワスレ】

アズマギクとも。キク科の宿根草。本州・四国・九州の山林内に自生するミヤマヨメナを観賞用に栽培したもので，植物学的にはノシュンギクという。高さ30～60センチで，4～6月，分枝した茎の先端に，舌状花が紫青・桃・白色の，径3～4センチの頭花をつける。切花・花壇・鉢植に向く。株分け，さし芽でふやす。

ミヤマカタバミ

【ミヤマカタバミ】

エイザンカタバミとも。カタバミ科の小型の多年草。本州～九州の深山の林中にはえる。葉は横走する根茎から根生し，角ばったハート形～三角形の3小葉からなる。春，葉間から花柄を出し，頂に白～淡紫色で径約2センチの5弁花を単生する。花後さらに閉鎖花をつけ，よく結実。

【ミヤマムラサキ】

本州中部以北の高山の砂礫(されき)地にはえるムラサキ科の多年草。太い根の先に高さ10〜20センチの株をつくり，全体に白毛が密生。葉は線状披針形で長さ３〜６センチ。夏，５〜10本の花茎を出し，空色まれに白色の花を総状に開く。花冠は５裂し，径８ミリ内外，基部には短い花筒がある。

【ミョウガ】茗荷

熱帯アジア産のショウガ科の多年草。本州以南に自生し，栽培もされる。高さ50〜100センチで，茎は斜めに立ち葉鞘が巻き合う。葉は２列に互生し，広披針形。夏，

ミョウガ

上　抱き茗荷
下　変わり花抱き茗荷

ミヤマムラサキ

根茎から花穂を生じ，淡黄色の花を開く。半日陰の腐植質の多い粘質地を好み，軟化栽培することが多い。花(ミョウガの子)や春の若茎(ミョウガ竹)には特有の強い辛味と香味があり，漬物，汁の実，刺身のつまなどにする。

ム

【ムギ】麦

コムギ，オオムギ，ライムギ，エンバクなどのイネ科の穀類の一群の総称。食糧，飼料，ビール原料などとして重要で，イネに比べ環境適応性が大きいので一般にイネより分布は広い。日本へはコムギとオオムギが古く中国から渡来，ライムギ，エンバクは明治以後，欧米から導入された。

【ムギワラギク】

豪州原産のキク科の多年草。園芸的には普通春まき一年草として扱う。草たけ60～90センチで，披針形の葉を互生。初夏～秋，径約3センチの頭花をつける。総苞片は乾質で多数あり，黄，だいだい，紅，白色等になり，舌状花のようにみえ，中心に黄色の筒状花がある。花壇植，または頭花が満開しないうちに刈り取ってドライフラワーとする。

【ムサシアブミ】

サトイモ科の多年草。本州(近畿以西)～九州，東南アジアの林下にはえる。葉は1茎に2個つき，3～5枚の小葉からなる。雌雄異株。3～5月開花。肉穂花序は白色で，仏炎苞はあぶみ形となる。

【ムシクサ】

オオバコ科の一年草。本州～九州の湿地にはえ，北半球に広く分布する。茎は高さ10～20センチ，葉は広線形で，上部の葉は互生，下部では対生し長さ２センチ内外。初夏，葉腋に白色の小花を開く。子房に甲虫の幼虫が入り，虫こぶとなっていることが多い。

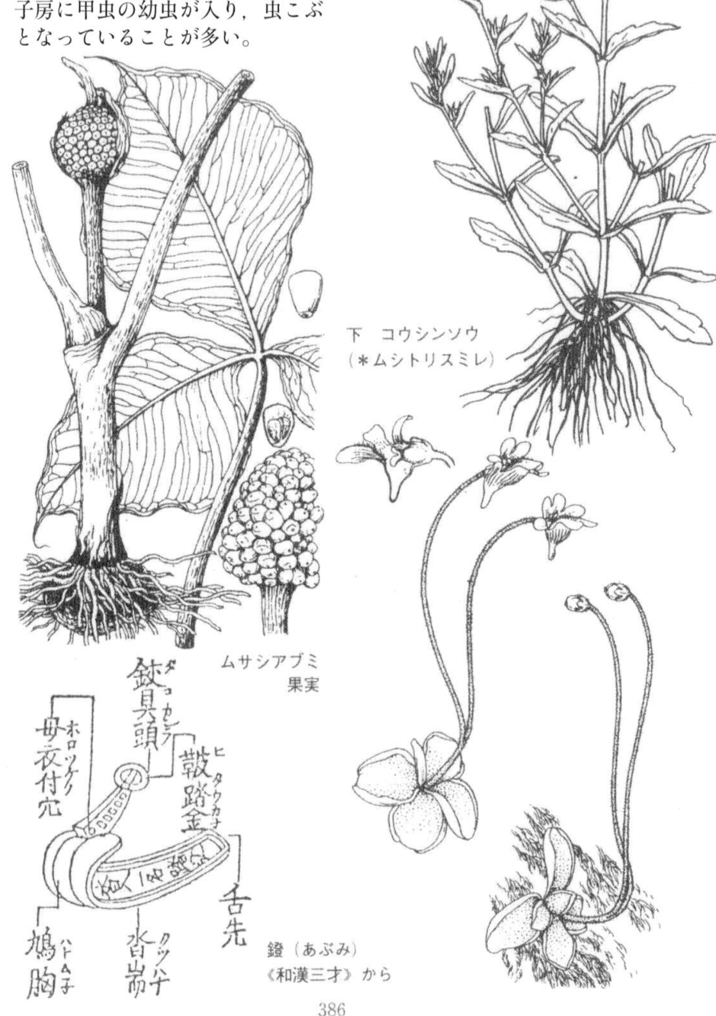

ムシクサ

下　コウシンソウ
（＊ムシトリスミレ）

ムサシアブミ
果実

鐙（あぶみ）
《和漢三才》から

ムシトリナデシコ

【ムシトリスミレ】

北海道，本州，四国の高山の岩地や草地にはえるタヌキモ科の多年生食虫植物。葉は根生し，数枚集まってロゼットをつくり，狭卵形で柔らかく，上面には短い腺毛があって虫などを粘着する。夏，葉間から10センチ内外の花茎を立て，頂にスミレに似た唇(しん)形淡紫色の花をつける。花は横向きに咲き，径約1.5センチ。近縁のコウシンソウは関東地方北部の深山の岩壁にはえ，全体に小さく，花茎はときに２本に分かれる。花は小さく，果実時には花柄が曲がって岩壁に接し，種子を散らす。

ムシトリスミレ

【ムシトリナデシコ】

南欧原産のナデシコ科の秋まき一年草。江戸時代に渡来し，ふつう庭園に栽培されるが，野生化しているところもある。草たけ40～60センチ。全草白粉におおわれ，葉はへら状で対生，全体に細形。５～６月，茎頂にピンクの５弁の小花を散房状につける。茎の上部の節下に粘液を分泌する部分がある。

【ムジナモ】

モウセンゴケ科の食虫植物。本州の沼や小川の水中に浮かんで生活。茎は長さ６～20センチ，少数の枝を出し，１節に６～８枚の葉を輪生，葉柄はくさび形で上方に数本の毛があり，葉身は袋状で貝殻のように開閉し，水中のミジンコなどの小動物をとらえ消化する。７～８月，葉腋から水面に花柄を出し，頂に１個の淡紫色の５弁花を開き，１日でしぼむ。花後花柄が曲がり，果実は水中で熟す。

【ムスカリ】

地中海沿岸〜西アジアに分布するキジカクシ科の球根植物で，40〜50種ある。花壇や鉢植によく栽培されているルリムスカリは，中欧〜カフカスの原産。白い卵形の鱗茎の先から数本の細長い葉を出して，15〜30センチの花茎を直立し，上端の花穂に小さい壺形のるり色の花を多数つける。秋植えで，春に開花。分球でふやす。

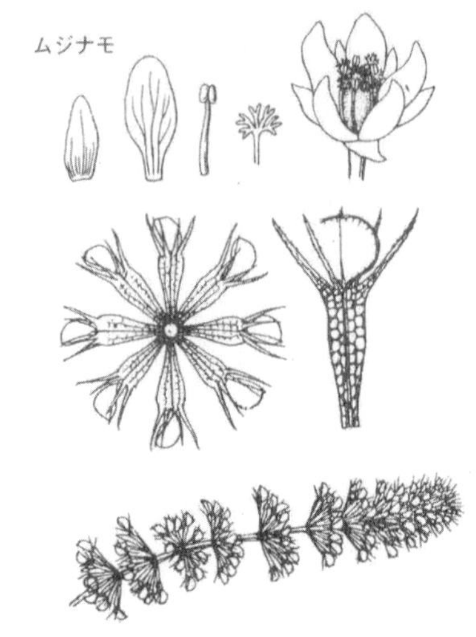
ムジナモ

【ムラサキ】

ムラサキ科の多年草。日本全土，東アジアの日当りのよい山地にはえる。根は太く，茎は直立して高さ60センチ内外，多数の披針形の葉をつける。茎，葉に粗毛が多い。夏，上方の葉腋に数花をつける。花冠は白色で，直径6ミリ内外，5裂する。根はかわくと紫色となり，古来染料(シコニン)とされた。

ルリムスカリ

ムラサキ

【ムラサキカタバミ】

南米原産のカタバミ科の多年草。江戸時代に渡来。鱗茎は褐色で，多数の小鱗茎をつけ，よく繁殖。葉は根生し，ハート形の小葉３枚からなる。夏，葉間から花茎を出し，10個内外の淡紅紫色の花を開く。ときに畑の雑草となって害を与える。

【ムラサキケマン】

ヤブケマンとも。日本全土のやぶなどに多いケシ科の二年草。全体に柔らかく，粉緑色をおびる。根出葉は数枚で，細かく分裂する。春，高さ20～50センチの稜のある茎を出し，茎頂に総状花序をつけ，紅紫色筒形で，長さ約15ミリの花を横向きに開く。

【ムラサキサギゴケ】

ハエドクソウ科の多年草。本州～九州の田や野原にはえる。葉は根生。春～夏，葉間から高さ５～10

センチの花茎を出し，白色または淡紫色の唇(しん)形花を開く。上唇は小さいが，下唇は大きく中央に濃色の斑点がある。花が終わると花茎の基部から匍匐(ほふく)枝が出て繁殖。サギゴケともいうが，これは本来は白花品につけられた名称。

【ムラサキツユクサ】

トラデスカンチアとも。北米原産のツユクサ科の多年草。高さは50センチ内外で，茎は丸く肉質で，葉は長さ30～40センチの広線形。初夏，茎頂に十数個群生する花は3弁で紫色，1日でしぼむ。花壇植とするほか，花糸の毛が単列細胞からできているので細胞学の実験材料になる。早春，株分けでふやす。高さ70～100センチになるオオムラサキツユクサには花色が白，青，赤のものもある。

メシダ

メ

【メシダ】

ミヤマメシダとも。メシダ科(イワデンダ科)のシダ。北海道，本州北部の亜高山帯の林中にはえる。葉は大きな株状の地下茎の先に漏斗状に集まり，長さ1メートル以上，柔らかい草質で3回羽状に深裂，葉柄には黒色の鱗片がある。全体にオシダに似るが，葉が弱い感じとなる。

【メドハギ】

本州～九州の川原や原野にはえるマメ科の多年草。茎は硬く直立してよく分枝し，倒披針形で長さ7～25ミリの小葉3枚からなる葉を密につける。花には2型あり，有弁花は長さ6～7ミリの黄色の蝶(ちょう)形花で8～10月，葉腋に数個開く。無弁花は長さ2ミリ内外の閉鎖花で，長い豆果を結ぶ。

【メナモミ】

キク科の一年草。日本全土，東アジアの温～暖帯に分布し，山野にはえる。茎は分枝し，高さ60～120センチ，上部には毛が密生。9～10月，舌状花と筒状花からなる黄色の頭花を開く。花の下の5個の総苞片は腺毛があり，衣服などについて種子を散らす。果実は長さ3ミリ内外，4稜があって無毛。

【メハジキ】

ヤクモソウとも。シソ科の二年草。本州～九州，東アジアに広く分布し，山野にはえる。高さ50～100センチ，葉は対生し，深く3裂，

下部の葉はさらに羽状に裂ける。夏〜秋，上部の葉腋に小さな淡紫色の唇形(しんけい)花を開く。全体に白い毛が多く，全草，種子は薬用にされる。

【メヒシバ】

イネ科の一年草。日本全土の路傍や畑地にきわめて普通にはえる。茎は基部が地をはい，上部は直立して，高さ30〜90センチ。葉は線形で柔らかい。7〜11月，茎頂に3〜8本の花軸を掌状に出し，それぞれの花軸の下側に，披針形の小さな小穂を列生する。

【メロン】

果実を食用とするウリ科のつる性植物の一群の総称。日本では主に網メロン，プリンスメロン，冬メロンなど欧米系のものをさす。茎，葉，花などの性状はマクワウリなどとほぼ同様。熟果は大型の球形。網メロンは果皮が淡緑か淡黄色で，表面に網目がある。果肉は淡緑色かだいだい黄色，芳香があり甘い。温室で栽培されるものが多く，普通に見られるマスクメロンはこの一種。プリンスメロンは欧米系のメロンとマクワウリの雑種で果皮は灰白色で緑の縞(しま)がある。果肉は淡い鮭肉色で甘い。晩生の冬メロンは表面平滑で灰白色，果肉は淡緑色で甘いが香りは少ない。

モ

【モナルダ】

タイマツバナとも。北米原産のシソ科の宿根草。高さ50〜100センチになり，7〜8月，茎頂に多数

メヒシバ
メロン

の花が球状にかたまってつく。緋紅(ひこう)色の唇(しん)形花で，花冠の長さは4～5センチ，雄しべ，雌しべが長く突き出る。花色が白・桃・すみれ・サーモンピンク色の品種もある。株分けでふやす。大花壇の群植に向く。

【モミジアオイ】

コウショクキ(紅蜀葵)とも。北米原産のアオイ科の多年草。花壇，庭園に栽植。高さ2メートルほどになり，全草粉白をおびる。葉は長い柄があり，掌状または鳥足状に深く5～7裂する。夏，葉腋から柄を出し，緋紅(ひこう)色で径15センチくらいの5弁花を開く。花弁は倒卵形で先がとがり，基部は狭くてすきまがある。株分けでふやす。

【モロコシ】

トウキビ，タカキビ，ソルガムとも。アフリカ原産といわれるイネ科の一年草。紀元前からエジプトなどで栽培された歴史の古い作物。多くの種類からなるが，一般に高さ1.5～3.5メートルで茎は太い。夏～秋のころ，茎頂に円錐花序を出し，赤褐色の両性小穂を多数つける。種実は楕円形で色は赤褐色，黄褐色，白色など。種実は食料，酒原料にするほか，茎葉を青刈飼料などにし，茎を敷物，燃料，壁材料などとして用いる。コーリャンはこの一種で中国東北地区では重要な食料，酒原料(コーリャン酒)である。またサトウモロコシは糖分を多く含み，砂糖原料とされ，ホウキモロコシは長大な穂をもち箒(ほうき)やブラシの材料になる。

【モンステラ】

ホウライショウとも。中米原産のサトイモ科のつる性常緑木本。枝は太く，気根をおろして他物にはい上がり，高さ約6メートルにもなる。葉は暗緑色革質で，長さ約1メートル，幅約80センチ，縁は深く切れ込み，中央部には楕円形の穴があく。仏炎苞は卵形黄白色で長さ20センチ内外，肉穂花序に多数の両性花をつけ，果実は熟すと食べられる。近縁のマドカズラはブラジル原産で，つるは長さ1〜2メートル，葉は薄く濃緑色，長楕円形で長さ20センチ内外，大小不規則の穴があく。観葉植物として温室や室内で栽培。

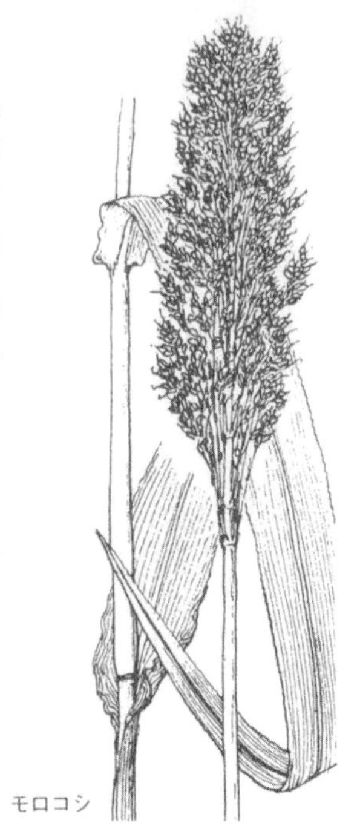
モロコシ

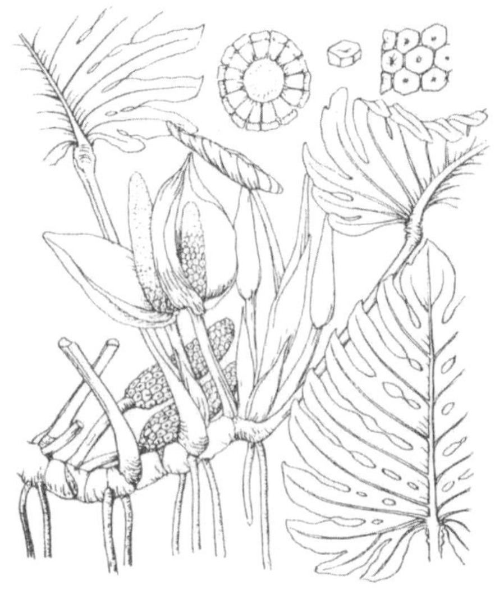
モンステラ

ヤ行

ヤ

【ヤエムグラ】

アカネ科の二年草。アジア～欧州，アフリカの温帯に広く分布し，平地にはえる。茎は4稜があり，長さ1メートル，稜には下向きのとげがあり，細い倒披針形の葉を数枚輪生する。5～7月，枝先に淡黄緑色の小花を開く。花冠は4裂。果実は2個並び，とげが密生する。

ヤエムグラ

【ヤクシソウ】

キク科の二年草。日本全土，東アジアの暖～温帯に分布し，日当りのよい山地にはえる。茎はよく分枝し，高さ30～120センチ。根出葉はさじ形で柄があるが，茎葉は無柄で茎を抱く。全体に無毛で柔らかく，ちぎると白い汁が出る。8～11月，枝先に黄色の舌状花のみからなる頭花を開く。果実は黒褐色で白い冠毛がある。葉の羽裂するものをハナヤクシソウという。

【ヤグルマギク】

ヤグルマソウとも。欧州南東部原産のキク科の一～二年草。高さ20～90センチ。葉は長披針形で，裏面や茎には白綿毛が密生。頭花は筒状花のみからなり，周囲のものは大型で，漏斗状になる。花色は紫・青・白・桃色等，花壇・鉢植には矮(わい)性種，切花には高性種を用いる。ふつう，秋まきで4～5月に開花。栽培は容易で土質は特に選ばない。

ヤクシソウ

【ヤグルマソウ】

ユキノシタ科の多年草。本州，北海道，朝鮮の深山にはえる。葉は５枚の小葉からなる掌状複葉で，小葉は長さ30センチ内外，先が３～５裂する。６～７月，大型の円錐状の集散花序を出し，白色の小花を多数開く。花弁はなく，花弁状のがく片５枚と10本の雄しべがある。なお，キク科のヤグルマギクを俗にヤグルマソウということもある。

【ヤッコソウ】

四国，九州の暖地のシイノキ属の根に寄生する白色のヤッコソウ科の寄生植物。茎は太くて分枝せず，高さ５～７センチ，数対の１～２センチの鱗片葉をつける。秋，茎頂に長さ1.5～２センチの花を単生。下半部に環状の花被がある。雄しべは筒形に合着して子房をおおい，子房は１室で，後に果実を結ぶ。花は蜜を分泌し，メジロなどの集まる鳥媒花。宮崎市内海の発生地は特別天然記念物。

ヤドリ

【ヤドリギ】

日本全土の落葉樹の樹上に寄生するヤドリギ科の常緑の寄生植物。茎は緑色でよく分枝し，直径40～60センチのまるい株をつくる。葉は倒披針形で長さ３～６センチ，初春，枝先に黄色で目立たない小花を開く。果実は球形で晩秋に半透明の淡黄色に，近縁のアカミヤドリギでは黄赤色に熟す。果汁は粘質で鳥が食べ，くちばしで枝にすりつけて中の種子を散布する。欧州ではクリスマスに室の入口に飾る。近縁のヒノキバヤドリギは葉が小さく，全形がヒノキの小枝に似る。ホザキヤドリギは深山にはえ，落葉性で花が花穂をつくる。オオバヤドリギは葉が楕円形で上面に密毛があり，暖地の常緑樹につき，マツグミは小型で針葉樹につく。なお，ヤドリギ(宿木)は広く活物寄生をする種子植物をさすこともある。

ヤドリギ

奴(やっこ)
《日本風俗図絵》から

マツグミ
(＊ヤドリギ)

【ヤナギラン】

ヤナギソウとも。アカバナ科の多年草。北半球に広く分布し，本州中部〜北海道の日当りのよい高地の草原にはえる。茎は直立し，高さ1.5メートル内外，披針形の葉を互生する。7〜8月，茎の上部に多数の紅紫色の4弁花を総状に開く。果実は細長く，種子には冠毛があり，風に飛ぶ。

【ヤハズソウ】

日本全土の日当りのよい原野の路傍などに群生するマメ科の一年草。葉は長さ10〜15ミリの薄い小葉3枚からなり，小葉の上方を引っ張ると矢筈(やはず)形に切れる。夏〜秋，葉腋に紅紫色で長さ5ミリ内外の蝶(ちょう)形花を開く。他に花弁のない閉鎖花もつける。

【ヤブガラシ】

ビンボウカズラとも。ブドウ科のつる性多年草。日本全土，東南アジアの平地にはえる。茎は分枝して長くはい，葉は柄が長く，互生し，5枚の小葉からなる掌状複葉。巻きひげは葉の反対側に出る。夏，淡緑色の小さな4弁花を開く。果実は球形で，黒熟。

【ヤブジラミ】

セリ科の二年草。日本全土の野原などにはえ，アジア，欧州，アフリカにも分布。高さ60〜80センチ，葉は互生し，2回羽状複葉となる。夏，茎頂に複散形花序を出し，小型の白花を開く。果実は卵形で長さ3ミリ内外，かぎ毛があって，衣服などにつきやすい。近縁のオヤブジラミは本州〜九州，東アジアに分布し，果実は大きく，長さ5ミリ内外，とげが多い。

【ヤブソテツ】

オシダ科のシダ。本州南部〜九州の山地に多い。葉は集まって出て，高さ70〜100センチ，羽状複葉で羽片は大型，独特の網状脈があり，点状の胞子囊群が散在。葉柄には濃褐色で大形の鱗片がある。近縁のオニヤブソテツは海岸に多く，光沢がある。

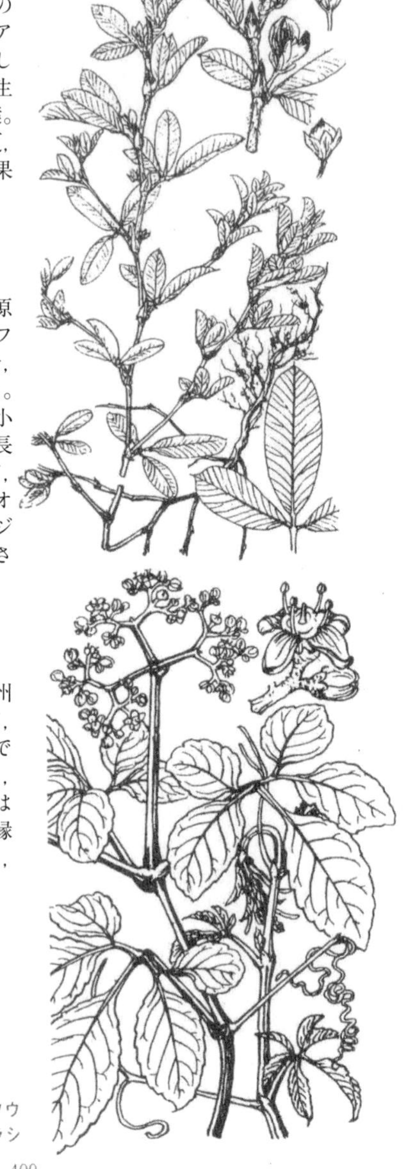

上　ヤハズソウ
下　ヤブガラシ

ヤブジラミ
ヤブソテツ
オニヤブソテツ
オヤブジラミ

【ヤブタバコ】

ヤブタバコ

キク科の二年草。日本全土，東アジアの暖～温帯に分布し，家の近くや山野の林にはえる。全体に一種の臭気があり，茎は高さ50～100センチ，長楕円形の葉を互生する。頭花は黄色で糸状の雌花と筒状の両性花からなり，9～11月，枝の葉腋に1個ずつ下向きに開く。果実の先はくちばし状となり粘液を出し，条虫の駆虫剤となる。

【ヤブニンジン】

セリ科の多年草。日本全土，東アジアに広く分布し，山野の林にはえる。高さ40～60センチ，葉は2

ヤブニンジン　　ヤブマオ

回羽状複葉で柔らかい。初夏，枝先に複散形花序を出し，白色の小花を多数開く。果実は長さ２センチ内外，こん棒状で毛が多い。ヤブジラミに似るが，果実が長いのでナガジラミともいう。

【ヤブマオ】

イラクサ科の多年草。日本全土の山野にはえる。高さ１メートル内外，葉は対生し，卵形で先がとがり，縁には大きな鋸歯(きょし)がある。夏～秋，葉腋から細長い花穂を出す。花は単性で，上部の花穂は雌花から，下部の花穂は雄花からなる。雌花は筒状の花被に包まれ，小型の果実を結ぶ。

【ヤブミョウガ】

ツユクサ科の多年草。本州～沖縄の山野のやや湿ったところにはえる。茎は直立し高さ70センチ内外，上部に長楕円形の葉が接近して互生する。夏～秋，茎の上部に５～６層になった円錐花序を出し，白色の小花を密に開く。１株に両性花と雄花をつけ，ともに花弁３枚，雄しべ６本。果実は球形で，藍(あい)色に熟す。

【ヤブラン】

本州～九州の林内にはえ，ときに花壇や植込に植えられるキジカクシ科の常緑多年草。葉は株になって多数つき，線形で幅８～12ミリ。夏～秋，高さ30～50センチの花茎を出し，上半に多数の花を開く。花は淡紅紫色で半開し，短い柄がある。花被片は６枚，膜質で長さ４ミリ内外。葯(やく)の両端はとがらない。近縁のヒメヤブランは雑木林などにはえ，全体に小型で，地下に横走枝が出て株をつくらない。葉は幅２～３ミリ，花茎に10個内外の花をつける。

【ヤブレガサ】

キク科の多年草。本州～九州，朝鮮の温～暖帯の山地の木陰にはえる。茎は高さ70～120センチ，根出葉は長い柄があって茎を抱き，円形で径35～40センチ，茎葉は普通２枚，ともに深く切れ込む。７～８月，茎の先に円錐花序をつくり，10個内外の白色の筒状花のみからなる頭花を開く。

ヤブレガサ

ヨウシュヤマゴボウ

ヤマオダマキ

【ヤマオダマキ】

本州～九州の山中の草地にはえるキンポウゲ科の多年草。高さ30～60センチ，葉は2回3出複葉で根生，少数が茎につく。初夏，茎上に数個の花を下向きに開く。オダマキによく似るが花は径3～3.5センチでやや小さく，黄褐色または黄色で，植物体にはまばらに軟毛がある。

【ヤマゴボウ】

ヤマゴボウ科の多年草。日本全土，東アジアの温帯に分布し，人家付近にはえる。根は肥大し，円柱形。茎は太く，直立し，高さ1メートル内外となり，大型で楕円形の葉を互生する。6～8月白色の花が総状に密に集まって直立して咲く。花弁はなく，がく片5枚，子房は

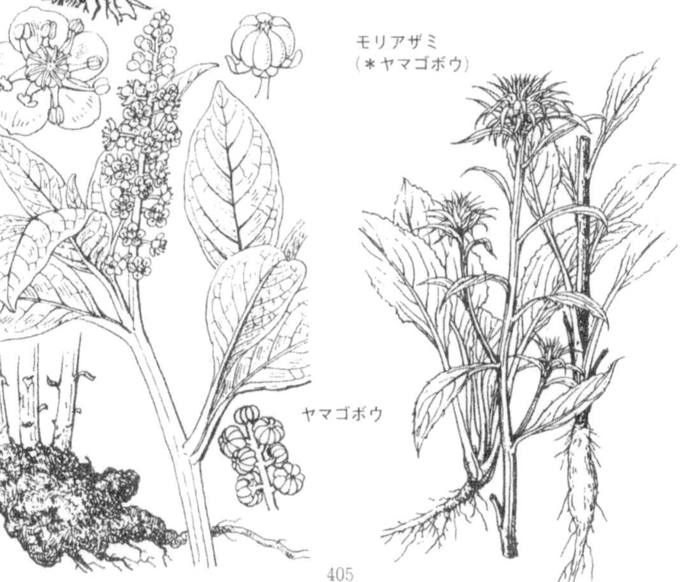

モリアザミ
（*ヤマゴボウ）

ヤマゴボウ

8個の心皮が輪状に並び，熟して黒紫色となる。果汁は紫色。有毒植物だが，葉は食用となる。近縁のヨウシュヤマゴボウは北米原産で，果穂は下垂する。なお，山ゴボウの漬物として販売されているものは，モリアザミの根である。

ヤマシャクヤク

【ヤマシャクヤク】

本州～九州の山中の林にはえるボタン科の多年草。茎は高さ50センチに達し，分枝せず3～4個の葉をつける。葉は大型で，2回3出複葉。4～6月，茎頂に径4～5センチの花を1個上向きに半開する。花弁は5～7枚，白色。近縁のベニバナヤマシャクヤクでは淡紅色の花を開く。

【ヤマトグサ】

アカネ科の多年草。本州(関東以西)～九州の山地の林にはえる。茎は高さ15センチ内外，花がすめば地面を長くはう。葉は卵形で対生。4～6月に淡緑色の花を開く。雄花は各節に1～2個つき，3枚の花被片は外側にそり返り，多数の雄しべがたれる。雌花は葉腋につき，小さく倒卵形で，1本の花柱がある。

ヤマトラノオの近縁
ヒメトラノオ

【ヤマトラノオ】

オオバコ科の多年草。本州～九州の山地の草原にはえる。茎は高さ40～80センチ，葉は対生し，披針形で長さ5～10センチ。夏～秋，茎頂に長い花穂をつけ多数の青紫色の花を開く。花冠は下部が短い筒形，上部は深く4裂し，雄しべ2本。葉の細いものをヒメトラノオという。

ヤマトグサ

【ヤマノイモ】

日本に栽培される，根を食用とするヤマノイモ科ヤマノイモ属多年草の総称。ナガイモとジネンジョをさすことが多い。アジア，アフリカ，アメリカ，太平洋諸島に広く分布。いずれもつる性で，葉は互生または対生し，心臓形～長円形。雌雄異株。日本の山野に自生するジネンジョは夏に白色花を開き，根は円柱形で表皮は灰黄褐色。肉は白色で粘りけがあり，すってとろろ汁にするほか，煮食，菓子材料などとする。畑栽培されるナガイモは中国原産で，ジネンジョに似るが茎葉は紫色をおび，根は黄灰色の皮をもち，肉はふつう白色。晩生で短根のイチョウイモやツクネイモはこの一種。ジネンジョと同様に利用。

ダイミョウセセリ
(食草ヤマノイモ)

ナガイモ（*ヤマノイモ）

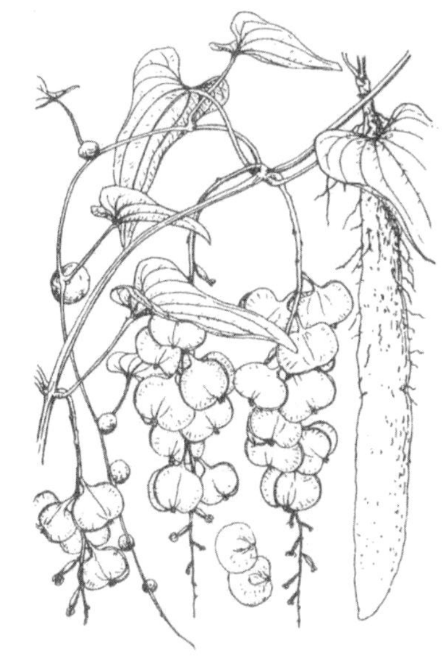

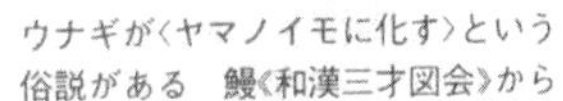

ウナギが〈ヤマノイモに化す〉という俗説がある　鰻《和漢三才図会》から

【ヤマハハコ】

キク科の多年草。本州中部以北，東アジア，ヒマラヤの温帯の日当りのよい山地や高山の乾燥した草地にはえる。地下茎がはい，茎は高さ30〜70センチ，葉は互生し，幅1〜1.5センチ，やや厚く，3脈があって下面には灰白色の長い綿毛が密生する。8〜9月，茎頂に糸状の雌花と筒状の両性花からなる白色の頭花を多数散房状に開く。小花は黄色で，糸状の雌花と筒状の両性花は異株。川原の砂地に多いカワラハハコは茎が多く分枝し，葉は幅細く1.5センチ内外で縁は裏に巻く。

【ヤマブキソウ】

クサヤマブキとも。本州の丘や平地の林にはえるケシ科の多年草。茎は高さ30〜40センチ。根出葉は長さ2〜5センチの小葉5〜7枚からなる羽状複葉。晩春，径5センチ内外の黄色4弁花を葉腋に1〜2個ずつ開く。雄しべ多数。

【ヤマボクチ】

キク科の多年草。本州〜九州，朝鮮の温帯の日当りのよい山地にはえる。茎は高さ70〜100センチ，上部は分枝し，葉は卵状長楕円形で長さ15〜25センチ，裏面には白

左　ヤマハハコ
右　カワラハハコ

ヤマブキソウ

綿毛がある。10〜11月，細長い枝の先に筒状花からなる淡黄色ときに紅紫色の頭花を横向きに開く。総苞片は針状で外片は外に開く。全体やや大型のオヤマボクチは葉が広卵形，暗紫色の頭花を開く。

【ヤマユリ】

ユリ科の多年草。本州(中部以北)，北海道の山野の草地にはえる。茎は地下の鱗茎から出，高さ1メートル内外，長さ10〜15センチの披針形で短柄のある葉をつける。夏，茎頂付近に広い漏斗状で径15センチ内外の芳香のある花を数個〜20個開く。花被片は6枚，白色で赤色の斑(ふ)がある。

ヤマユリ
左　花
右　果実と球根

ユ

【ユウガオ】夕顔

アフリカ～熱帯アジア原産といわれるウリ科の一年草。ヒョウタンはこれの一変種。茎はつる性で巻きひげにより他物にからみつく。葉は互生有柄で丸みをおびたハート形で浅く掌状に裂ける。花は雌雄同株で白色，夏の夕方から朝にかけて開く。果実は長い円筒形のものと大きく扁平のものとがあり，前者は若い果実を生食するほか花器などにし，後者はおもに干瓢(かんぴょう)にするほか，炭取などの器物に加工する。なお，ヨルガオのことをユウガオとも呼ぶ。

【ユウギリソウ】

トラケリウムとも。南欧原産のキキョウ科の多年草だが，ふつう秋まき二年草として扱われ，おもに切花用に栽培される。茎は高さ1メートル内外。7～8月，枝先に径約5ミリの小花を散房状に多数密につける。花色は青紫・白・桃色など。

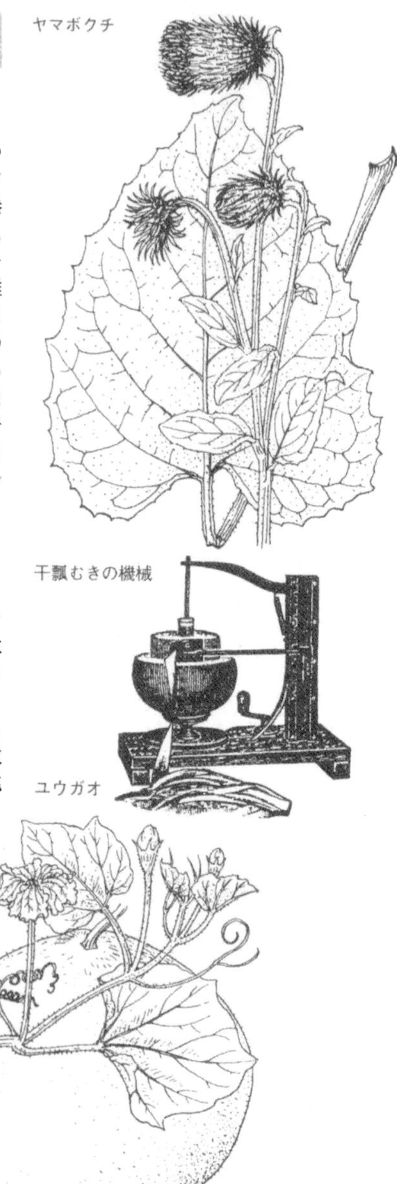

【ユウスゲ】

キスゲとも。ススキノキ科の多年草。本州～九州の山地にはえ，庭にも植えられる。葉は根生し，2列に並ぶ。夏，高さ1メートル内外の花茎を立て，数個の芳香のある花をつける。花は長さ10センチ内外，漏斗形で淡黄色，基部は細い花筒となり，夕方から翌朝にかけて咲く。

【ユキザサ】

日本全土の山地の林にはえるユリ科の多年草。茎は高さ20～50センチ，5～10個の葉を左右2列につける。葉は長楕円形で長さ6～15センチ，多少の毛がある。5～6月，茎頂に白色で径約6ミリの花を円錐状に開く。果実は赤熱。近縁のミドリユキザサは深山にはえ，全体に大きく，花は淡緑色。

ユウギリソウ

夕顔の花

攝州(現在の兵庫)木津干瓢
《山海名物》から

【ユキノシタ】

ユキノシタ科の多年草。本州～九州の湿ったところにはえ，庭にもよく植えられる。全草に長い白毛があり，紅紫色の細い匍匐(ほふく)枝を出してふえる。葉は腎臓形で上面に白い斑がある。5～7月，高さ20～40センチの花茎を出し多数の花を横向きに開く。花弁は5枚，上の3枚は小型，下の2枚は大きい。葉は食べられ，また民間薬とされる。

【ユキワリソウ】

日本全土の山地にはえるサクラソウ科の多年草。葉は広倒披針形で長さ3～8センチ，上面には少しくぼんだ葉脈があり，下面は黄粉をつける。春，高さ10センチ内外の花茎を立て，上端に数個の花をつける。花は淡紅色で径15ミリ内外。花冠は5裂し，裂片はさらに2裂する。またこの名はキンポウゲ科のミスミソウにも用いられ

ユキノシタ

る。これは若い時には絹毛のある多年草で，葉は三角形の単葉をなし，浅く3裂。春，長さ3～10センチの花柄を立て径1センチ内外の花を開く。花弁はないが，花弁状で白色または淡紅色の長楕円のがく片が6～9枚ある。葉の裂片の先がとがるものをミスミソウ，とがらないものをスハマソウというが中間型もある。

【ユリ】百合

ユリ科ユリ属の総称。北半球の温帯に約70種あり，日本には15種が自生。観賞用に栽培されるものも多く，また多数の園芸品種が作出されている。多年生で地下には鱗茎があり，茎は直立する。葉は線状披針形で互生し，ときに輪生。花は大形で漏斗状または鐘形，花色は白，淡紅，紅，黄などさまざま。花被片6枚，雄しべは6本で，葯は花糸にT字状につく。ユリはふ

ミスミソウ（*ユキワリソウ）

ユキワリソウ

つう，テッポウユリ類(テッポウユリ，ササユリなど)，ヤマユリ類(ヤマユリなど)，スカシユリ類(スカシユリ，ヒメユリなど)，カノコユリ類(カノコユリ，オニユリ，クルマユリ，タケシマユリなど)の四つに大別される。テッポウユリは沖縄に自生し，高さ1メートルにもなる。花は長漏斗形，白色で芳香が強い。9月下旬開花。明治初期に欧米に紹介されて以来，盛んに輸出されている。ヒメユリは各地にごくまれに自生。茎は高さ30〜80センチ，花はだいだい黄色まれに赤色となり，5〜6月，開花する。カノコユリは四国，九州に自生。茎は高さ1〜1.5メートル，花は白色で淡紅色をおび，濃紅色の斑点がある。6〜8月，開花。白色花もある。タケシマユリは朝鮮の鬱陵(うつりょう)島にはえ，高さ1〜1.5メートル，花は鮮黄色で，6〜

ヒメユリ

テッポウユリ

オニユリ

ヨウサイ

7月，開花する。これら4類のほかにウバユリがあるが，別属にされることもあり，またクロユリも別属のもの。なお，オニユリ，ヤマユリなどの鱗茎は食用となる。

ヨ

【ヨウサイ】

アサガオナとも。中国南部〜南アジア原産のヒルガオ科の一年草。熱帯では多年草。茎は中空で細く，つる性で，葉は広披針形，花はアサガオに似ており白〜淡紫色。湿地を好む。茎や葉をホウレンソウのようにして利用するが，日本には少ない。

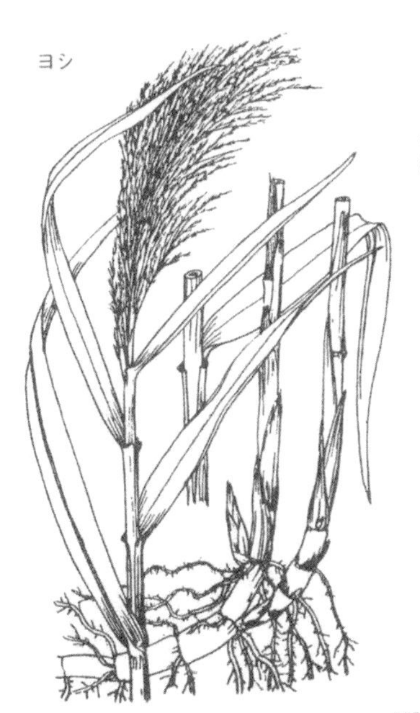
ヨシ

糸輪に陰違い蘆(あし)の葉

蘆の丸

【ヨシ】

アシとも。イネ科の多年草。日本全土の川原や沼地などの湿った土地にはえる。長く，地中を走る地下茎があり，高さ1～3メートル。葉は披針形で長さ50センチ内外，ざらつく。8～10月茎頂に大型の円錐花序を出し，多数の小穂をつける。小穂は2～4小花からなり，小花の基部には長い白毛がある。若芽は食べられ，茎はすのこ，よしずなどとされ，根は薬用とされる。

【ヨメナ】

キク科の多年草。本州～九州の山野にはえる。茎は上部で分枝し，高さ60～120センチ。葉は披針形でやや厚く，縁にはあらい鋸歯(きょし)がある。7～10月，枝先に紫色の舌状花と黄色の筒状花からなる頭花を開く。果実は長さ約3ミリで短い冠毛がある。若芽は赤みがあり，食べられる。近畿地方以北にはえるユウガギクは葉が薄く，3～4対の切れ込みがあり，舌状花が淡紫色をおびた白色となる。

【ヨモギ】

カズザキヨモギとも。キク科の多年草。本州～九州，東アジアの温～暖帯の山野にはえる。茎は多く分枝し，高さ50～100センチ，葉は互生し，楕円形で羽状に裂け，下面には灰白色の毛がある。8～10月，複総状花序を出し，多数の頭花をつける。頭花には舌状花がなく雌花は周辺部にあり，やや糸状，両性花は中心部にあり筒状となる。両小花ともに実を結ぶ。川岸や海岸の砂地に多いカワラヨモギは葉が2回羽状に裂け，裂片は細く管状。白綿毛のある根出葉は花時には枯れる。若葉を餅(もち)に入れて草餅をつくり，葉裏の綿毛を灸に用いるもぐさとする。日当りのよい山地や丘陵にはえるオトコヨモギの葉はさじ形で，いろいろな程度に羽裂する。ともに頭花の中心部の小花は結実しない。

ヨモギ

伊吹艾草(いぶきもぐさ)《山海名物》から　もぐさはヨモギの葉の綿毛を集めたもので，灸(きゅう)に用いる

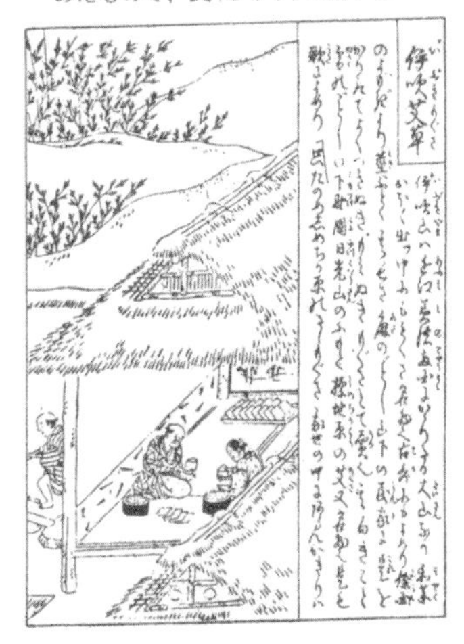

【ヨルガオ】

熱帯アメリカ原産のヒルガオ科のつる性一年草。ユウガオ(ウリ科のユウガオとは別種)ともいう。葉はハート形で先がとがる。7月，漏斗形でアサガオに似た径10センチ内外の白い花が夕方開き，翌朝しぼむ。5月初旬播種。用土は水はけのよい砂質土がよい。鉢植あんどん仕立，棚作りとして観賞。

ヨルガオ

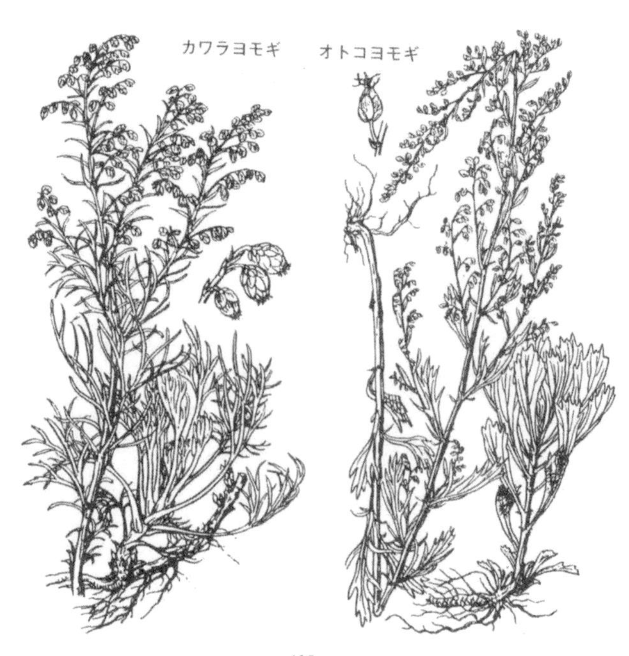

カワラヨモギ　オトコヨモギ

ラ行

ラ

【ライムギ】

西南アジア原産といわれるイネ科の一～二年草。高さ1.3～1.8メートル，地ぎわから分蘖(ぶんけつ)し，茎の表面は蠟質でなめらか。葉はコムギに比べ短く，濃青色。穂は穂状花序をなして頂生し，３花からなる小穂を互生する。種実は緑褐～紫色で長形。ムギ類中最も耐寒性が強く，春播型と秋播型とがある。種実を黒パン，醸造原料とするほか，青刈りして飼料とする。また花部に発生する麦角を医薬原料に用いる。おもな生産地はロシア，ポーランド，ドイツなど。

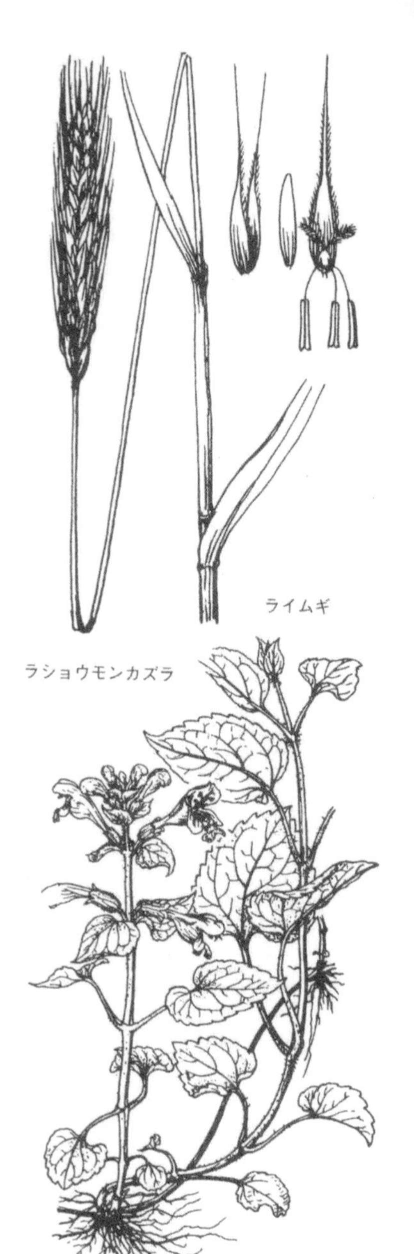
ライムギ
ラショウモンカズラ

【ラショウモンカズラ】

シソ科の多年草。本州～九州の山地のやや日陰にはえる。茎は地をはい，高さ20～30センチの花茎を出す。葉は対生し，卵形で長い柄がある。春，花茎の上部の葉腋に大型で紫色の唇形花を開く。花冠は長さ４～５センチ，内側には紫色の斑点と長い白毛がある。

【ラセイタソウ】

イラクサ科の多年草。本州，北海道の海岸の岩地などにはえる。高さ50～70センチ，葉は対生し，倒卵形で厚く小じわがより，縁にはまるい細鋸歯(きょし)があって，先は２裂することが多い。雌雄同株。夏に開花。雌花穂は淡緑色で上部の葉腋に，雄花穂は黄白色で下部の葉腋につく。

【ラッカセイ】落花生

ナンキンマメ，ジマメ，ピーナッツなどとも。ブラジル原産のマメ科の一年草。茎の長さは30～55センチで，草状は直立型，匍匐(ほふく)型，中間型とある。葉は長卵形の4小葉からなる羽状複葉で睡眠運動をする。夏，基部に近い葉腋に黄色の蝶(ちょう)形花をつける。受精後，子房柄は伸長して地中に入り，2～3個の種子を含む不整形繭形の莢果(きょうか)を形成する。種子は油脂とタンパク質に富み，いり豆，ピーナッツバター，ピーナッツクリーム，菓子の原料とし，油は落花生油として利用。また茎葉を飼料とする。千葉，茨城，栃木などの各県が主産地。

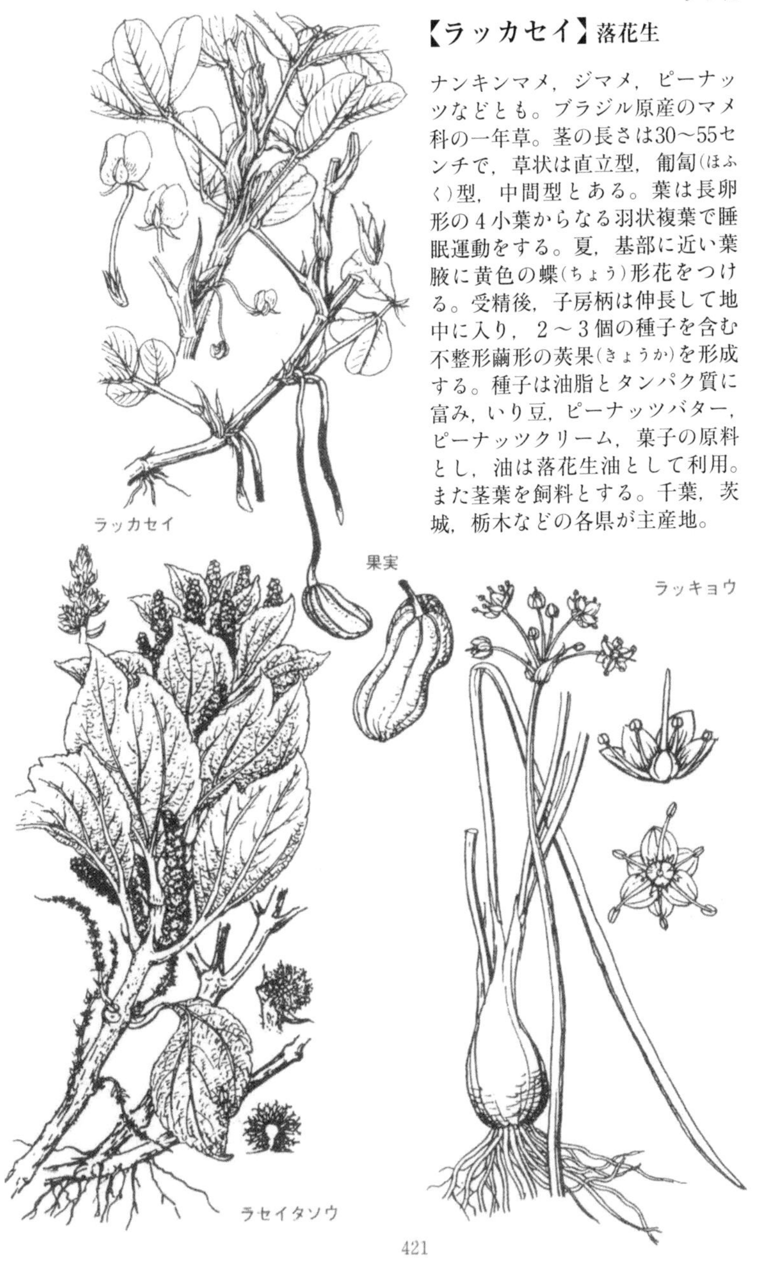

【ラッキョウ】

中国〜ヒマラヤ地方原産といわれるヒガンバナ科の多年草。葉は鱗茎から束生し線形で淡青緑色。鱗茎は卵状披針形で帯紫色または汚白色を呈する。秋に高さ40〜50センチ内外の中空の花茎を出し紫色の花を散形につける。排水良好の地を好む。鱗茎は特有のにおいがあり，おもに漬物として利用。

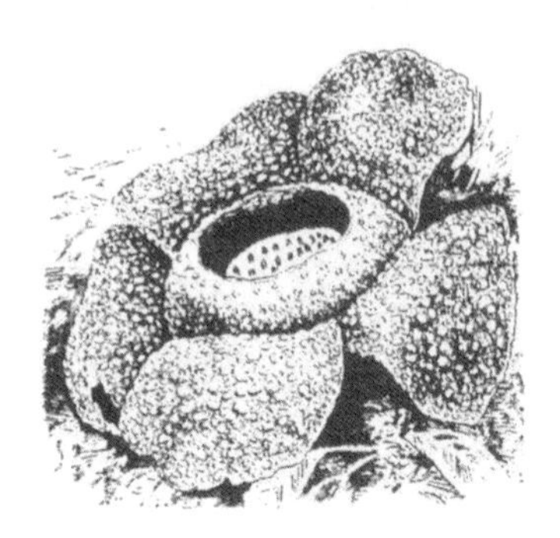

ラフレシア

【ラフレシア】

東南アジアにはえるラフレシア科の寄生植物。ブドウ科の根に寄生し，寄生根で養分を吸収。葉緑体はない。花は初め花被に包まれ，キャベツのように丸く，肉質，雌雄の別があって，ときに悪臭を放ち，大型のものは径１メートル以上に達する。

ラン(カトレヤ)の花の構造

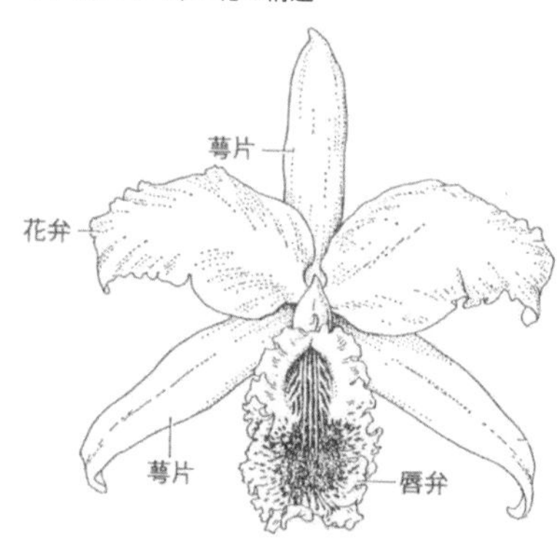

【ラン】蘭

ラン科植物の総称。熱帯の降雨林地方に多く分布し，世界に約600〜700属２万種が知られる。多年生で地上または樹上などに着生。根は太く蘭菌が共生する。根茎，球茎をもつものもある。葉は単葉で互生し，基部は鞘(さや)となり茎を包む。葉緑素のない腐生植物では葉が鱗片状に退化することが多い。花は両生で，子房下位，左右相称でがく片は３枚。花弁は３枚であるが，うち１枚は唇弁となり，ときに距がある。開花のときに上下転倒して，唇弁が下側になるものが大多数。雄しべ，雌しべは合着して蕊(ずい)柱をつくり，雄しべは６本のうち１〜２本のみが発達，他は退化する。果実はふつう蒴(さく)果で，３〜６片に裂

抱き蘭の丸

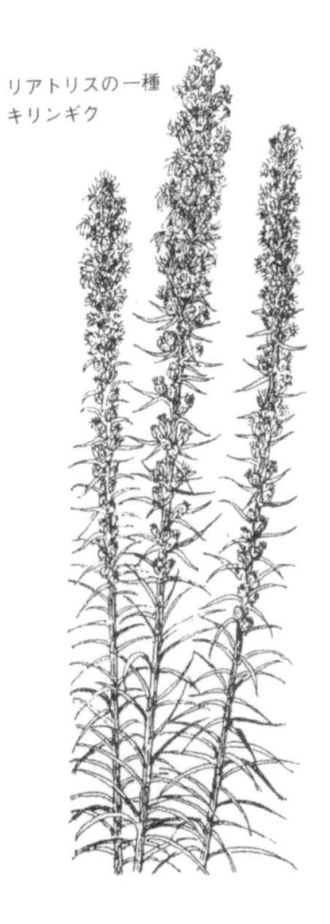
リアトリスの一種
キリンギク

開，種子は多数，微細で軽くてよく風に飛ぶ。日本には約60属160種余があるが，シュンラン，カンランなどは園芸上では東洋ランとされ，常緑の長い葉があって，なかには観賞用に珍重されるものが多い。エビネ，サギソウ，クマガイソウ，シランなどの地上ランは鉢植や地植にして観賞され，フウラン，ナゴラン，セッコクなどの着生植物は洋ランと同様に取り扱われる。カトレヤ，シンビジウムなどは熱帯原産の洋ランで花が美しく温室で栽培され，ミズゴケ，オスマンダ，ヘゴの根などを培養基として鉢，ヘゴ板などに植えられる。ランの中にはバニラ，ツチアケビ，オニノヤガラなど香料・薬用になるものもある。

り

【リアトリス】

北米原産のキク科ユリアザミ属の多年草の総称。根は太く，塊茎状をなすものもある。葉は線形。頭花は筒状花のみからなり，茎の上部に総状または穂状につく。約40種ほどあるが，そのうち数種が日本でも花壇植，切花用として栽培されている。ユリアザミは高さ60〜120センチ，頭花は紫色で，8〜9月に開花。タマザキリアトリスは高さ50センチ内外，葉の幅が広く，頭花は帯赤紫色で5〜6月に開花する。キリンギクは高さ30〜150センチ，花は淡黄色で7月に開花。

リュウゼツラン

【リュウゼツラン】竜舌蘭

メキシコ原産のリュウゼツラン科の常緑多年生多肉植物。観賞用として庭などに植えられる。葉は根生して多数つき，細い披針形で厚く，長さ1～2メートル，暗緑色で縁に黄色の覆輪があり，あらい角質のとげがある。開花は約60年に1度といわれ，高さ4～8メートルの花茎上に黄白色の花が円錐状に咲き，結実後枯れる。葉が青緑色のものをアオノリュウゼツランという。いずれも暖地では露地で栽培。また本属の小型のものは鉢植とされ，葉が厚くて白線が入り，先端だけにとげのあるササノユキなどがある。サイザルも同属のもの。また，メキシコでは同属のある種の茎からテキーラを造る。

【リュウノウギク】

キク科の多年草。本州(東北地方南部以南)～九州の日当りのよい山地にはえる。茎は高さ40～80センチ。葉は芳香があり，卵形で浅く3裂，上面は緑色で細毛があり，下面には灰白色の密毛がある。10～11月，枝先に白色の舌状花と黄色の筒状花からなる頭花を開く。

【リュウビンタイ】

リュウビンタイ科のシダ。紀伊半島南部，四国，九州の南部から熱帯に分布。薄暗い林の中にはえる。

リュウノウギク

リュウビンタイ

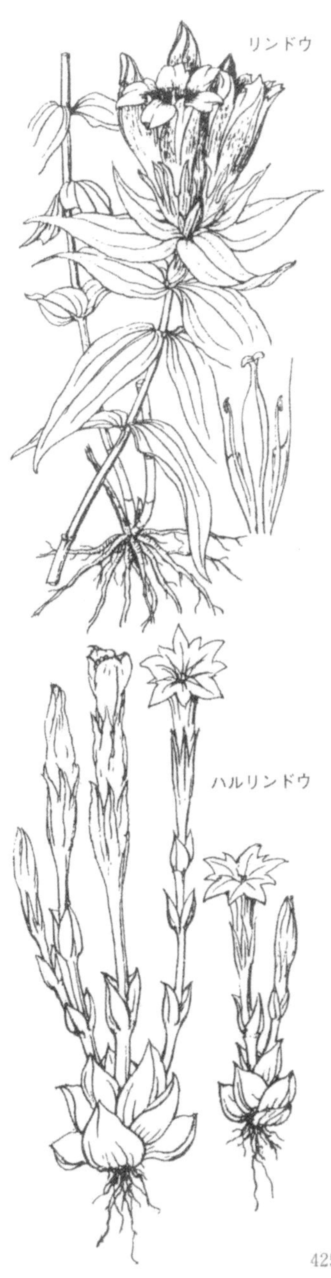

地下茎は大きく，径30センチにもなり，葉は２回羽状複葉で長さ１～２メートル，小羽片は線状披針形で光沢があり，平行脈となり，胞子嚢は互いに接近してへり近くに並ぶ。まれに観賞用として温室で栽培。

【リンドウ】竜胆

リンドウ科の多年草。本州～九州のやや乾燥した草原にはえる。茎は高さ30～90センチ,葉は対生し,披針形で長さ４～12センチ，縁には小さな突起があってざらつく。９～11月，茎の上部に紫青色の花を開く。花冠は筒形で長さ４～５センチ，先が５裂し，裂片の間に副片がある。根茎と根は苦味健胃剤とされる。近縁のオヤマリンドウは本種に似るが，全草やや小型で，葉は白粉をおび，花冠裂片は平らに開かず，本州の亜高山帯～高山帯にはえる。

笹竜胆

石持ち地抜き
笹竜胆

ル

【ルコウソウ】

熱帯アメリカ原産のヒルガオ科のつる性一年草。茎は１～２メートル，葉は羽状に全裂し，裂片は線形となる。夏～秋，葉腋から長い花柄を出し，頂に１個の深紅色の花を開く。花冠は漏斗形で先は星状に５浅裂する。近縁に葉が羽状に深裂し，花冠はだいだい紅色で先が裂けないハゴロモルコウ，葉がハート形で，花冠がだいだい紅色，先がわずかに５裂するウチワルコウがある。５月上旬に種をまき，鉢植などとして観賞。

ルコウソウ

【ルドベキア】

北米原産のキク科の一属の一～多年草の総称。頭花は枝先につき，周辺花は舌状で，中心花は半球形に盛り上がる。オオハンゴンソウは多年草で，高さ60～120センチ。下部の葉は羽裂し，上部の葉は単葉となる。７～９月，径10センチ内外の頭花を開く。周辺花，中心花とも黄色で，八重咲品もある。広く花壇に植えられ，野生化もしている。全体に粗毛のあるアラゲハンゴンソウは二年草ときに一年草で，葉は長楕円形，周辺花はだいだい黄色で，中心花は黒～暗褐色となる。花壇植とする。ともに繁殖は実生(みしょう)，株分けによる。

オオハンゴンソウ
(＊ルドベキア)

ルバーブ

【ルバーブ】

シベリア原産のタデ科の多年草。心臓形の幅広い葉を束生し，葉柄は太く長い。食用にするのは葉柄の部分で，多量のリンゴ酸，シュウ酸，クエン酸などを含み酸味を有する。軟化栽培したものを煮て，パイ，ケーキなどに利用したり，ソース，ジャム，ゼリーなどにする。

【ルピナス】

マメ科ハウチワマメ属の一～多年草ルピナスの総称。世界に約300種あり，観賞用，飼料，緑肥，食用などとされる。一～多年草でときに低木。葉は掌状複葉となり，花は蝶(ちょう)形花で茎の上部に総状につく。切花用，花壇植として最も多く栽培されているキバナルピナスは，南欧原産の一～二年草。高さ約60センチ，5月に芳香のある黄色の花を数段に輪生状に

ルピナス2種

ワシントンルピナス

キバナルピナス

つける。繁殖は実生(みしょう)による。ラッセルルピナスは北米西部原産のワシントンルピナスからつくられた園芸品種。多年生で高さ1メートル内外，矮(わい)性種もある。花は5～6月，総状に密につき，紅・青・黄・紫色花のほか，2色花もある。繁殖は株分け，実生による。

ルリソウ

【ルリソウ】

ムラサキ科の多年草。山中の林内にはえる。全体に粗毛があり茎は高さ30センチ内外。根出葉は広倒披針形で，長さ7～15センチ，長い柄がある。4～6月，2分する総状花序を出し，空色の花をつける。花冠は5裂し，径1～1.5センチ。近縁のヤマルリソウはルリソウに似るが花茎の数が多く，花序は小型の葉をつけ多くは分枝しない。

ヤマルリソウ

レ

【レイシ】

ツルレイシ，ニガウリとも。熱帯アジア原産のムクロジ科のつる性一年草。葉は掌状で淡緑色，雌雄同株で夏，黄色花をつける。果実は長楕円形か紡錘形で表面に多数のこぶ状突起を有する。成熟するとだいだい黄色となり，果皮が裂けて紅色の果肉を現わす。果肉には苦味があり漬物などにして食べる。

【レイジンソウ】

本州～九州の林間の湿った草地にはえるキンポウゲ科の多年草。全体に柔らかく，茎は高さ40～80センチ，掌状に裂けた葉を互生する。

夏～秋，茎頂や葉腋に花穂を出し，淡紫色の花を開く。花はトリカブトに似るが，上側のがく片は筒形となり，後ろに曲がる。漢方では根を秦艽(しんきゅう)の名で鎮痛剤などとする。

【レオ】

ムラサキオモトとも。中米原産のツユクサ科の多年生観葉植物。茎は短く，先に多数の葉をつける。葉は広披針形で先はとがり，長さ15～25センチ，表面は暗緑色，裏面は紫色となる。夏，葉間から花茎を出し，先の2枚の苞葉の間に多数の白色の小花を開く。冬は温室内で栽培。夏は戸外でよく育つ。

【レタス】

レタス

チシャ，サラダ菜とも。アジア～欧州原産のキク科の一～二年草。多くの変種があるが，日本で一般的なヘッディングレタス(タマチシャ)は一年生で葉は地ぎわから束生し，大型の円～楕円形。生長すると結球する。表面は平滑で柔軟。花は円錐花序をなした淡黄色の頭状花。葉をサラダ用として生食する。このほかコスレタス(タチチシャ)，リーフレタス(ハチシャ)，カッティングレタス(カキチシャ)などがあり，同様に利用されるが日本には少ない。

【レモングラス】

熱帯地方に栽培されるイネ科多年草。高さ150センチ内外。2種あるがいずれも株全体にレモンに似たかおりがあり，葉を水蒸気蒸留するとレモングラス油が得られる。レモングラス油は直接に香料として使用されることは少ないが，主成分シトラールを分離しヨノンの合成原料とされる。

【レンゲショウマ】

本州の山中の林間にはえるキンポウゲ科の多年草。高さ40～80センチ。葉は根生で，少数が茎の下半部につき，2～3回3出複葉となる。夏～秋，茎の上部に数本の長い花柄を出し，淡紫色で径3～3.5センチの花を下向きに開く。がく片は7～10枚，花弁状となり，内側には約10枚の小さな花弁がある。果実は2～4個つき，先には長いくちばし状の突起がある。

【レンゲソウ】

ゲンゲともいう。緑肥，飼料として田に多くつくられる中国原産のマメ科の二年草。茎は細く地をはい，奇数羽状に分かれた葉を互生する。春，葉腋から花柄を立て，先端に紅紫色まれに白色の蝶(ちょう)形花を数個輪状につける。豆莢(まめざや)は黒熟し上を向く。なお，根には球状の根粒が着生し，根粒バクテリアが共生。

【レンリソウ】

本州～九州，東アジアの川岸の草原にはえるマメ科の多年草。茎は高さ約50センチ，3枚の翼がある。葉は2対内外の広線形の小葉からなり，中軸の先は巻きひげに終わる。晩春，上方の葉腋から花柄を出し，総状に数個の花を開く。花は蝶(ちょう)形花で，長さ15～20ミリ，紫色となる。若葉は食用。

上　レンゲショウマ
下　レンゲソウ

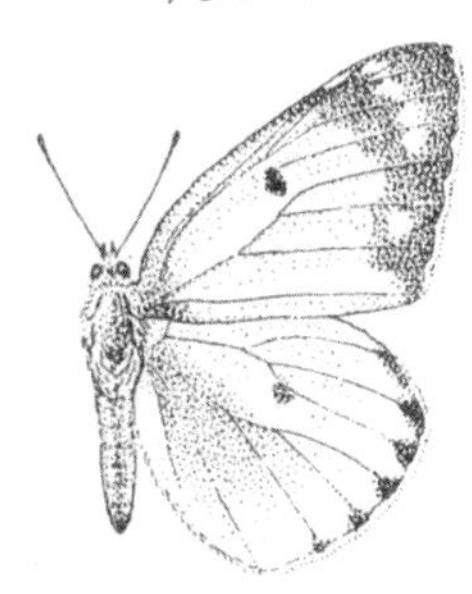

レンゲソウを食草とするモンキチョウ

ロ

【ロベリア】

ルリチョウチョウとも。南アフリカ原産のキキョウ科の宿根草であるが，ふつうは秋まき二年草として扱う。茎は多く分枝し，高さ15～20センチ，葉は線形となる。花は上唇2枚が小さく，下唇3枚は大きく広がり，春～初夏に開花。園芸品種としては矮(わい)性種に優良なものが多く，花色も白・青紫・赤色など豊富。鉢植，花壇植などとして観賞する。

ワ行

ワ

【ワケギ】

シベリア〜小アジア原産といわれるヒガンバナ科二年草または多年草。ネギの一変種という説もある。茎葉はネギよりも柔軟で，地下部は赤褐色に肥大し鱗茎をなす。花茎が出ず，また分蘖(ぶんけつ)しやすいのが特徴。3〜5月のネギの端境期に多く収穫される。ネギとほぼ同様に利用。

【ワサビ】

アブラナ科の水生多年草。冷涼な気候と日陰を好む。葉は葉柄があって束生し，心臓形でわずかに鋸歯(きょし)がある。4月ごろ，花茎を生じ，総状花序をなす小型の白色花をつける。根茎は節のある円筒形で，各節には葉痕(ようこん)がある。谷川の浅瀬に生育し，また流水を用いたワサビ田で栽培される普通の沢ワサビ(水ワサビ)のほか，畑で栽培される畑ワサビがある。いずれも根茎に強い刺激性の辛味があり，すりおろして日本料理の香辛料やワサビ漬として用いる。

【ワスレナグサ】勿忘草

欧州，アジア原産のムラサキ科の多年草であるが，秋まき一年草として扱う。茎は高さ40センチ内外，5〜6月，花冠の先が5裂した小花を総状に開く。花は初め淡紅色，のちコバルト色となる。園芸品種には，大輪で花色も白，桃色などのものがある。繁殖は実生(みしょう)による。近縁のエゾムラサキ

は北海道，本州中部の深山にはえ，茎の基部は地をはい，高さ12〜40センチ，花はるり色となる。英名はフォゲット・ミー・ノットという。

ワタスゲ

【ワタスゲ】

本州中部以北の湿原などにはえるカヤツリグサ科の多年草。葉は細長く，線形で断面は三角形，多数根生して大株をつくる。初夏，茎頂に高さ20〜50センチの花穂を出す。子房の下には白毛があり，花後にのびて2センチ内外に達し，全体に球形となる。

【ワダン】

キク科の多年草。関東南部〜東海地方の海岸にはえる。全体に柔らかく，ちぎると白汁を出す。茎は高さ30〜60センチ，通常横に枝を分かち，倒卵形の葉を互生する。頭花は黄色の舌状花からなり，9〜11月ごろ開花。茎頂は葉が群がっているだけで，その葉腋から花柄が出る。

ワスレナグサ

エゾムラサキ（＊ワスレナグサ）

【ワラビ】

コバノイシカグマ科のシダ。ほとんど全世界に分布し，野原など，やや明るい所に多い。径約1センチの地下茎が地中やや深い所を長くのび，まばらに葉が出る。葉は長さ1メートル内外となり，葉面は五角状卵形で，3回羽状複葉，細い毛があり，胞子嚢は葉縁に沿って列になってつく。春まだ開ききらない若葉を食用とする。

ワラビ

【ワレモコウ】

日本全土の日当りのよい山地の草地にはえるバラ科の多年草。茎は高さ1メートル内外，上方では分枝し，葉は羽状複葉で，5～11枚の長楕円形の小葉からなり，根出葉では長い柄がある。夏～秋，枝先に長楕円形で，暗赤色の花穂をつける。花は小さく，密に多数つき，花弁はなく，がく片は4裂。漢方では根を地楡(じゅ)といい，止血剤などとする。

ワレモコウ

ワダン

蕨根掘(わらびのねほり)
《人倫訓蒙図彙》から

束ねわらびの丸

新版 草花もの知り事典

発行日――――2021年2月15日　初版第1刷

編者――――平凡社
発行者―――下中美都
発行所―――株式会社平凡社
　〒101-0051　東京都千代田区神田神保町3-29
　電話　(03)3230-6582［編集］　(03)3230-6573［営業］
　振替　00180-0-29639
装幀――――重実生哉
DTP――――有限会社ダイワコムズ
印刷・製本――株式会社東京印書館

ISBN978-4-582-12434-7
NDC分類番号470　四六判(18.8cm)　総ページ438

平凡社ホームページ　https://www.heibonsha.co.jp/